U0240068

"十二五"职业教育国家系列教材

经全国职业教育教材审定委员会审定

高职高专计算机系列教材

计算机网络基础及应用

（第4版）

王路群　主编

王　祎　疏凤芳　副主编

电子工业出版社

Publishing House of Electronics Industry

北京·BEIJING

内 容 简 介

为满足读者对网络应用基础知识与网络系统集成技术学习的需要，本书对上一版内容进行了完善，比较系统地介绍了计算机网络的基本概念、数据通信的基础知识、计算机网络的体系结构、计算机局域网、网络互联、网络操作系统和网络管理、Internet 及其应用、计算机网络安全。本书难度适中，理论结合实际，能够反映网络技术的最新发展。为方便读者在学习理论知识的同时，又能获得实用技能，本书每章都配有练习题，并在第 9 章专门安排了实例和实训，供读者上机实践。

本书可作为高职高专计算机网络课程教材使用。

图书在版编目（CIP）数据

计算机网络基础及应用/王路群主编. —4 版. —北京：电子工业出版社，2015.11
"十二五"职业教育国家规划教材　高职高专计算机系列规划教材
ISBN 978-7-121-27409-1

Ⅰ. ①计…　Ⅱ. ①王…　Ⅲ. ①计算机网络—高等职业教育—教材　Ⅳ. ①TP393

中国版本图书馆 CIP 数据核字（2015）第 246588 号

策划编辑：吕　迈
责任编辑：郝黎明　　特约编辑：张燕虹
印　　刷：三河市华成印务有限公司
装　　订：三河市华成印务有限公司
出版发行：电子工业出版社
　　　　　北京市海淀区万寿路 173 信箱　　邮编：100036
开　　本：787×1 092　1/16　印张：18.75　字数：480 千字
版　　次：2004 年 10 月第 1 版
　　　　　2015 年 11 月第 4 版
印　　次：2021 年 9 月第 13 次印刷
定　　价：49.00 元

凡所购买电子工业出版社图书有缺损问题，请向购买书店调换。若书店售缺，请与本社发行部联系，联系及邮购电话：(010) 88254888，88258888。

质量投诉请发邮件至 zlts@phei.com.cn，盗版侵权举报请发邮件至 dbqq@phei.com.cn。

本书咨询联系方式：(010) 88254569，xuehq@phei.com.cn，QQ1140210769。

前　言

　　计算机网络是当今计算机应用中一个空前活跃的领域，它是计算机技术与通信技术相互渗透、密切结合而形成的一门交叉科学。目前，网络技术已广泛应用于办公自动化、企业管理、生产过程控制、金融、军事、科研、教育信息服务、医疗卫生等多个领域。

　　为适应社会的需要和计算机网络技术的发展，全国高等院校的各个专业都开设了有关计算机网络技术的课程，特别是近年来高职、高专教育的发展，急需以计算机网络应用为主的实用教材。本书避开了难懂的理论，取而代之的是与实际应用相关的实例和实训。根据此要求，我们组织了一批学术水平高、教学经验丰富的教师编写了这本教材。

　　本书选材注意到读者已有的知识背景和接受能力，理论部分的选材遵循了"必要、适度、够用"的高职高专教育原则，并注意加大实践内容比例来帮助读者提高应用能力。

　　本书由王路群任主编，王祎、疏凤芳任副主编。王祎、疏凤芳统审全稿。其他参编人员有：张宇、李礼、库波、聂巍、郭俐、陈丹、周雯、于继武、龚丽、刘媛媛、宋焱宏、任琦。

　　由于编者水平有限，书中不妥或错误之处在所难免，殷切希望广大读者批评指正，可函至 917wangyi@163.com。

编　者

2015 年 7 月

目　　录

Chapter 1

第 1 章　计算机网络概述

教学要求
- ☒ 掌握：计算机网络的概念和功能。
- ☒ 理解：计算机网络的逻辑组成，计算机网络的硬件系统和软件系统，计算机网络的分类。
- ☒ 了解：计算机网络和 Internet 的产生和发展。

1.1　计算机网络的产生和发展

1.1.1　引言

　　计算机网络从 20 世纪 60 年代产生至今已取得了突飞猛进的发展，从最初的单主机与数个终端之间的通信到现在全球上千万台计算机的互联；从开始只有几百比特每秒钟的数据传输速率到今天已能达到上千兆比特每秒钟的数据传输速率；从一些简单的数据传输到今天丰富、复杂的应用，这些变化已经对现代人类的生产、经济、生活等方面都产生了巨大的影响。特别是在过去的 20 年里，互联网（Internet）的诞生和发展，使得计算机网络已成为人类社会的一个基本组成部分。今天，互联网已成为连接全世界几十亿人的通信系统，它连接了大多数国家的各级政府机关、工商企业、各类学校和几乎所有的科学研究机构及军事机构，它使处在世界各地的人们通过网络获取所需要的各种信息资源和信息服务。

1.1.2　计算机网络的发展

计算机网络的发展大致分为以下 3 个阶段。

1. 以单计算机为中心的互联

在 20 世纪 60 年代中期以前，计算机的主机昂贵，而通信线路和设备的成本相对较低。为了共享主机资源，人们建立了以单计算机为中心的联机终端网络系统，这种联机终端网络系统如图 1.1 所示。

一台主机连接若干台终端，终端一般不具有中央处理器，没有数据处理能力。主机既要承担通信工作又要承担数据处理工作，因此主机的负荷较重，而且效率较低。另外，每一个分散的终端都要单独占用一条通信线路，线路利用率低。因此，为了提高通信线路的利用率并减轻主机的负担，该系统使用了多点通信线路、终端集中器以及通信控制处理机。

所谓多点通信线路就是在一条通信线路上串联多个终端，如图 1.2 所示，多个终端可以共享一条通信线路与主机进行通信，通信方式采用分时使用通信线路的策略来提高线路的利用率。

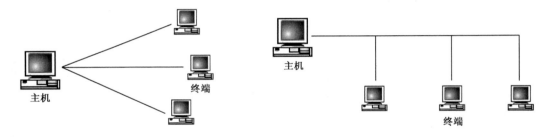

图 1.1　以单计算机为中心的联机终端网络系统　　　　图 1.2　多点通信线路

终端集中器的主要任务是集中从终端到主机的数据以及分发从主机到终端的数据。采用终端集中器能够提高远程高速线路的利用率。

通信控制处理机（CCP）或称前端处理机（FEP）的作用就是要完成全部的通信任务，让主机专门进行数据处理，以提高数据处理的效率，如图 1.3 所示。

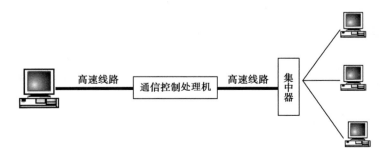

图 1.3　使用通信控制处理机和集中器的通信系统

当时，这种网络的应用范围极广，涉及军事、银行、航空、铁路、教育等部门。比较典型的案例是美国航空公司与 IBM 公司在 20 世纪 60 年代初投入使用的飞机订票系统（SABRE-1）。这个系统由一台中央计算机与全美范围内的 2 000 个终端组成，这些终端采用多点线路与中央计算机相连。此外，还有美国半自动地面防空系统（SAGE），它将雷达信号和其他信息经远程通信线路送至中央计算机进行处理，第一次利用计算机网络实现远程集中控制。美国通用电气公司的信息服务系统（GE Information Service）则是世界上最大的商用数据处理网络，其地理范围从美国本土延伸至欧洲、澳洲和日本，各终端设备连接到分布于世界上 23 个地点的 75 个远程集中器，远程集中器又分别连接到 16 个中央集中器，各主计算机也连接到中央集中器，中央集中器经过 50kb/s 线路连接到交换机。

2．以多处理机为中心的网络

从 20 世纪 60 年代中期到 20 世纪 70 年代中期，随着计算机技术和通信技术的进步，这个时期已形成了将多个单主机联机的终端网络互联起来，以多处理机为中心的网络。

以多处理机为中心的网络主要有 2 种形式：第一种是通过通信线路将各主机连接起来，并由主机承担数据处理和通信的双重任务，如图 1.4（a）所示。

第二种形式是把通信系统从主机当中分离出来，设置专用的通信控制处理机。主机间的通信是通过通信控制处理机的中继功能来间接实现的，如图 1.4（b）所示。

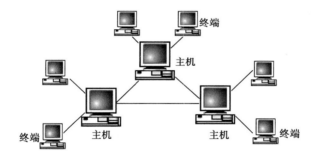

（a） 主机直接互联的网络

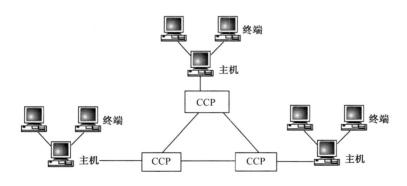

（b） 具有通信控制处理机的计算机网络

图 1.4　以多处理机为中心的网络

通信控制处理机负责网上各主机间的通信控制和通信处理，由它们组成带有通信功能的内层网络，也称为通信子网，它是网络的重要组成部分。在网络上的主机负责数据处理，它是网络资源的拥有者，而网络中所有的主机构成了资源子网，也称为网络的外层。通信子网为资源子网提供信息传输服务。资源子网上的用户之间的通信是建立在通信子网的基础之上的，因此，如果没有了通信子网，网络是不能工作的。反之，没有了资源子网，通信子网也就失去了存在的意义。所以，只有二者的结合才能构成统一的资源共享的网络。

3．分组交换技术的诞生

随着以多处理机为中心的网络技术的不断发展，网络用户不仅可以使用本地计算机上的软件、硬件和数据资源，也可以通过网络使用其他计算机上的软件、硬件与数据资源，以达到资源共享的目的。这一阶段研究的典型代表是美国国防部高级研究计划局（ARPA）的ARPANET，其核心技术是分组交换技术。

在早期的通信系统中，最重要的且应用最广泛的是电路交换。采用这种方式，计算机网络中的数据传输要经过通信线路。但是，利用电话线路传送终端的数据会出现新的问题，这是因为在计算机通信时，线路上真正用来传送数据的时间往往不到10%，有时甚至低于 1%。用户在阅读屏幕信息或用键盘输入与编辑一份报文时，通信线路实际上是空闲的，浪费了通信线路资源，而用户的通信费用却很高。同时，在线路交换中，用于建立通路的呼叫过程对计算机通信来说也太长。线路交互是为语音通信而设计的，打电话的平均时间约为几分钟，因此呼叫过程（10～20s）不算太长。但是，1 000bit的数据在 2 400b/s 的线路上传输时，需要的时间还不到 0.5s。相比之下，呼叫过程占用的时间就太长了。

为了降低成本和提高效率，20 世纪 60 年代中期，美国国防部开始着手进行分组交换网的研究工作。分组交换的概念最初是在 1964 年提出的，到了 1969 年 12 月，美国第一个使用分组交换技术的 ARPANET 投入运行，虽然当时仅有 4 个结点，但它对分组交换技术的研究起了重要的作用。到 20 世纪 70 年代后期，ARPA 网络结点超过 60 个，主机有 100 多台，地域范围跨越了美洲大陆，连通了美国东部和西部的许多大学和研究机构，而且通过通信卫星和夏威夷以及欧洲等地区的计算机网络相互连通。

采用分组交换技术的网络试验成功，使计算机网络的概念发生了巨大的变化。早期的联机终端系统是以单个主机为中心，各终端通过通信线路共享主机的硬件和软件资源。而分组交换网则以通信子网为中心，主机和终端构成了用户资源子网。用户不仅可共享通信子网的资源，而且还可共享用户资源子网的许多硬件和软件资源。这种以通信子网为中心的计算机网络被称为第二代计算机网络，其功能比面向终端的第一代计算机网络的功能有很大的增强。

1.1.3　Internet 的快速发展

Internet 的前身是 ARPANET。1969 年 12 月，ARPNET 开始投入运行。到 1983 年，ARPANET 已连接了 300 多台计算机，供美国各研究机构和政府部门使用。在 1984 年，ARPANET 被分解为 2 个网络：一个是民用科研网络（ARPANET），另一个是军用计算机网络（MILNET）。由于这 2 个网络都是由许多网络互联而成的，因此它们都称为 Internet。

由于 ARPANET 的成功，美国国家科学基金会（NSF）认识到计算机网络对科学研究的重要性，因此决定资助建立计算机科学网。从 1985 年起，NSF 就围绕其 6 个大型计算机中心建设计算机网络。1986 年，NSF 建立了国家科学基金网络（NSFNET），它是一个三级计算机网络，分为主干网、地区网和校园网，覆盖了全美国主要的大学和研究所，NSFNET 也和 ARPANET 相连。最初，NSFNET 主干网的数据传输速率不高，只有 56kb/s。在 1989—1990 年，NSFNET 主干网的数据传输速率提高到 1.544Mb/s，并且成为 Internet 中的主要部分。

NSFNET 的形成和发展，使它成为 Internet 中最重要的组成部分。与此同时，许多国家相继建立本国的主干网并接入 Internet，例如加拿大的 CANET、欧洲的 EBONE 和 NORDUNET、英国的 PIPEX 和 JANET 以及日本的 WIDE 等。

Internet 最初的宗旨是用于支持教育和科研活动，而不是用于商业性的营利活动。1991 年，NSF 放松了有关 Internet 使用的限制，开始允许使用 Internet 进行部分商务活动，例如宣布一些科学研究与教学过程中所使用的新产品和服务，但不允许做广告。随着 Internet 规模的迅速扩大，政府已无法在财政上提供更多的支持，因此决定将 Internet 的主干网转交给私人公司来经营，并开始对接入 Internet 的单位收费。1995 年，NSFNET 结束了它作为 Internet 主干网的历史使命，Internet 从学术性网络转化为商业性网络。

Internet 已经成为世界上规模最大和增长速度最快的计算机网络。20 世纪 90 年代，由欧洲原子核研究所组织 CERN 开发的万维网（WWW）被广泛应用在 Internet 上，大大方便了广大非网络专业人员对网络的使用，使这一时期成为 Internet 发展最迅猛的阶段。1993 年年底，WWW 站点数目只有 627 个，而 1999 年年底已经超过了 950 万个，上网用户则超过 2 亿户。

1.1.4 Internet 的应用和高速网络技术的发展

随着 Internet 的飞速发展，它已渗透到世界科学、文化、经济和社会发展的各个领域。用户可以使用 Internet 来实现全球范围的电子邮件、WWW 信息查询与浏览、电子新闻、文件传输、语音与图像通信服务等功能。实际上，Internet 已成为覆盖全球的信息基础设施之一。

在 Internet 飞速发展与广泛应用的同时，高速网络的发展也引起了人们越来越多的关注。高速网络技术的发展主要表现在综合业务数字网（ISDN）、异步传输模式（ATM）、高速局域网、交换局域网与虚拟网络上。

自 20 世纪 90 年代以来，世界经济已经进入了一个全新的发展阶段。世界经济的发展推动着信息产业的发展，信息技术与网络的应用已成为衡量 21 世纪综合国力与企业竞争力的重要标准。1993 年 9 月，美国制定了国家信息基础设施建设计划，它被形象地称为信息高速公路。美国建设信息高速公路的计划触动了世界各国，人们开始认识到信息技术的应用与信息产业的发展将会对各国经济发展产生重要的作用，因此很多国家也纷纷开始制订各自的信息高速公路的建设计划，对于国家信息基础设施建设的重要性已在各国达成共识。

建设信息高速公路是为了满足人们在未来随时随地对信息交换的需要。在此基础上，人们相应地提出了个人通信与个人通信网的概念，它将最终实现全球有线网的互联、邮电通信网与电视通信网的互联以及固定通信与移动通信的结合。在现有电话交换网（PSTN）、公共数据网（PDN）、广播电视网、宽带综合业务数字网（B-ISDN）的基础上，利用无线通信、蜂窝移动电话、卫星移动通信、有线电视网等通信手段，最终实现"任何人在任何地方，在任何的时间里，使用任一种通信方式，实现任何业务的通信"。

信息高速公路的服务对象是整个社会，因此，它要求网络无处不在，未来的计算机网络将覆盖所有的企业、学校、科研部门、政府及家庭，其覆盖范围可能要超过现有的电话通信网。未来的网络必须具有足够的带宽、很好的服务质量与完善的安全机制，以满足不同应用的需求。

计算机网络技术与应用将对 21 世纪世界军事、经济、科技、教育与文化的发展产生重大的影响。

1.2 计算机网络的定义和功能

1.2.1 计算机网络的定义

什么是计算机网络？这是研究计算机网络人员首先需要搞清楚的问题。

在计算机网络的发展过程中，人们曾经从各个侧面对它提出了不同的定义，这些定义归纳起来，可以分为 3 类。

第一类是从强调信息传输的广义观点出发，人们把计算机网络定义为"以计算机之间传输信息为目的而连接起来的，为了实现远程信息处理或进一步达到资源共享的系统"。20 世纪 60 年代初，人们借助于通信线路将计算机与远方的终端连接起来，形成了具有通信功能的终端——计算机网络系统，首次实现了通信技术与计算机技术的结合。

第二类是从强调资源共享的观点出发，人们把计算机网络理解为"以能够相互共享资源（硬件、软件和数据）的方式连接起来的，并且各自具备独立功能的计算机系统之集合体"。这种定义方法是在 ARPANET 诞生之后不久，由美国信息处理学会联合会在 1970 年春天举行的联合会上提出来的，以后在有关文献中广为引用。

第三类是从用户透明性的角度出发，人们把计算机网络定义为"由一个网络操作系统自动管理用户任务所需的资源，而使整个网络就像一个对用户是透明的计算机大系统"。这里"透明"的含义是指用户察觉不到在计算机网络中存在多个计算机系统。按照这种观点，具有资源共享能力仅是计算机网络的必要条件，而不是充分条件。也就是说，这种观点对计算机网络的功能提出了更高的要求。

在这 3 种观点中，前 2 种观点都只从某一角度说明了计算机网络的特点，只有第 3 种观点，才真正说明了网络的内涵。而且今天网络的飞速发展和广泛应用，特别是 Internet 的发展以及它在人类生活中占有的重要位置说明，只有这样的计算机网络才是人类所真正需要的网络。

综上所述，计算机网络可以定义为：利用通信线路，将地理位置分散的、具有独立功能的多台计算机连接起来，按照某种协议进行数据通信，实现资源共享的信息系统。

1.2.2 计算机网络的功能

随着计算机网络技术的发展，计算机网络的功能不断地得到扩展，不再仅限于资源的共享，而是逐渐渗入到社会的各个领域。归纳起来，当前计算机网络的功能主要有以下 4 个方面。

1. 数据通信

计算机网络中的计算机之间或计算机与终端之间，可以快速地相互传递数据、程序或文件。

例如电子邮件（E-mail）可以使相隔万里的异地用户快速准确地相互通信；电子数据交换（EDI）可以实现在商业部门或公司之间进行订单、发票、单据等商业文件安全准确的交换；文件传输服务（FTP）可以实现文件的实时传递，为用户复制和查找文件提供了强有力的工具。

2．资源共享

充分利用计算机资源是建立计算机网络的最初目的，也是主要目的之一。利用计算机网络，既可以共享大型主机设备又可以共享计算机硬件设备，例如进行复杂运算的巨型计算机、海量存储器、高速激光打印机、大型绘图仪等，从而避免重复购置，并且能够提高硬件设备的利用率。此外，利用计算机网络还可以共享软件资源，例如大型数据库和大型软件等，这样可以避免软件的重复开发和大型软件的重复购置，最大限度地降低成本，提高了效率。

3．提高系统的可靠性

在一些用于计算机实时控制和要求高可靠性的场合，通过计算机网络实现的备份技术可以提高计算机系统的可靠性。当一台计算机出现故障时，可以立即由计算机网络中的另一台计算机来代替其完成所承担的任务。例如工业自动化生产、军事防御系统、电力供应系统等都可以通过计算机网络设置备用或替换的计算机系统，以保证实时性管理和不间断运行系统的安全性和可靠性。

4．促进分布式系统的发展

利用现有的计算机网络环境，把数据处理的功能分散到不同的计算机上，这样既可以使得一台计算机负担不会太重，又扩大了单机的功能，从而实现了分布式处理和均衡负荷的作用。

1.3 计算机网络的组成

1.3.1 计算机网络的逻辑组成

计算机网络要完成数据处理与数据通信两大基本功能，那么从它的结构上必然分成2个部分：负责数据处理的计算机和终端；负责数据通信的通信控制处理机和通信线路。典型的计算机网络从逻辑功能上可以分为2个子网：通信子网和资源子网。

同时，计算机网络系统由许多计算机软件、硬件和通信设备组成，根据这些网络组成部分在网络中的功能、类型、角色的不同，通常可以把计算机网络分成不同的组成部分。

1．资源子网

资源子网由主机、终端、终端控制器、联网外设、各种软件资源与信息资源组成。资源子网负责全网的数据处理业务，并向网络用户提供各种网络资源与网络服务。连接到网络中的计算机、文件服务器以及软件构成了网络的资源子网，如图1.5所示。

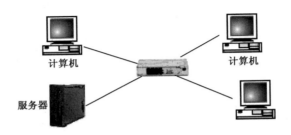

图 1.5　资源子网

网络中的主机（Host）可以是大型机、中型机、小型机或微型机，主机是资源子网的主要组成单元，它通过高速通信线路与通信子网的通信控制处理机相连接。普通用户终端通过主机入网，主机要为本地用户访问网络中其他主机设备、共享资源提供服务，同时要为网中其他用户（或主机）共享本地资源提供服务。

终端控制器连接一组终端，负责这些终端和主机的信息通信，或者直接作为网络结点。终端是用户访问网络的界面，可以由键盘和显示器组成简单的终端，也可以是带有微处理器的智能终端。

计算机外设主要是网络中的一些共享设备，如大型的硬盘机、高速打印机、大型绘图仪等。

2．通信子网

通信子网由网络通信控制处理机、通信线路与其他通信设备组成，完成全网数据传输、转发等通信处理工作，如图 1.6 所示。

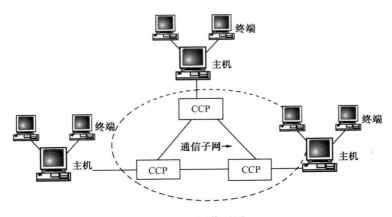

图 1.6　通信子网

通信控制处理机在通信子网中又被称为网络结点。它是一种在数据通信系统与计算机网络中处理通信控制功能的专用计算机，一般用小型或微型机配置通信控制的硬件和软件，按照它的功能和用途，可以分为存储转发处理机、集中器、网络协议转换器、报文分组组装/拆卸设备等。它一方面作为与资源子网的主机、终端的接口结点将主机和终端连入网内；另一方面，它又作为通信子网中的报文分组存储转发结点，完成报文分组的接收校验、存储、转发功能，实现将源主机报文正确发送到目的主机的作用。

通信线路为通信控制处理机与通信控制处理机、通信控制处理机与主机间的通信介质。计算机网络采用的通信线路有多种形式，如电话线、双绞线、同轴电缆、光纤、无线通信信道、微波与卫星通信信道等。一般在大型网络中或者相距较远的两结点之间的通信链路是现有的公共数据通信线路。

以上是从逻辑结构的角度来看计算机网络的组成，下面从系统角度来看计算机网络的组成。

1.3.2　计算机网络的硬件系统

计算机网络系统是一个集计算机硬件设备、通信设施、软件系统及数据处理能力为一体的能够实现资源共享的现代化综合服务系统。

一般来说，计算机网络的系统硬件由以下 5 个部分组成。

1．网络工作站

网络工作站是指连接到计算机网络中并通过应用程序来执行任务的个人计算机。它是网络数据主要的发生场所和使用场所。用户主要通过工作站来使用网络资源并完成自己的任务。网络操作系统通过在个人计算机中增加网络功能，使之成为网络工作站。

2．服务器

服务器是指能向网络用户提供特定的服务软件的计算机。它包含 2 方面的内容：一方面，服务器的作用是为网络提供特定的服务，而人们通常会以服务器提供的服务来命名服务器，如提供文件共享服务的服务器称为文件服务器，提供打印服务的服务器称为打印服务器等；另一方面，服务器是软件和硬件的统一体，特定的服务程序需要运行在特定的硬件基础上，如大量内存、高速大容量硬盘等。服务器要完成服务功能，需要由服务程序完成服务功能。

由于整个网络的用户均依靠不同的服务器提供不同的网络服务，因此，网络服务器是网络资源管理和共享的核心。网络服务器的性能对整个网络的资源共享起着决定性的影响。

3．客户机

一般地，访问网络中共享资源的计算机称为客户机，客户机一般不参与网络管理。客户机是用户向服务器申请服务的终端设备，用户可以在客户机上处理日常工作，并随时向服务器索取各种信息及数据，请服务器提供各种服务（如传输文件、打印文件等）。

4．传输介质

传输介质是网络中信息传输媒体，是网络通信的物质基础。传输介质的性能特点对数据传输速率、通信距离、可连接的网络结点数目和数据传输的可靠性等均有很大影响，必须根据不同的通信要求，合理地选择传输介质。

5．网络连接设备

网络中使用的连接设备有网络适配器、中继器、集线器、路由器、网桥、网关等。

网络适配器也称为接口卡或网卡。它是网上设备（如工作站、服务器等）到网络传输媒体的通信枢纽，是完成数据传输的关键部件。网络适配器必须有一个连接到网络通信媒体的端口，而适配器本身是以接口卡的形式连接到网络设备上的，适配器通过它与网络设备之间的接口进行数据交换。

当网络中的信号沿着传输介质传输时，信号会逐渐衰弱，如果要想将信号传得更远，需要安装一个称为"中继器"的设备。数据经过中继器，不进行数据包的转换，即可放大网络信号。中继器连接的网络在逻辑上是同一个网络。中继器可以是单口接收和单口传送，但是它一般具有多个接口，多口中继器就是常说的集线器。

路由器、网桥、网关等设备将在第5章中详细介绍。

1.3.3　计算机网络的软件系统

在网络系统中，除了包括各种网络硬件设备外，还应该具备网络软件，网络软件是计算机网络中不可或缺的资源。网络软件所涉及的和需要解决的问题要比单机系统中的各类软件都复杂得多。由于网络体系的多样化、网络硬件的多样化，以及组合而产生的功能复杂化造成了软件类型的多种多样，难于统一标准。根据网络软件在网络系统中所起的作用不同，可以将其大致分为5类。

1．网络协议软件

用以实现网络协议功能的软件称为网络协议软件。协议软件的种类非常多，不同体系结构的网络系统都有支持自身系统的协议软件，在体系结构中不同层次上又有不同的协议软件。对某一协议软件来说，到底把它划分到网络体系结构中的哪一层是由协议软件的功能来决定的，所以同一协议软件，它在不同的体系结构中所隶属的层次不一定相同。

2．网络通信软件

在网络系统中，主机与主机或主机与终端之间的连接方式有2种。

（1）主机是通过通信接口与其他计算机连接。这种连接方式必须遵守网络协议所规定的接口关系。

（2）主机直接通过通信媒体与主机或终端相连接。由于这种连接方式所连接的终端和计算机种类不同，没有固定标准，并且连接接口关系不一定与网络协议的规定相一致，所以在这种情况下，主机操作系统中除了要配置实现网络通信的低级协议软件外，还要为各种相连的终端或计算机配置相应的通信软件。通信软件使用户能够在不必了解通信控制规则的情况下，控制自己的应用程序，同时能与多个站点进行通信，并对大量的数据进行加工。

3．网络管理软件

网络系统是一个很复杂的系统，对管理者来说经常会遇到许多难以解决的问题，例如如何避免服务器之间的任务冲突，如何跟踪网络中用户站点的工作状态等，这就需要软件来解决管理所遇到的各种问题，于是产生了网络管理软件。网络管理软件的主要功能是解决网络管理中出现的问题。关于网络管理的具体内容将在第6章中详细介绍。

4．网络操作系统

就像一台计算机的运行必须拥有独立的操作系统支持一样，计算机网络也必须拥有相应的网络操作系统。网络操作系统的基本任务就是要屏蔽本地资源与网络资源的差异性，为用户提供各种基本网络服务功能，完成网络资源的管理，并提供网络系统的安全性服务。关于网络操作系统的具体内容将在第 6 章中详细介绍。

5. 网络应用软件

网络应用软件是在网络环境下直接面向用户的，是为网络用户提供服务的，是网络用户在网络上解决实际问题的软件。

综上所述，网络应用软件最重要的特征是，它研究的重点不是网络中各个独立的计算机本身的功能，而是如何实现网络特有的功能。

1.4 计算机网络的分类

由于计算机网络自身的特点，可以从不同的角度对计算机网络进行分类，不同的分类方法反映的是不同的网络特性。下面介绍常见的分类方法。

1.4.1 根据网络的覆盖范围划分

根据网络的覆盖范围的差异可以把网络分为 3 类。

1. 局域网（LAN）

局域网的分布范围一般在几千米之内，最大距离不超过 10 km，如一栋建筑物内、一个校园内。它是在小型计算机和微型计算机被大量推广使用之后才逐渐发展起来的，如图 1.7 所示。通常，它的数据传输速率比较高，一般在 10Mb/s 以上，而且延迟小，再加上成本低，应用广，组网方便，使用灵活等特点，使它深受用户欢迎。LAN 是目前计算机网络技术中最活跃的一个分支。

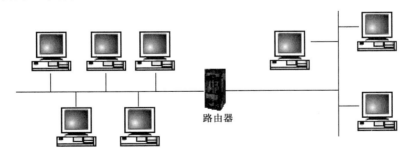

路由器

图 1.7　局域网

2. 广域网（WAN）

广域网也称远程网，它的范围可达几兆米，例如一个国家或一个地区，如图 1.8 所示。此类网络出于军事、国防和科学研究的需要，发展较早，例如美国国防部的 ARPANET，1971 年在全美被推广使用并已延伸到世界各地。由于广域网分布距离太远，其数据传输速率要比局域网低得多，一般为几千位每秒（kb/s）。另外，在广域网中，网络之间连接用的通信线路大多租用专线，当然也有专门铺设的线路。

图 1.8　广域网

3．城域网（MAN）

城域网是介于局域网和广域网之间的一种大范围的高速网络。随着局域网使用带来的好处，人们逐渐要求扩大局域网的范围，或者要求将已经使用的局域网互相连接起来，使其成为一个规模较大的城市范围内的网络。因此，城域网涉及的目标是要满足几万米范围内的大量企业、机关、公司与社会服务部门的计算机联网需求，实现大量用户、多种信息传输的综合信息网络。

1.4.2　根据网络采用的交换技术划分

根据计算机网络通信所采用的不同的交换技术，可将网络分成 3 类。

1．电路交换网络

电路交换网络指在进行数据传输期间，发送点（源）与接收点（目的）之间构成一条实际连接的专用物理线路，最典型的电路交换网络就是公用电话交换网。

2．报文交换网络

报文交换又称为存储-转发技术，该方式不需要建立一条专用的物理线路，信息先被分解成报文，然后一站一站地从源头送达目的地，这有点类似通常的邮政寄信方式。

3．分组交换网络

分组交换网络的基本原理与报文交换相同，它也不需要建立专用的物理线路，但信息传送的单位不是报文而是分组，分组的最大长度比报文短得多。

1.4.3　根据网络的使用范围划分

根据网络的使用范围的差异，可以把计算机网络分为公用网和专用网。

1．公用网

公用网由电信部门组建，一般由政府电信部门管理和控制，网络内的传输和交换装置可提供（如租用）给任何部门和单位使用。公用网分为公共电话交换网（PSTN）、数字数据网（DDN）、综合业务数字网（ISDN）等。

2．专用网

专用网是由某个单位或部门组建的，不允许其他部门或单位使用，例如金融、铁路等行业都有自己的专用网。专用网可以是租用电信部门的传输线路，也可以是自己铺设的线路，但后者的成本非常高。

1.4.4 根据传输介质划分

根据网络所使用的不同的传输介质，可以把计算机网络分为有线网和无线网。

1．有线网

有线网是指采用双绞线、同轴电缆以及光纤作为传输介质的计算机网络。

2．无线网

无线网是指使用空间电磁波作为传输介质的计算机网络，它可以传送无线电波和卫星信号。无线网包括无线电话网、语音广播网、无线电视网、微波通信网、卫星通信网。

本 章 小 结

所谓网络是指利用通信线路，将地理位置分散的、具有独立功能的多台计算机连接起来，按照某种协议进行数据通信，实现资源共享的信息系统。计算机网络的功能有数据通信、资源共享、提高系统的可靠性和促进系统分布式发展。

由于计算机网络自身的特点，从而可以从不同的角度对计算机网络进行分类，不同的分类方法反映了不同的网络特性。

练 习 题

1．计算机网络的发展经过哪几个阶段？各有什么特点？
2．什么是计算机网络？计算机网络的功能是什么？
3．计算机网络的逻辑组成包括哪几个部分？各个部分由哪些设备组成？
4．计算机网络的硬件部分由哪些组成？
5．计算机网络的软件部分有哪些种类？
6．计算机网络的分类方法有哪些？

第 2 章　数 据 通 信

教学要求

☒ 掌握：数据和信号的基本概念，数据通信系统的基本结构，数据传输方式，数据传输的同步技术，数据编码技术，多路复用技术，数据交换技术，差错控制技术。

☒ 理解：数据通信的主要技术指标。

2.1　基本概念

2.1.1　数据和信号

数据通信的目的是为了交换信息。信息的载体可以是数字、文字、语音、图形和图像等多种形式。为了传输这些信息，首先要将这些信息用二进制代码表示出来。目前常用的二进制代码有国际 5 号码（IA5），扩充的二、十进制交换码 EBCDIC 和美国信息交换标准代码 ASCII 码等。

美国信息交换标准代码 ASCII 码目前已被 ISO 采纳，并发展成为国际通用的信息交换用标准代码。

ASCII 码用 7 位二进制来表示一个字母、数字或符号，例如，字母 A 的 ASCII 码是

1000001，数字 1 的 ASCII 码是 0110001。任何文字都可以用一串二进制 ASCII 码来表示。对于数据通信过程，只需要保证被传输的二进制码在传输过程中不出现错误，而不需要理解被传输的二进制代码所表示的信息内容。被传输的二进制代码称为数据（Data）。

对于数据通信系统，关心的是数据如何表示和怎样传输，而信号（Signal）是数据在传输过程中的电磁波表示形式。数据可以用数字信号和模拟信号两种方式来表示。模拟信号和数字信号如图 2.1 所示，模拟信号是一种波形连续变化的电信号，它的取值可以是无限个，例如电话送出的话音信号，电视摄像产生的图像信号等；而数字信号是一种离散信号，它的取值是有限的，信号沿着通信介质的流动从而实现数据的传输。

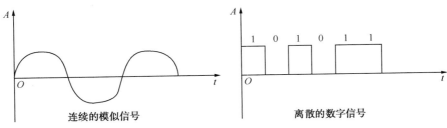

图 2.1　模拟信号和数字信号

2.1.2　数据通信系统的基本结构

在数据通信系统中，传输模拟信号的系统称为模拟通信系统，而传输数字信号的系统称为数字通信系统。

数据通信系统的基本结构可以用一个简单的模型来表示，如图 2.2 所示。在通信系统当中，发送信息的一端称为信源，接收信息的一端称为信宿。信源和信宿之间利用传输介质实现信号传输的通道称为信道。数据在传输过程中受到外界的各种干扰信号称为噪声。

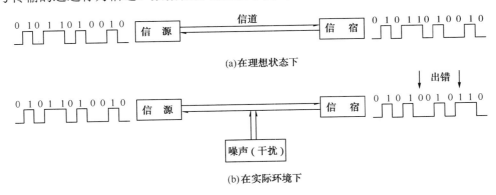

图 2.2　数据通信系统的基本结构简单模型

在理想状态下，数据从信源发出到信宿，不会出现问题，但实际情况并非如此。在实际传输过程中，信号有可能因为受到干扰而出错，因此为了保证信息的准确传输与交换，除了使用一些克服干扰以及差错的检测和控制方法外，还需要借助其他各种通信技术来解决这个问题，如调制、编码、复用等，而对于不同的通信系统，所涉及的技术也有所不同。

1. 模拟通信系统

普通的电话、广播、电视等都属于模拟通信系统，模拟通信系统的结构模型如图 2.3 所示。模拟通信系统通常由信源、调制器、信道、解调器、信宿以及噪声源组成。信源所产生的原始模拟信号一般要经过调制后再通过信道传输。到达信宿后，再通过解调器将信号解调出来。

图 2.3　模拟通信系统的结构模型

2. 数字通信系统

计算机通信、数字电话以及数字电视都属于数字通信系统，数字通信系统的结构模型如图 2.4 所示。数字通信系统由信源、信源编码器、信道编码器、调制器、信道、解调器、信道译码器、信源译码器、信宿、噪声源组成。在发送端还有时钟同步系统。

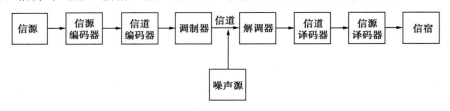

图 2.4　数字通信系统的结构模型

在数字通信系统中，如果信源发出的是模拟信号，就要经过信源编码器对模拟信号进行调制编码，将其转换为数字信号；如果信源发出的是数字信号，也要对其进行数字编码。信源编码有 2 个主要作用：一个是实现模/数转换；另一个是降低信号的误码率。而信源译码则是信源编码的逆过程。

由于信道通常会遭受信道上各种噪声的干扰，有可能导致接收端接收信号时产生错误。为了能够自动检测出错误或纠正错误，可采用检错编码或纠错编码，这就是信道编码。信道译码则是信道编码的逆变换。

从信道编码器输出的数字信号还是属于基带信号。除某些近距离的数字通信可以采用基带传输外，其余的通常为了与采用的信道相匹配，要将基带信号经过调制变换成频带信号再传输，这就是调制器所要完成的工作。而解调则是调制的逆过程。

时钟同步也是数字通信系统的一个不可或缺的部分。由于数字通信系统传的是数字信号，所以发送端和接收端必须有各自的发送和接收时钟。而为了保证接收端正确地接收数据，接收端的接收时钟必须与发送端的发送时钟保持同步。

通过模拟通信系统和数字通信系统的结构模型，不难看出，在一个数据通信系统中，必然会涉及多种通信技术，其中包括调制技术、编码技术、同步技术、差错编码技术等。

2.1.3　数据通信系统的主要技术指标

在数据通信系统中有以下几种主要技术指标。

1．传输速率

传输速率是指数据在信道中传输的速率，它又分为码元速率和信息速率。

码元速率（R_B）：指每秒钟传输的码元数，单位为波特/秒（Baud/s），又称为波特率。在数字通信系统中，由于数字信号是用离散值表示的，因此每一个离散值就是一个码元。

信息速率（R_b）：指每秒钟传送的信息量，单位为比特/秒（b/s），又称为比特率。

对于一个二进制表示的信号，每个码元包含 1 比特，因此其信息速率与码元速率相等。对于一个四进制表示的信号，每个码元包含 2 比特，因此它的信息速率应该是码元速率的 2 倍。

一般来说，采用 M 进制信号传输时，其信息速率和码元速率之间的关系是：

$$R_b=R_B\log_2M$$

2．误码率和误比特率

误码率是指码元在传输过程中，错误码元占总传输码元的概率。

$$误码率\ P_e=传输出错的码元数/传输的总码元数$$
$$误比特率\ P_b=传输出错的比特数/传输的总比特数$$

对于一个数据传输系统，不能笼统地要求误码率越低越好，要根据实际传输要求提出误码率指标；在数据传输速率确定后，误码率越低，数据传输系统设备越复杂，造价越高。在实际的数据传输中，电话线路传输速率在 300～2 400b/s 时，平均误码率在 10^{-2}～10^{-6} 之间；传输速率在 4 800～9 600b/s 时，平均误码率在 10^{-2}～10^{-4} 之间。

3．信道带宽和信道容量

信道带宽是指信道中传输的信号在不失真的情况下所占用的频率范围，通常称为信道的通频带，单位用赫兹（Hz）表示。信道带宽是由信道的物理特性所决定的，例如，电话线路的频率范围为 300～3 400Hz，则它的带宽范围也是 300～3 400Hz。

信道容量是衡量一个信道传输数字信号的重要参数。信道容量是指单位时间内信道上所能传输的最大比特数，用比特每秒（b/s）表示。当传输速率超过信道的最大信号传输速率时就会产生失真。

通常，信道容量和信道带宽成正比，带宽越大，容量越高，所以要提高信号的传输速率，信道就要有足够的带宽。从理论上看，增加信道带宽是可以增加信道容量的，但在实际上，信道带宽并不能使信道容量无限增加，其原因是在实际情况下，信道中存在噪声或干扰，制约了带宽的增加。

2.2　数据传输技术

2.2.1　信号传输方式

信号传输方式分为基带传输、频带传输与宽带传输。

1．基带传输

在数据通信中，数字信号是一个离散的矩形波，"0"代表低电平，"1"代表高电平。这种矩形波固有的频带称为基带，矩形波信号称为基带信号。实际上，基带就是数字信号所占用的基本频带。在信道上直接传输数字信号称为基带传输。

一般来说，基带传输的信源数据经过编码器变换，成为能直接传输的数字基带信号。以铜制传输线上的信号为例，它是通过直接改变电位状态来传输数据的。在发送端，将根据数据的内容由编码器改变电位状态发出信号；在接收端由译码器进行解码，根据电位状态还原出与发送端相同的数据内容。

基带传输系统安装简单、成本低，主要用于总线拓扑结构的局域网，在 2.5km 的范围内，可以达到 10Mb/s 的传输速率。

2．频带传输

在实现远距离通信时，经常要借助于电话线路。众所周知，传统的电话通信信道是为了传输语音信号而设计的，它只适用于传输音频范围在 300～3 400Hz 的模拟信号，不适用于直接传输计算机的数字基带信号。为了利用电话交换网实现计算机之间的数字信号传输，必须将数字信号转换成模拟信号。为此，需要在发送端选取音频范围的某一频率的正（余）弦模拟信号作为载波，用它运载所要传输的数字信号，通过电话信道将其送至另一端；在接收端再将数字信号从载波上取出来，恢复为原来的信号波形。这种利用信道实现数字信号传输的方法称为"频带传输"。

也就是说，所谓频带传输是指将数字信号调制成音频信号后再进行发送和传输，到达接收端时再把音频信号解调成原来的数字信号。可见，在采用频带传输方式时，要求发送端和接收端都安装调制器和解调器。利用频带传输，不仅解决了利用电话系统传输数字信号的问题，而且可以实现多路复用，以提高传输信道的利用率。

3．宽带传输

宽带传输通常采用电视同轴电缆（CATV）或光纤作为传输媒体，带宽为 300MHz。使用时通常将整个带宽划分为若干个子频带，分别用这些子频带来传送音频信号、视频信号以及数字信号。宽带同轴电缆原是用来传输电视信号的，当用它来传输数字信号时，需要利用电缆调制解调器（Cable MODEM）把数字信号变换成频率为几十兆赫兹到几百兆赫兹的模拟信号。

因此，可利用宽带传输系统来实现声音、文字和图像的一体化传输，这也就是通常所说的"三网合一"，即语音网、数据网和电视网合一。

宽带传输的优点是传输距离远，可达几万米，而且同时提供了多个信道。但它的技术较复杂，其传输系统的成本也相对较高。

2.2.2　通信线路的连接方式

为适应不同的需要，通信系统中的各终端结点可以采用不同的线路连接方式进行连接。

1．点对点的连接方式

点对点的连接方式就是 2 个结点用一条线路连接，这种方式所使用的线路可以是专用线路，也可以是交换线路。使用点对点的连接方式，结点一般是较为分散的数据终端设备，不能和其他终端合用线路或被集中器集中。点对点连接是由交换设备来实现的，这种方式称为交换方式。交换方式是终端之间通过交换设备灵活进行线路交换的方法，在需要通信时将 2 个终端之间的线路接通，如图 2.5 所示。

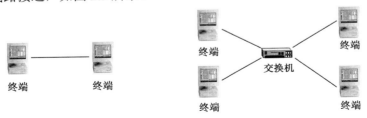

图 2.5　点对点的连接方式

2．多点线路连接

多点线路连接是指各个站点通过一条公共通信线路连接，如图 2.6 所示。在多点线路连接方式中，一条线路被所有的站点共享，若所有的站点可以同时发送数据，则这条线路在空间上是共享的，通常采用频分复用或波分复用技术传输数据；若所有的站点只能轮流使用线路发送数据时，那么它在时间上是共享的，通常采用时分复用技术传输数据。关于复用技术将在本章第 4 节中详细介绍。

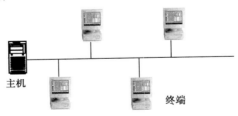

图 2.6　多点线路的连接方式

2.2.3　数据通信方式

根据信号在信道上的传输方向，将数据通信方式分为单工通信、半双工通信和全双工通信 3 种。

1．单工（Simplex）通信

单工通信信道是单向信道，发送端和接收端的身份是固定的，发送端只能发送信息，不能接收信息；接收端只能接收信息，不能发送信息。数据信号仅从一端传送到另一端，即信息流是单方向的，如图 2.7 所示。例如，无线电广播和电视都属于单工通信。

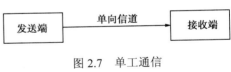

图 2.7　单工通信

2．半双工（Half Duplex）通信

半双工通信是指信号可以沿 2 个方向传送，但同一时刻一个信道只允许单方向传送，即 2 个方向的传输只能交替进行，而不能同时进行。当改变传输方向时，要通过开关装置进行切换，如图 2.8 所示。由于半双工在通信中要频繁地切换信道的方向，所以通信效率较低，但节省了传输信道。例如无线通信对讲机就是典型的半双工通信，A 在听 B 讲话时，只能听不能同时讲话；等 B 讲完后，A 按下"发话"钮，B 松开"发话"钮，通信方向切换。半双工通信方式在计算机网络系统中适用于终端之间的会话式通信。

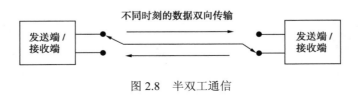

图 2.8　半双工通信

3．全双工（Full Duplex）通信

全双工通信是指数据在同一时刻可以在 2 个方向上进行传输，如图 2.9 所示。例如，生活中使用的电话通话。全双工通信效率高，但结构较复杂，成本较高。

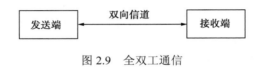

图 2.9　全双工通信

2.2.4　数据传输的同步技术

在数据通信系统中，当发送端与接收端采用串行通信时，通信双方交换数据，需要有高度的协同动作，彼此间传输数据的速率、每个比特的持续时间和间隔都必须相同，这就是同步问题。所谓同步，就是指接收端要按照发送端所发送的每个码元的重复频率以及起止时间来接收数据，否则，收发之间会产生误差，即使是很小的误差，随着时间的逐步累积，也会造成传输的数据出错。

因此，同步是数据通信中必须解决的重要问题，同步不好会导致通信质量下降直至不能正常工作。通常使用的数据传输有 2 种方法：异步传输和同步传输。

1．异步传输

异步传输是最早使用也是最简单的一种方法。用这种方法，每次传送一个字符（可由 5～8 位组成），在传送字符前，设置一个起始位，以示字符信息的开始，接着是字符代码，字符代码后面是一位校验位，最后设置 1～2 位的终止位，表示传送的字符结束，如图 2.10 所示。这样，每一个字符都由起始位开始，在终止位结束，所以也称为起止式同步。

这种方法比较容易实现，但是每个字符有 2～3 位的额外开销，这就降低了传输效率。

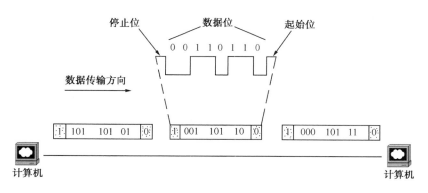

图 2.10　异步通信方式

2．同步传输

通常，同步传输方式的信息格式是一组字符或一个由二进制位组成的数据块（帧）。对这些数据，不需要附加起始位和停止位，而是在发送一组字符或数据块之前先发送一个同步字符 SYN 或一个同步字节，用于接收方进行同步检测，从而使收发双方进入同步状态。在同步字符或字节之后，可以连续发送任意多个字符或数据块，发送完毕后，再使用同步字符或字节来标识整个发送过程的结束，如图 2.11 所示。

图 2.11　同步通信方式

在同步发送时，由于发送方和接收方将整个字符组作为一个单位传送，且附加位又非常少，从而提高了数据传输的效率，所以这种方法一般用在高速传输数据的系统中，比如，计算机之间的数据通信。

另外，在同步通信中，收发双方之间的时钟要求严格同步，而使用同步字符或同步字节，只是为了同步地接收数据帧，只有保证了接收端接收的每一个比特都与发送端保持一致，接收方才能正确地接收数据，这就要使用位同步的方法。对于位同步，可以使用一个额外的专用信道发送同步时钟来保持双方同步，也可以使用编码技术将时钟编码发到数据中，在接收端接收数据的同时获取到同步时钟，两种方法比较，后者的效率更高，使用更为广泛。

2.3　数据的编码和调制技术

在计算机中，数据是以离散的二进制"0"、"1"比特序列方式来表示的。计算机数据传输过程中的数据编码类型主要取决于它采用的通信信道所支持的数据通信类型。网络中的通信信道分为模拟信道和数字信道，而依赖于信道传输的数据也分为模拟数据与数字数据。因此，数据的编码方法包括数字数据的编码与调制和模拟数据的编码与调制，如图 2.12所示。

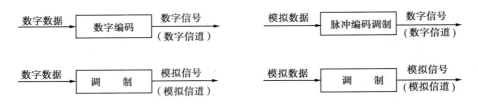

图 2.12　数字数据与模拟数据的编码和调制技术

2.3.1　数字数据的调制

典型的模拟通信信道是电话通信信道。它是当前世界上覆盖面最广、应用最普遍的通信信道之一。传统的电话通信信道是为了传输语音信号而设计的，用于传输音频范围在300～3 400Hz 的模拟信号，不能直接传输数字数据。为了利用模拟语音通信的电话交换网实现计算机的数字数据的传输，必须首先将数字信号转换成模拟信号，也就是要对数字数据进行调制。

发送端将数字数据信号变换成模拟数据信号的过程称为调制（Modulation），调制设备就成为调制器（Modulator）；接收端将模拟数据信号还原成数字数据信号的过程称为解调（Demodulation），解调设备就称为解调器（Demodulator）。当发送端和接收端以全双工方式进行通信时，就需要一个同时具备调制和解调功能的设备，称为调制解调器（MODEM），这一过程如图 2.13 所示。

图 2.13　计算机通过 MODEM 进行通信

模拟信号是由电磁波构成的，其波形会不断发生变化。从物理角度去度量一个电磁波的波形，需要用 3 个参数：振幅、频率（周期）和相位。其信号可以写成：

$$U(t)=A\cos(\omega t+\phi)$$

式中 A—振幅；ω—角频率；ϕ—初相位。

数字数据的编码，实际上也就是通过载波的控制来传递数据的技术。如前所述，发送端根据数据的内容命令调制器改变载波的物理特性，接收端则通过解调器从载波上读出这些物理特性的变换并将其还原成数据。

调制常通过改变载波的振幅、频率和相位 3 种物理特性来完成。控制载波振幅的技术称为调幅技术；控制载波频率的技术称为调频技术；控制载波相位的技术称为调相技术。也就是说，在模拟信号中，振幅、频率和相位均可用于对数据进行编码。例如，一个较高的振幅可能代表二进制数 1，而一个较低的振幅可以代表二进制数 0。类似地，一个较低的频率可能代表二进制数 1，而一个较高的频率可以代表二进制数 0。对信号进行周期性的检查，以判断其中的编码值。

数字数据的调制方式有 3 种：幅移键控法、频移键控法和相移键控法。在图 2.14 中，显示了对数字数据"010110"使用不同调制方法的波形。

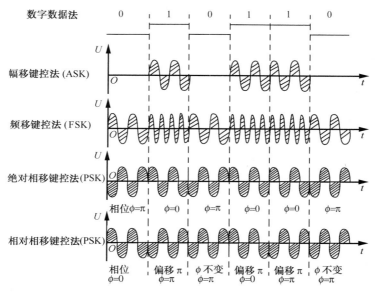

图 2.14　数字数据的调制方法

1．幅移键控法（Amplitude Shift Keying, ASK）

ASK 是通过改变载波信号的振幅大小来表示数字信号"1"和"0"的，以载波幅度 A_1 表示数字信号"1"，用载波幅度 A_2 表示数字信号"0"，而载波信号的 ω 和 ϕ 恒定。

2．频移键控法（Frequency Shift Keying, FSK）

FSK 是通过改变载波信号的频率大小来表示数字信号"1"和"0"的，以频率 ω_1 表示数字信号"1"，用频率 ω_2 表示数字信号"0"，而载波信号的 A 和 ϕ 恒定。

3．相移键控法（Phase Shift Keying, PSK）

PSK 是通过改变载波信号的相位值来表示数字信号"1"和"0"的，而载波信号的 A 和 ω 恒定。PSK 包括 2 种类型：

（1）绝对调相。绝对调相使用相位的绝对值，ϕ 为"0"表示数字信号"1"，ϕ 为"π"表示数字信号"0"。

（2）相对调相。相对调相使用相位的相对偏移值，当数字数据为"0"时，相位不变化，而数字数据为"1"时，相位要偏移"π"。

2.3.2　数字数据的编码

利用数字通信信道直接传输数据信号的方法称为数字信号的基带传输，而数字数据在传输之前需要进行数字编码。

数字基带传输中数据信号的编码方式主要有 3 种，它们是不归零编码、曼彻斯特编码和差分曼彻斯特编码。图 2.15 显示了 3 种编码的波形。

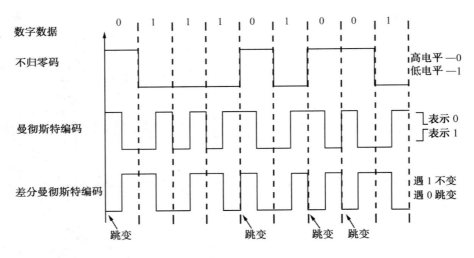

图 2.15　数字数据信号的 3 种编码方法示意

1. 不归零（Non-Return to Zero, NRZ）编码

NRZ 编码可以用负电平表示逻辑"1"，用正电平表示逻辑"0"，反之亦然。NRZ 编码的缺点是无法判断一位的开始或者结束，收发双方不能保持同步。因此，必须在发送编码的同时，用另一信道同时传送同步时钟信号。NRZ 编码是最原始的基带传输方式。

2. 曼彻斯特（Manchester）编码

曼彻斯特编码是目前应用最广泛的编码方法之一，其特点是每一位二进制信号的中间都有跳变，若从低电平跳变到高电平就表示数字信号"1"；若从高电平跳变到低电平就表示数字信号"0"。

曼彻斯特编码的优点是每一个比特中间的跳变可以作为接收端的时钟信号，以保持接收端和发送端之间的同步。

3. 差分曼彻斯特（Difference Manchester）编码

差分曼彻斯特编码是对曼彻斯特编码的改进。其特点是每一位二进制信号的跳变依然提供收发端之间的同步，但每位二进制数据的取值，要根据其开始边界是否发生跳变来决定，若一个比特开始处存在跳变则表示"0"，无跳变则表示"1"。

2.3.3　模拟数据的调制

在模拟数据通信系统中，信源的信息经过转换形成电信号，比如，人说话的声音经过电话转变为模拟的电信号，这也是模拟数据的基带信号。一般来说，模拟数据的基带信号具有比较低的频率，不宜直接在信道中传输，需要对信号进行调制，将信号搬移到适合信道传输的频率范围内，接收端将接收的已调制的信号再搬回到原来信号的频率范围内，恢复成原来的消息，比如无线广播。

2.3.4　模拟数据的编码

为了信息处理上的方便，以数字方式来处理各种信息已是技术发展的趋势。声音、图像、图片等数据，通过数字转换程序转化为数字数据，再进行处理、压缩、传递和存储。因此，模拟信息需转换为数字信息，再利用数字传输技术来传输。模拟数据的数字信号编码最典型的是脉冲编码调制（Pulse Code Modulation，PCM）。

脉冲编码调制的工作过程包括 3 部分：抽样、量化和编码。

1．抽样

模拟信号是电平连续变化的信号。每隔一定的时间间隔，采集模拟信号瞬间的电平值作为样本表示模拟数据在某一区间随时间变化的值。如果以等于或高于通信信道带宽 2 倍的传输速率定时对信号进行抽样，就可以恢复原模拟信号的所有信息。

对于电话通信系统，因为电话线路的传输带宽不超过 4 000Hz，所以抽样频率为 8 000 次/秒。

2．量化

量化是一个分级过程。把采样所得到的脉冲信号按量级比较，并做"取整"处理，这样脉冲序列就成为了数字信号。

3．编码

编码是用相应位数的二进制代码表示量化后的采样样本的量级。如果有 N 个量化级，就有 $\log_2 N$ 位二进制码。通常在语音数字化脉冲调制系统中分为 128 个量级，即用 7 位二进制数码表示。

2.4　多路复用技术

在点对点通信方式中，两点间的通信线路是专用的，其线路利用率较低。能够采用某种方法使多个数据源合用一条传输线路，以提高线路的利用率，这就是多路复用的思想。

多路复用技术就是利用一个物理信道同时传输多路数据信号的技术。多路复用系统可以将来自多个信息源的信息进行合并，然后将这一合成的信息群经单一的线路和传输设备进行传输。在接收端的机器中，则设有能将信息群分离成单个信息的设备，因此，只用一套发送装置和接收装置就能替代多个设备，如图 2.16 所示。

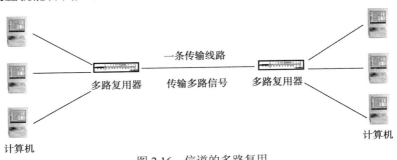

图 2.16　信道的多路复用

多路复用目前主要有 4 种方式：频分多路复用（Frequency Division Multiplexing，FDM）、时分多路复用（Time Division Multiplexing，TDM）、波分多路复用（Wave-length Division Multiplexing，WDM）和码分多路复用（Code Division Multiplexing，CDM）。

2.4.1　频分多路复用

频分多路复用是将具有一定带宽的线路划分为多条占有较小带宽的信道，各信道的中心频率不重合，每个信道之间相距一定的间隔，每条信道供一路信号使用，在频率上并排地把几个信息通道合在一起，形成一个合成的信号，然后以某种调制方式将这个合成的频分多路复用信号进行载波调制。在经过接收端的解调后，使用适当的滤波器分离出不同的信号，将各路信息恢复出来。例如，无线电广播和无线电视将多个电台或电视台的多组节目对应的声音、图像信号分别加载在不同频率的无线电波上，同时在同一无线空间中传播，接收者根据需要接收特定的某种频率的信号收听或收看。

2.4.2　时分多路复用

时分多路复用是将传输线路用于传输的时间划分为若干个时间间隔（Slot time，又称为时隙），其信号分割的参量是每路信号所占用的时间，每一个时隙由复用的一个信号占用，在其占用的时隙内，信号使用通信线路的全部带宽。因此，必须使得复用的各路信号在传输时间上相互不能重叠。

时分多路复用一般按字符方式传输，当时隙轮到某一路信号时，则利用本路信号的时钟连续向线路移入字符，然后就转到下一路，重复这个过程，依次不断地交替循环。时分多路复用要求每一路信号把一个字符作为一个整体来处理。根据对终端信道分配方法的不同，时分多路复用又可分为同步时分多路复用（Synchronous Time Division Multiplexing，STDM）与异步时分多路复用（Asynchronous Time Division Multiplexing，ATDM）。

（1）同步时分多路复用。同步时分多路复用采用固定时间片分配方式，即将传输信号的时间按特定长度连续地划分成特定时间段，再将每一时间段划分成等长度的多个时隙，每个时隙以固定的方式分配给各路数字信号，在每一时间段各路数字信号都按顺序地分配到一个时隙。

由于在同步时分多路复用方式中，时隙预先分配且固定不变，无论时隙拥有者是否传输数据都占有一定时隙，这就形成了时隙浪费，其时隙的利用率很低，为了克服这个缺点，引入了异步时分多路复用技术。

（2）异步时分多路复用。异步时分多路复用技术能动态地按需分配时隙，以避免每个时间段中出现空闲时隙。也就是说，只有当某一路用户有数据要发送时才把时隙分配给它。当用户暂停发送数据时，则不给它分配时隙。电路的空闲时隙可用于其他用户的数据传输。

另外，在异步时分多路复用中，每个用户可以通过多占用时隙来获得更高的传输速率，而且传输速率可以高于平均速率，最高速率可以达到电路总的传输能力，即用户占有所有的时隙。例如，电路总的传输能力为 28.8kb/s，3 个用户公用此电路，在同步时分多路复用方式下，每个用户的最高速率为 9 600b/s，而在异步时分多路复用方式中，每个用户的最高速率可达 28.8kb/s。

2.4.3　波分多路复用

波分多路复用主要用于全光纤网组成的通信系统。波分多路复用就是光纤的频分复用。人们借用传统的载波电话的频分复用的概念，可以做到使用一根光纤来同时传输多个频率都很接近的光载波信号，这样就使光纤的传输能力成倍地提高了。由于光载波的频率很高，而习惯上是用波长而不用频率来表示所使用的光载波，因而称其为波分多路复用。最初，只能在一根光纤上复用两路光载波信号，但随着技术的发展，在一根光纤上复用的路数越来越多。现在已能做到在一根光纤复用 80 路或更多路数的光载波信号，这种复用方式就是密集波分复用（Dense Wavelength Division Multiplexing，DWDM）。

2.4.4　码分多路复用

码分多路复用也是一种共享信道的方法，每个用户可在同一时间使用同样的频带进行通信，但使用的是基于码型的分割信道的方法，即每个用户分配一个地址码，各个码型互不重叠，通信各方之间不会相互干扰，且抗干扰能力强。

码分多路复用技术主要用于无线通信系统，特别是移动通信系统。它不仅可以提高通信的话音质量和数据传输的可靠性以及减少干扰对通信的影响，而且增大了通信系统的容量。笔记本电脑或个人数字助理（Personal Data Assistant，PDA）以及掌上电脑（Handed Personal Computer，HPC）等移动性计算机的联网通信就是使用了这种技术。

2.5　数据交换技术

在计算机网络中，计算机通常使用公用通信的传输线路进行数据交换，以提高传输设备的利用率。在网络中的数据交换方式可分为电路交换和存储转发交换两大类，其中存储转发交换又可分为报文交换和分组交换。

2.5.1　电路交换

交换（Switch）的概念来源于电话系统。当用户发出通话呼叫时，电话系统中的交换机（Telephone Switch）在呼叫者电话与接收者电话之间寻找一条客观存在的物理通道。一旦找到，通话便可建立起来，两端的电话占有了这条线路，直到通话结束。这里，所谓"交换"体现在交换设备内部，当交换机从一条输入线收到呼叫请求时，它首先根据被呼叫者的号码寻找一条合适的空闲输出线，然后，通过硬件开关（如电磁继电器）将二者连通。假如，一次电话呼叫需要经过若干台交换机，则所有的交换机都要完成同样的工作，电话系统的这种交换方式就称为"电路交换"（Circuit Switching）。

在计算机网络中，当计算机与终端或者计算机与计算机之间需要通信时，也是由交换机负责在其间建立一条专用通道，即建立一条实际的物理连接。其通信过程可以分为以下 3 个阶段。

1．电路建立

通过源结点请求完成交换网中相应结点的连接过程，这个过程建立起一条由源结点到目的结点的传输通道。

2．数据传输

电路建立完成后，就可以在这条临时的专用电路上传输数据，通常为全双工传输。

3．电路拆除

在完成数据传输后，源结点发出释放请求信息，请求中止通信。若目的结点接受释放请求，则发回释放应答信息。在电路拆除阶段，各结点相应地拆除该电路的对应连接，释放由该电路占用的结点和信道资源。

由此不难看出，电路交换的外部表现是通信双方一旦接通，便独占一条实际的物理线路。电路交换的实质是：在交换设备内部由硬件开关接通输入线与输出线。因此，线路交换技术的优点是：传输延迟小（唯一的延迟是电磁信号的传播时间）；线路一旦接通，不会发生冲突。对于占用信道的用户来说，可靠性和实时响应能力都很好。

电路交换的缺点是：建立线路所需时间较长；一旦接通要独占线路，造成信道浪费。

2.5.2　报文交换

在报文交换（Message Switch）方式中，信息的交换是以报文为单位的，通信的双方无须建立专用通道。例如，当计算机 A 要与计算机 B 进行通信时，计算机 A 需要先把要发送的信息加上报文头，包括目的地址、源地址等信息，并将形成的报文发送给交换设备 IMP（接口信息处理机或称交换器）。接着交换器把收到的报文信息存入缓冲区并输送进队列等候处理，这个过程称为"第一次排队"。

交换器依次对输送进队列排队等候的报文信息做适当处理以后，根据报文的目标地址，选择适当的输出链路。如果此时输出链路中有空闲的线路，便启动发送进程，把该报文发往下一个交换器，这样经过多次转发，一直把报文送到指定的目标。由此可见，在这个过程中，交换器的输入线与输出线之间不必建立物理连接。但是如果该输出链路没有空闲的线路，则需要将装有报文信息的缓冲区送到该链路的输出队列排队等候发送，这个过程称为"第二次排队"。也就是说，在交换器处，报文首先被存储起来，并且在待发报文登记表中进行登记，等待报文前往的目标地址的线路空闲时再转发出去。

由此可见，报文交换是一种基于存储-转发（Store-And-Forward）的传输方式，并且在传输过程中，每经过一个交换器，一般需要经过 2 次排队，这就给报文的传输造成一定的时间延迟。

报文交换方式具有如下优点：线路利用率高，信道可为多个报文共享；接收方和发送方无须同时工作，在接收方"忙"时，报文可以暂存交换器处；可同时向多个目标地址发送同一报文；能够在网络上实现报文的差错控制和纠错处理；报文交换网络能进行速度和代码转换。

报文交换的主要缺点是：不适合实时通信或交互通信，也不适合用于交互式的"终端-

主机"连接。另外，报文在传输过程中有较大的时间延迟。

2.5.3 分组交换

如上所述，报文交换方式产生较大时间延迟的主要原因，除了由于报文在经过一个交换器需要经过 2 次排队之外，还由于报文传输是按串行方式进行的。通常，报文交换方式对所传输的报文大小是不加限制的，有的报文本身可能很长，当交换器需要对其进行存储处理时，只有当报文的全部信息都进入缓冲区以后才能进行，往往单个报文可能占用一条交换线路长达数分钟，这显然不适于交互式通信。

为了解决上述问题，人们便提出了一种称为分组交换（Packet Switching）的技术。分组交换就是设想将用户的大报文分割成若干个具有固定长度的报文分组（称为包，Packet）。以报文分组为单位，在网络中按照类似于流水线的方式进行传输，从而可以使各个交换器处于并行操作状态，很显然这样一来可以大大缩短报文的传输时间。每一个报文分组均含有数据和目标地址，同一个报文的不同分组可以在不同的路径中传输，到达指定目标以后，再将它们重新组装成完整的报文。

由于报文分组交换技术严格限制报文分组大小的上限，使分组可以在交换器的内存中存放，保证任何用户都不能独占线路超过几十毫秒，因此非常适合于交互式通信。另外，在具有多个分组的报文中，分组之间不必等齐就可以单独传送，这样缩短了时间延迟，提高了交换器的吞吐率，这是分组交换的另一个优点。当然，分组交换技术也存在一些问题，例如，拥塞，对于大报文的分组与重组，以及分组损失或失序等。

由此可见，数据交换方式中的交换，其实质是在交换设备内部将数据从输入线切换到输出线的方式。电路交换方式是静态分配线路；存储-转发方式则是动态分配线路。

2.5.4 虚电路与数据报

在计算机网络中，绝大多数通信子网均采用分组交换技术。根据通信子网的内部机制的不同，又可以把分组交换子网分为 2 类：一类采用连接，即面向连接；另一类采用无连接。在有连接的子网中，连接称为"虚电路"（Virtual Circuit），类似于电话系统中的物理线路；在无连接子网中，独立分组称为"数据报"（Datagram），类似于邮政系统中的电报。

在具体实现时，虚电路子网要求一个建立虚电路的过程。在虚电路子网中，各个 IMP 上都有一个记录虚电路的 IMP 表，经过某一个 IMP 的虚电路，在该 IMP 的 IMP 表中占据一项，若将从信源到信宿的路径上所有 IMP 表的相应表目串起来，便构成了一条虚电路。这条虚电路在建立连接的过程中存在，在关闭连接时撤销。一对机器之间一旦建立虚电路，分组即可按虚电路号进行传输，不必给出显式信宿地址。而且在传输过程中，也不必再为分组单独寻址，所有分组将按既定虚电路传送。

数据报子网则没有建立连接的过程，各数据报均携带信宿地址，传输时，子网对各数据报单独寻址。

虚电路和数据报这两个概念不仅可用于描述通信子网的内部结构，实际上，它们也是分组交换技术的 2 种形式。面向连接的分组交换技术称为虚电路，无连接的分组交换称为数据报。

2.6 差错校验技术

2.6.1 差错的产生

根据数据通信系统的模型，当数据从信源发出经过信道时，由于信道总存在着一定的噪声，数据到达信宿后，接收到的信号实际上是数据信号和噪声信号的叠加。如果噪声对信号的影响非常大，就会造成数据的传输错误。

通信信道中的噪声可以分为热噪声和冲击噪声。

热噪声是由传输媒体的电子热运动产生的，其特点是持续存在、幅度小、干扰强度与频率无关，属于随机噪声，由它引起的差错属于一种随机差错。

冲击噪声是由外界电磁干扰引起的，与热噪声相比，冲击噪声的幅度较大，是引起差错的主要原因，它的持续时间与数据传输中每个比特的发送时间相比可能较长，因而冲击噪声引起的相邻多个数据位的出错呈突发性，由它引起的传输差错称为突发差错。

在通信过程中出现的传输差错是由随机差错和突发差错共同构成的，而造成差错可能出现的原因包括：

（1）在数据通信中，在物理信道上线路本身的电气特性随机引起信号幅度、频率、相位的畸形和衰减。

（2）电气信号在线路上产生反射噪声的回波效应。

（3）相邻线路之间的串线干扰。

（4）大气中的闪电、电源开关的跳火、自然界磁场的变化以及电源的波动等外界因素的干扰。

2.6.2 差错的控制

在数据通信的过程中，为了保证将数据的传输差错控制在允许的范围内，就必须采用差错控制方法。

差错控制是指在数据通信过程中，发现、检测差错、对差错进行纠正，从而把差错限制在所能允许的范围内的技术和方法。

1. 差错控制编码

差错控制编码是用以实现差错控制的编码。它分为检错码和纠错码两种。

检错码能够自动发现错误的编码。纠错码是既能发现错误，又能自动纠正错误的编码。

纠错码也称抗干扰编码。纠错编码的方法是在所要传送的数据序列中，按一定的规则加入一些新的码元，使这些多余码元与信息码元之间有一定的关系，符合一定的规律，从而使码元之间产生某种相关性。经传输后，接收端按照发送端的编码规则进行译码，自动检查传输中出现的差错并进行纠错。附加的码元称为纠错码。纠错码越多，则冗余度越大，信息码组之间的差别就越大，接收端越容易检错和纠错，也就是说检错、纠错的能力越强。由此带来的是传输效率的降低，但换取了可靠性。

目前常用的纠错编码有以下 2 种：

（1）奇偶校验码。采用奇偶校验码时，在每个字符的数据位（字符代码）传输之前，先检测并计算出数据位中"1"的个数（奇数或偶数），并根据使用的是奇校验还是偶校验来确定奇偶校验位，然后将其附加在数据位之后进行传输。当接收端接收到数据后，重新计算数据位中包含"1"的个数，再通过奇偶校验位就可以判断出数据是否出错。例如：

ASCII 字符 M 的二进制代码为 1001101 其有偶数个"1"

奇校验方法 10011011 在信息码后面加上一个"1"变为奇数个"1"

偶校验方法 10011010 在信息码后面不加"1"，加上一个"0"

奇偶校验码实现起来比较简单，被广泛地应用于异步通信中。另外，奇偶校验码只能检测单个比特出错的情况，而当两个或两个以上的比特出错时，它就无能为力了。

（2）循环冗余码 CRC。循环冗余码是一种较为复杂的校验方法，它先将要发送的信息数据与一个通信双方共同约定的数据进行除法运算，并根据余数得出一个校验码，然后将这个校验码附加在信息数据帧之后发送出去。接收端在接收到数据后，将包括校验码在内的数据帧再与约定的数据进行除法运算，若余数为"0"，则表示接收的数据正确，若余数不为"0"，则表明数据在传输的过程中出错。

2．差错控制技术

在计算机通信中，主要有以下 3 种差错控制方式：

（1）前向纠错。在前向纠错方式中，发送端对数据进行检错和纠错编码，接收端收到这些编码后，进行译码，译码不但能发现错误，而且能自动地纠正错误，因而不需要反馈信道。这种方式的缺点是译码设备复杂，并且纠错码的冗余码元较多，故效率较低。当然，纠错编码也只能解决部分出错的数据，对于不能纠正的错误，就只能采用反馈重发纠错方式。

（2）反馈重发纠错。反馈重发纠错方式的工作原理是：发送端对发送序列进行差错编码，即能够检测出错误的校验序列。接收端将根据校验序列的编码规则判断是否有传输错误，并把判决结果通过反馈信道传回给发送端。若无错，接收端确认接收；若有错，则接收端拒绝接收，并通知发送端，发送端将重新发送序列，直到接收端接收正确为止。

反馈重发纠错系统一般采用 2 种方式工作：一种是采用半双工通信方式的系统，该系统中发送端只有在接收到反馈应答的判决信号后，才决定是否继续发下一组数据，故这种系统也称为发送等待系统。它在面向字符的传输控制中应用较多。另一种是采用全双工通信方式的系统，该系统中把需要应答的判决信号插到双方发送的信息帧中。这种系统也称为连续发送系统，在面向位的传输控制中应用较多。反馈重发纠错方式的缺点是实时性较差。

（3）混合纠错。混合纠错方式是前向纠错和反馈重发纠错两种方式的结合。在这种纠错方式中，发送端编码具有一定的纠错能力，接收端对收到的数据进行检测。如发现有错并未超过纠错能力的范围，则自动纠错；如超过纠错能力范围则发出反馈信息，命令发送端重发。

本 章 小 结

在数据通信系统中，通信双方交换数据，需要有高度的协同动作，这就是同步问题。传输的数据分为数字数据和模拟数据，进行数据处理时需要在数字数据和模拟数据之间进行转换，这就是数据编码技术研究的问题。信道复用的目的是让不同的计算机连接到相同的信道上，以共享信道资源。在数据通信的过程中，为了保证数据的传输差错控制在允许的范围内，就必须采用差错控制方法。

练 习 题

1. 简述模拟通信系统和数字通信系统的结构。
2. 通信线路的连接方式有哪几种？各有什么特点？
3. 数据通信的主要技术指标有哪些？
4. 数据通信方式有哪几种？各有什么特点？
5. 什么是基带传输？什么是频带传输？
6. 简述脉冲调制编码的工作过程。
7. 什么是电路交换？它有什么特点？
8. 什么是报文交换？它有什么特点？
9. 什么是分组交换？它有什么特点？
10. 什么是虚电路？什么是数据报？
11. 请列举几种信道复用技术，并说出它们各自的特点。
12. 差错控制技术有几种？

第3章 计算机网络的体系结构

计算机网络是一个涉及计算机技术、通信技术等多个领域的复杂系统。现代计算机网络已经渗透到工业、商业、政府、军事等领域以及人们生活中的各个方面, 如此庞大而又复杂的系统需要有效且可靠地运行, 网络中的各个部分就必须遵守一整套合理而严谨的结构化管理规则。计算机网络就是按照高度结构化方法采用功能分层原理来实现的, 这也是计算机网络体系结构研究的内容。

3.1 网络体系结构和协议的概念

3.1.1 网络的分层体系结构

体系结构是研究系统各部分组成及相互关系的技术科学。计算机网络体系结构采用分层配对结构, 用于定义和描述一组用于计算机及其通信设施之间互联的标准和规范的集合。遵循这组规范可以很方便地实现计算机设备之间的通信。也就是说，为了完成计算机之间的通信合作，把每台计算机互联的功能划分成有明确定义的层次，并规定了同层次进程通信的协议及相邻层之间的接口及服务，这些同层进程通信的协议以及相邻层的接口统称为网络的体系结构。

为了减小计算机网络的复杂程度，按照结构化设计方法，计算机网络将其功能划分成若干个层次（Layer），较高层次建立在较低层次的基础上，并为更高层次提供必要的服务功能。

这种分层结构的优点如下。

1．独立性强

分层结构中各相邻层之间要有一个接口（Interface），它定义了较低层向较高层提供的原始操作和服务。相邻层可以通过它们之间的接口交换信息，高层并不需要知道低层是如何实现的，仅需要知道该层通过层间的接口所提供的服务，这样使得两层之间保持了功能的独立性。

2．适应性强

当任何一层发生变化时，只要层间接口不发生变化，那么这种变化就不会影响到其他任何一层，这表明可以对层内进行修改。

3．易于实现和维护

分层之后使得实现和调试大的、复杂的系统相对变得简单和容易。

3.1.2　协议

共享计算机网络的资源，以及在网中交换信息，就需要实现不同系统中的实体的通信。实体包括用户应用程序、文件传输信息包、数据库管理系统、电子邮件设备以及终端等。两个实体要想成功地通信，它们必须具有同样的语言。交流什么，怎样交流以及何时交流，都必须遵从有关实体间某种相互都能接受的一些规则，这些规则的集合称为协议。

协议的关键成分如下。

1．语法（Syntax）

语法确定协议元素的格式，即规定了数据与控制信息的结构和格式。

2．语义（Semantics）

语义确定协议元素的类型，即规定了通信双方要发出何种控制信息、完成何种动作以及做出何种应答。

3．定时（Timing）

定时可以确定通信速度的匹配和排序，即有关事件实现顺序的详细说明。

3.2 开放系统互联参考模型

3.2.1 ISO/OSI 参考模型

计算机网络中要实现通信功能就必须依靠网络通信协议。在 20 世纪 70 年代，各大计算机生产厂家（如 IBM、DEC 等）的产品都有自己的网络通信协议，这样，不同厂家生产的计算机系统就难以联网。为了实现不同厂家生产的计算机系统之间以及不同网络之间的数据通信，国际标准化组织 ISO 对当时的各类计算机网络体系结构进行了研究，并于 1981 年正式公布了一个网络体系结构模型作为国际标准，称为开放系统互联参考模型，即 ISO/OSI 参考模型。这里的"开放"表示任何两个遵守 ISO/OSI 的系统都可以进行互联，当一个系统能按 ISO/OSI 与另一个系统进行通信时，就称该系统为开放系统。

ISO/OSI 采用分层的结构化技术，它将整个网络功能划分为 7 层，由底向上依次是物理层、数据链路层、网络层、传输层、会话层、表示层、应用层，其分层模型如图 3.1 所示。

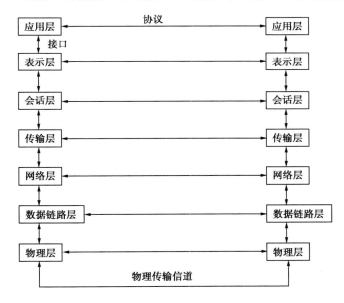

图 3.1　ISO/OSI 参考模型

OSI 参考模型的主要特性为：

（1）它是一种异构系统互联的分层结构。

（2）它提供了控制互联系统交互规则的标注框架。

（3）它是一种抽象结构，而不是具体实现的描述。

（4）不同系统上相同层的实体称为同等层实体，同等层实体之间的通信由该层协议管理，即必须遵循相应的协议。

（5）相邻层间的接口，定义了低层向上层提供的服务。

（6）它所提供的公共服务可以是面向连接的，也可以是无连接的数据服务。

（7）直接的数据传送仅在最低层实现。

（8）每层完成所定义的功能，修改本层的功能并不影响其他层。

下面对 OSI 各层的功能做简单介绍。

第 1 层：物理层（Physical Layer），在物理信道上传输原始的数据比特（bit）流，提供为建立、维护和拆除物理链路所需的各种传输介质、通信接口特性等。

第 2 层：数据链路层（Data Link Layer），在网络结点间的线路上通过检测、流量控制和重发等手段，无差错地传送以帧为单位的数据。

第 3 层：网络层（Network Layer），为传输层的数据传输提供建立、维护和终止网络连接的手段，把上层传来的数据组织成数据包在结点之间进行交换传送，并且负责路由选择和拥塞控制。

第 4 层：传输层（Transport Layer），将其以下各层的技术和工作屏蔽起来，使高层看来数据是直接从端到端的，即应用程序间的。

第 5 层：会话层（Session Layer），在两个不同系统中互相通信的应用进程之间建立、组织和协调交互。

第 6 层：表示层（Presentation Layer），把所传送的数据的抽象语法变为传送语法，即把不同计算机内部的不同表示形式转换成网络通信中的标准表示形式。此外，对传送的数据加密（或解密）、正文的压缩（或还原）也是表示层的任务。

第 7 层：应用层（Application Layer），为用户提供应用的接口，即提供不同计算机之间的文件传送、访问与管理、电子邮件的内容处理、不同计算机通过网络交互访问的虚拟终端功能等。

从控制角度看，ISO/OSI 模型中的第 1、2、3 层可以看成传输控制层，负责通信子网的工作，解决网络中的通信问题；第 5、6、7 层为应用控制层，负责有关资源子网的工作，解决应用进程的通信问题；第 4 层为通信子网和资源子网的接口，起到连接传输和应用的作用。

3.2.2 物理层

物理层是 OSI 参考模型的最低层，向下直接与物理信道相连接。物理层协议是各种网络设备进行互联时必须遵守的低层协议。设立物理层的目的是为了实现 2 个物理设备之间的二进制比特流的透明传输，而对数据链路层屏蔽物理传输介质的特性，以便对高层协议有最大的透明性。

ISO 对 OSI 参考模型中的物理层做了如下定义：物理层为建立、维护和释放数据链路实体之间的二进制比特流传输的物理连接提供了机械的、电气的、功能的和规程的特性。物理连接可以通过中继系统，允许进行全双工或半双工的二进制比特流的传输。物理层的数据服务单元是比特，它可以通过同步或异步的方式进行传输。

也就是说，物理层设计的内容包括以下 5 个方面。

1．通信接口与传输媒体的物理特性

除了不同传输介质自身的物理特性外，物理层还对通信设备和传输媒体之间使用的接口做了详细的规定，主要体现在 4 个方面：

（1）机械特性。机械特性规定了物理连接时所需插件的规格尺寸、针脚数量和排列情况等。如 EIA RS-232C 标准规定的 D 型 25 针接口，ITU-T X.21 标准规定的 15 针接口等。

（2）电气特性。电气特性规定了在物理信道上传输比特流时信号电平的大小、数据的编码方式、阻抗匹配、传输速率和距离限制等。例如，在使用 RS-232C 接口且传输距离不大于 15m 时，最大速率为 19.2kb/s。

（3）功能特性。功能特性定义了各个信号线的确切含义，即各个信号线的功能。比如 RS-232C 接口中的发送数据线和接收数据线等。

（4）规程特性。规程特性定义了利用信号线进行比特流传输的一组操作规程，是指在物理连接的建立、维护和交换信息时数据通信设备之间交换数据的顺序。

2．物理层的数据交换单位为二进制比特

为了传输比特流，可能需要对数据链路层的数据进行调制或编码，使之成为模拟信号、数字信号或光信号，以实现在不同的传输介质上传输。

3．比特的同步

物理层规定了通信的双方必须在时钟上保持同步的方法，比如异步传输和同步传输等。

4．线路的连接

物理层还考虑了通信设备之间的连接方式，比如，在点对点的连接中，2 个设备之间采用了专用链路连接，而在多点连接中，所有的设备共享一个链路。

5．传输方式

物理层也定义了 2 个通信设备之间的传输方式，如单工、半双工和全双工。

3.2.3 数据链路层

数据链路层把从物理层传来的原始数据打包成帧（Frame），负责帧在结点间无差错地传递。

设立数据链路层的主要目的是将一条原始的、有差错的物理线路变成对网络层来说无差错的数据链路。

数据链路层的主要功能是实现相邻结点间数据帧的正确传送，即通过校验、确认、反馈、重发等手段将原始的物理连接改造为无差错的理想的数据链路。为了实现这些功能，数据链路层涉及的内容包括以下 5 点。

1．成帧

数据链路层要将网络层的数据分成可以管理和控制的数据单元，即帧。因此，数据链路层的数据传输是以帧为数据单位的。

2．物理地址寻址

数据帧在不同的网络中传输时，需要标识出发送数据帧和接收数据帧的结点。因此，数据链路层要在数据帧中的头部加入一个控制信息，其中包含了源结点和目的结点的地址，这个地址也被称为物理地址。

3．流量控制

数据链路层对发送数据帧的速率进行了控制，如果发送的数据帧太多，就会使目的结点来不及处理而造成数据丢失。

4．差错控制

为了保证物理层传输数据的可靠性，数据链路层需要在数据帧中使用一些控制方法，检测出错或重复的数据帧，并对错误的帧进行纠错或重发。数据帧中的尾部控制信息就是用来进行差错控制的。

5．接入控制

当 2 个或者更多的结点共享通信链路时，由数据链路层确定在某一时间内该由哪一个结点发送数据。

3.2.4 网络层

计算机网络分为资源子网和通信子网。网络层就是通信子网的最高层，它在数据链路层提供服务的基础上向资源子网提供服务。

网络层的作用是实现分别位于不同网络的源结点与目的结点之间的数据包传输，它和数据链路层的作用不同，数据链路层只是负责同一个网络中的相邻结点之间的链路管理及帧的传输等问题。因此，当两个结点连接在同一个网络中时，并不需要网络层，只有当 2 个结点分布在不同的网络中时，才会涉及网络层的功能，从而保证了数据包从源结点到目的结点的正确传输。而且，网络层要负责确定在网络中采用何种技术，从源结点出发选择一条通路通过中间的结点将数据包最终送达目的结点。

为了实现这些功能，网络层涉及的概念有以下 4 个。

1．逻辑地址寻址

数据链路层的物理地址只是解决了在同一个网络内部的寻址问题，如果一个数据包从一个网络跨越到另外一个网络，就需要使用网络层的逻辑地址。当传输层传递给网络层一个数据包时，网络层就在这个数据包的头部加入控制信息，其中就包含了源结点和目的结点的逻辑地址。

2．路由功能

在网络层中如何将数据包从源结点传送到目的结点，其中选择一条合适的传输路径是至关重要的，尤其是从源结点到目的结点的通路存在多条路径时，就存在选择最佳路由的问题。路由选择就是根据一定的原则和算法在传输通路中选出一条通向目的结点的最佳路由。

3．流量控制

在数据链路层中介绍过流量控制，在网络层中同样也存在流量控制问题。只不过在数据链路层中的流量控制是在 2 个相邻结点之间进行的，而在网络层中的流量控制是在完成数据包从源结点到目的结点过程中进行的。

4．拥塞控制

在通信子网内，由于出现过量的数据包而引起网络性能下降的现象称为拥塞。拥塞控制主要解决的问题是如何获取网络中发生拥塞的信息，从而利用这些信息进行控制，以避免由于拥塞出现数据包的丢失以及严重拥塞而产生网络死锁的现象。

3.2.5　其他各层简介

1．传输层

传输层是资源子网和通信子网的接口和桥梁，它完成了资源子网中两结点间的直接逻辑通信，实现了通信子网端到端的可靠传输。传输层下面的物理层、数据链路层和网络层均属于通信子网，可完成有关的通信处理，向传输层提供网络服务；传输层上面的会话层、表示层和应用层完成面向数据处理的功能，并为用户提供与网络之间的接口。因此，传输层在 OSI 模型中起到承上启下的作用，是整个网络结构的关键部分。

由于通信子网向传输层提供通信服务的可靠性有差异，所以无论通信子网提供的服务可靠性如何，经传输层处理后都应向上层提交可靠的、透明的数据传输。为此，传输层协议非常复杂，以适应通信子网中存在的各种问题。也就是说，如果通信子网的功能完善、可靠性高，则传输层的任务就比较简单；若通信子网提供的质量很差，则传输层的任务就很复杂，以填补会话层所要求的服务质量和网络层所能提供的服务质量之间的差别。

传输层在网络层提供服务的基础上为高层提供 2 种基本服务：面向连接的服务和面向无连接的服务。面向连接的服务要求高层的应用在进行通信之前，先要建立一个逻辑的连接，并在此连接的基础上进行通信，通信完毕后要拆除逻辑连接，而且通信过程中还进行流量控制、差错控制和顺序控制。因此，面向连接提供的是可靠的服务。面向无连接是一种不太可靠的服务，由于它不需要与高层应用建立逻辑连接，因此，它不能保证传输的信息会按发送顺序提交给目的结点。

2．会话层

会话层建立在传输层之上，它利用传输层提供的服务，使得 2 个会话实体之间不用考虑它们之间相隔多远、使用了什么样的通信子网等网络通信细节，而进行透明的、可靠的数据传输。当 2 个应用进程进行通信时，希望有一个作为第三者的进程能组织它们的通话，协调它们之间的数据流，以便应用进程专注于信息交互。而会话层就扮演了这样一个角色，它不参与具体的数据传输，但对数据传输进行管理，即：

（1）在 2 个互相通信的应用进程之间，提供建立、维护和结束会话连接的功能。

（2）提供交互会话的管理功能。例如确定是全双工工作，还是半双工工作，当发生意外时，要确定在重新恢复会话时从何处开始。

3．表示层

表示层处理的是 OSI 系统之间用户信息的表示问题。表示层不像 OSI 参考模型的低 5 层那样只关心将信息可靠地从一端传输到另外一端,它主要涉及被传输信息的内容和表示形式,如文字、图形、声音的表示。另外,数据压缩、数据加密等工作都是由表示层负责处理的。

表示层服务的典型例子是数据编码问题,大多数的用户程序中所用到的人名、日期、数据等可以用字符串(如使用 ASCII 码或其他的字符集)、整型(如用有符号数或无符号数)等各种数据类型来表示。由于各个不同的终端系统可能有不同的数据表示方法,如机器的字长、数据类型的格式以及所采用的字符编码集不同,同样的一个字符串或一个数据在不同端的系统上会表现为不同的内部形式,因此,这些不同的内部数据表示不可能在开放系统中交换。为了解决这一问题,表示层通过抽象的方法来定义一种数据类型或数据结构,并通过使用这种抽象的数据结构在各终端系统之间实现数据类型和编码的转换。

4. 应用层

应用层是 OSI 参考模型的最高层,它是计算机网络与最终用户之间的接口,它包含了系统管理员管理网络服务所涉及的所有问题和基本功能。它在下面 6 层提供的数据传输和数据表示等各种服务的基础上,为网络用户或应用程序提供完成特定网络服务功能所需的各种应用协议。

常用的网络服务包括文件服务、电子邮件(E-mail)服务、打印服务、集成通信服务、目录服务、网络管理服务、安全服务、多协议路由与路由互联服务、分布式数据库服务以及虚拟终端服务等。网络服务由相应的应用协议来实现,不同的网络操作系统提供的网络服务在功能、用户界面、实现技术、硬件平台支持以及开发应用软件所需的应用程序接口等方面均存在较大差异,而采纳应用协议也各具特色,因此,需要应用协议的标准化。

3.3 TCP/IP 的体系结构

3.3.1 TCP/IP 概述

TCP/IP(Transmission Control Protocol/Internet Protocol)是指传输控制协议/网络互联协议,是针对 Internet 开发的一种体系结构和协议标准,其目的在于解决异种计算机网络的通信问题,使得网络在互联时把技术细节隐藏起来,为用户提供一种通用、一致的通信服务。TCP/IP 起源于美国 ARPANET,由它的 2 个主要协议(TCP 协议和 IP 协议)而得名。通常所说的 TCP/IP 协议实际上包含了大量的协议和应用,且由多个独立定义的协议组合在一起,因此,更确切地说,应该称其为 TCP/IP 协议族。

OSI 参考模型研究的初衷是希望为网络体系结构与协议的发展提供一种国际标准,但由于 Internet 在全世界的飞速发展,使得 TCP/IP 协议得到了广泛的应用,虽然 TCP/IP 不是 ISO 标准,但广泛的使用也使 TCP/IP 成为一种"实际上的标准",并形成了 TCP/IP 参考模型。不过,ISO 的 OSI 参考模型的制定也参考了 TCP/IP 协议族及其分层体系结构的思想,而 TCP/IP 在不断发展的过程中也吸收了 OSI 标准中的概念及特征。

TCP/IP 协议具有以下 4 个特点:

(1)开放的协议标准,可以免费使用,并且独立于特定的计算机硬件与操作系统。

(2)独立于特定的网络硬件,可以运行在局域网、广域网中,更适用于互联网中。

（3）统一的网络地址分配方案，使得整个 TCP/IP 设备在网络中都具有唯一的地址。

（4）标准化的高层协议，可以提供多种可靠的用户服务。

3.3.2　TCP/IP 的层次结构

TCP/IP 模型由 4 个层次组成，它们分别是网络接口层、网际网层、传输层和应用层。OSI 模型与 TCP/IP 模型的对照关系如图 3.2 所示。

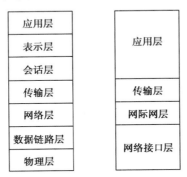

图 3.2　OSI 模型与 TCP/IP 模型的对照关系

1．网络接口层

TCP/IP 模型的最低层是网络接口层，它包括了能使用 TCP/IP 与物理网络进行通信的协议，且对应着 OSI 的物理层和数据链路层。它的功能是接收 IP 数据报并通过特定的网络进行传输，或从网络上接收物理帧，抽取出 IP 数据报并转交给上一层。TCP/IP 标准并没有定义具体的网络接口协议，目的是能够适应各种类型的网络，如 LAN、MAN 和 WAN。这也说明了 TCP/IP 协议可以运行在任何网络之上。

2．网际网层

网际网层又称网络层、IP 层，负责相邻计算机之间的通信。它包括 3 方面的功能。第一，处理来自传输层的分组发送请求，收到请求后，将分组装入 IP 数据报，填充报头，选择去往目标网络的路径，然后将数据报发往适当的网络接口。第二，处理输入的数据报，首先检查其合法性，然后进行路由选择。假如该数据报已经到达信宿本地机，则去掉报头，将剩下部分（TCP 分组）交给适当的传输协议；假如该数据报尚未到达信宿，则转发该数据报。第三，处理路径、流量控制、拥塞等问题。另外，网际网层还提供差错报告功能。

3．传输层

TCP/IP 的传输层与 OSI 的传输层类似，它的根本任务是提供端到端的通信。传输层对信息流具有调节作用，提供可靠性传输，确保数据到达无误，顺序也不错乱。为此，在接收方安排了一种发回"确认"和要求重发丢失报文分组的机制。传输层软件把要发送的数据流分成若干个报文分组，在每个报文分组上加一些辅助信息，包括用来标示是哪个应用程序发送这个报文分组的标识符、哪个应用程序应接收这个报文分组的标识符以及给每一个报文分组附带校验码，接收方便使用这个校验码验证收到的报文分组的正确性。在一台计算机中，同时可以有多个应用程序访问网络。传输层同时从几个用户接收数据，然后把数据发送给下一个较低的层。

4．应用层

在 TCP/IP 模型中，应用层是最高层，它对应 OSI 参考模型中的会话层、表示层和应用层。它向用户提供一组常用的应用程序，例如文件传送、电子邮件等。严格来说，应用程序不属于 TCP/IP，但就上面提到的几个常用应用程序而言，TCP/IP 制定了相应的协议标准，所以，把它们也作为 TCP/IP 的内容。当然，用户完全可以根据自己的需要在传输层之上建立自己的专用程序，这些专用程序要用到 TCP/IP，但却不属于 TCP/IP。在应用层，用户调用访问网络的应用程序，该应用程序与传输层协议相配合，发送或接收数据。每个应用程序都应选用自己的数据形式，它可以是一系列报文或字节流，不管采用哪种形式，都要将数据传送给传输层以便交换信息。

应用层的协议很多，依赖关系相当复杂，这种现象与具体应用的种类繁多现象密切相关。应当指出，在应用层中，有些协议不能直接为一般用户所使用。那些能直接被用户所使用的应用层协议，往往是一些通用的、容易标准化的东西，例如，FTP、Telnet 等。在应用层中，还包含很多用户的应用程序，它们是建立在 TCP/IP 协议族基础上的专用程序，无法标准化。

3.3.3 TCP/IP 协议族

在 TCP/IP 的层次结构中包括了 4 个层次，但实际上只有 3 个层次包含了协议。TCP/IP 中各层的协议如图 3.3 所示。

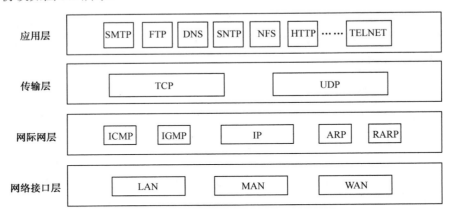

图 3.3 TCP/IP 中各层的协议

1．网际网层协议

（1）网络互联（Internet Protocol，IP）协议。IP 协议是 Internet 上最重要的协议软件，也是 TCP/IP 协议中 2 个最重要的核心协议之一，它的主要任务是无连接的数据报传送、数据报路由选择。

如前所述，TCP/IP 协议是为了包容各种物理网络技术而设计的，而这种包容性主要体现在 IP 层。IP 协议是无连接的，所谓"无连接"，是指双方在进行数据通信之前，不需要先建立好连接。IP 协议向传输层提供统一的 IP 数据报，这是 TCP/IP 协议应用于异种网络互联的最重要的一步。

在网络中传输的基本数据单元是"帧"，随物理网络的不同，帧的格式和地址格式各异。IP 协议不但把不同格式的物理地址转换为 IP 地址，而且把各种不同的帧统一为 IP 数据报，这样帧的差异对上层协议便不复存在。这种转换的意义非常重要，通过这一转换，实现了在互联网中达到屏蔽底层细节，提供一致性的目的。关于 IP 地址的问题在以后章节中介绍。

当一个分组在 Internet 中被传送时，它从一台计算机所在的网络发出去，到达另一台计算机时，该计算机便取出其中的 IP 数据报，检查该分组的目的地址并决定如何处理。如果网络分组到达一个路由器，而路由器认为该数据报必须送往另一个网络时，它会产生一个新的分组，并将数据报装在其中，再发送出去，直至到达目的地。

IP 协议的另一个重要任务是数据报的路由选择。一般来说，数据报沿着从源地址到目的地址的一条路径通过互联网络，中间将通过若干个路由器。路由器收到该数据报时，首先从数据报中取出目的地址，根据该地址来决定数据报应该发往的下一个地址。

（2）网际控制报文协议（Internet Control Message Protocol，ICMP）。网际控制报文协议为 IP 协议提供差错报告。

数据在 Internet 中传输时，发生错误的机会是比较多的。例如，通信线路的故障，主机系统或路由器出错，网络出现拥塞等。IP 协议无法检测错误，所以为了能够处理这些错误，专门设计了 ICMP 协议。在 IP 数据报的传输过程中，如果某个路由器发现有了传输错误，则立即向信源主机发送 ICMP 报文，报告出错情况，以便信源主机采取措施加以纠正。

（3）网际主机组管理协议（Internet Group Management Protocol，IGMP）。IP 协议只是负责网络中点到点的数据报传输，而单点到多点的数据报传输则要依靠网际主机组管理协议来完成。它主要负责报告主机组之间的关系，以便相关的设备（路由器）可支持多播发送。

（4）地址解析协议（Address Resolution Protocol，ARP）和反向地址解析协议（RARP）。在互联网络中，任何一次从 IP 层（即网际网层）及以上层次发出的数据传输都是用 IP 地址进行标识的。由于物理网络本身不认识 IP 地址，因此必须将 IP 地址映射成物理地址，才能把数据发往目的地。ARP 协议和 RARP 协议，它们的作用就是将源主机和目的主机的 IP 地址转化为物理地址，或将物理地址转化为 IP 地址。

2．传输层协议

（1）传输控制（Transmission Control Protocol，TCP）协议。尽管 IP 协议提供了一种使计算机能够发送数据和接收数据的方法，也就是将分组从源地址传送到目的地址，但是，IP 协议并没有解决诸如数据报丢失或顺序传递等问题。TCP 协议位于传输层，它解决了 IP 协议不能解决的这个问题。TCP 协议是面向连接的，所谓"连接"，即在进行数据通信之前，通信的双方必须先建立连接，然后才能进行通信。显然，面向连接的服务具有高可靠性，这正是 TCP 协议的特点。因此，IP 协议与 TCP 协议结合在一起，提供了一种在 Internet 上传输数据的可靠方法。

为了实现数据的可靠传输，TCP 协议解决了以下 3 个问题：

① 如果路由器由于过多的数据报而超载，则必须将一些数据报丢弃，结果造成数据报在互联网上传输时就有可能丢失。TCP 将自动检测丢失的数据报，并将丢失的数据报重发。

② 互联网的内部结构是十分复杂的，一个数据报在传递的过程中，可以通过多条路径

到达目的地。往往由于路径不同，一些数据报会以一种与它们发送时不同的顺序到达目的地。TCP 便负责自动检测到达的数据报，并将它们按原来的顺序加以排列。

③ 往往由于网络硬件的故障而导致数据报重复出现，这样一来，一个数据报就可能有多个副本到达目的地。TCP 便自动检测重复的数据报，并且只接收最先到达的数据报。

（2）用户数据报（User Datagram Protocol，UDP）协议。UDP 协议是一个面向无连接的协议。但是，它增加了提供协议端口的能力，以实现对应用层的服务。由于 UDP 协议是面向无连接的，因此它不可靠，也不提供错误恢复能力。但是，UDP 协议的特点是效率高，并且比 TCP 协议要简单得多，在实际应用中，一些特定的环境下还是非常有优势的。例如，要发送的信息较短，不值得在主机之间建立一次连接。另外，面向连接的通信通常只能在 2 个主机之间进行，若要实现多个主机之间的一对多或多对多的数据传输，即广播或多播，就需要使用 UDP 协议。

3．应用层协议

在 TCP/IP 模型中，应用层包括了所有的高层协议，而且不断有新的协议加入，应用层协议主要有以下 9 种。

远程终端协议 TELNET：本地主机作为仿真终端登录到远程主机上运行应用程序。

文件传输协议 FTP：用于实现主机之间的文件传输。

简单邮件传输协议 SMTP：实现主机之间电子邮件的传送。

域名服务 DNS：实现主机名与 IP 地址之间的映射。

动态主机配置协议 DHCP：实现对主机的地址分配和配置工作。

路由信息协议 RIP：用于网络设备之间交换路由信息。

超文本传输协议 HTTP：用于 Internet 中的客户机与 WWW 服务器之间的数据传输。

网络文件系统 NFS：实现主机之间的文件系统的共享。

简单网络管理协议 SNMP：实现网络的管理。

与 OSI 参考模型的应用层相同，TCP/IP 应用层中的各种协议都是为网络用户或应用程序提供特定的网络服务功能来设计和使用的。在以后章节的内容中会陆续涉及各种不同的高层应用和其所依赖的相关协议，因此，这里对这些协议不做详细的说明。

3.4 TCP/IP 参考模型与 OSI 参考模型的比较

ISO 制定的开放系统互联标准可以使世界范围内的应用进程开放式地进行信息交换。世界上任何地方的任何系统只要遵循 OSI 标准即可进行相互通信。TCP/IP 是最早作为 ARPANET 使用的网络体系结构和协议标准，以它为基础的 Internet 是国际上规模最大的计算机网络。

OSI 和 TCP/IP 有着许多的共同点：

（1）均采用了协议分层方法，将庞大且复杂的问题划分为若干个较容易处理的范围较小的问题。

（2）各协议层次的功能大体上相似，都存在网络层、传输层和应用层。网络层实现点到点通信，并完成路由选择、流量控制和拥塞控制功能；传输层实现端到端通信，将高层的用户应用与低层的通信子网隔离开来，并保证数据传输的最终可靠性。传输层的以上各层都是面向用户应用的，而以下各层都是面向通信的。

（3）两者都可以解决异构网的互联，实现世界上不同厂家生产的计算机之间的通信。

（4）都是计算机通信的国际标准，OSI 是国际通用的，TCP/IP 是当前工业界使用最多的标准。

（5）都能够提供面向连接和无连接的 2 种通信服务机制。

（6）都是基于一种协议族的概念，协议族是一组完成特定功能的相互独立的协议。

虽然 OSI 和 TCP/IP 存在着不少的共同点，但是它们的区别还是相当大的。如果具体到每个协议的实现上，这种差别就到了难以比较的程度。下面主要从不同的角度对 OSI 和 TCP/IP 进行了比较。

1．模型设计的差别

OSI 参考模型是在具体协议制订之前设计的，对具体协议的制订进行了约束。因此，造成在模型设计时考虑不很全面，有时不能完全指导协议中某些功能的实现，从而反过来导致对模型的修修补补。例如，数据链路层最初只用来处理点到点的通信网络，当广播网出现后，又存在一点对多点的问题，OSI 不得不在模型中插入新的子层来处理这种通信模式。当人们开始使用 OSI 模型及其协议集建立实际网络时，才发现它们与需求的服务规范存在不匹配的问题，最终只能用增加子层的方法来掩饰其缺陷。TCP/IP 正好相反，协议在先，模型在后。模型实际上只不过是对已有协议的抽象描述。TCP/IP 不存在与协议的匹配问题。

2．层数和层间调用关系不同

OSI 协议分为 7 层，而 TCP/IP 协议只有 4 层，除网络层、传输层和应用层外，其他各层都不相同。另外，TCP/IP 虽然也分层次，但层次之间的调用关系不像 OSI 那么严格。在 OSI 中，2 个实体通信必须涉及下一层实体，下层向上层提供服务，上层通过接口调用下层的服务，层间不能有越级调用关系。OSI 这种严格分层确实是必要的。遗憾的是，严格按照分层模型编写的软件效率极低。为了克服以上缺点，提高效率，TCP/IP 协议在保持基本层次结构的前提下，允许越过紧挨着的下一级而直接使用更低层所提供的服务。

3．最初设计的差别

TCP/IP 在设计之初就着重考虑不同网络之间的互联问题，并将网络协议 IP 作为一个单独的重要的层次。OSI 最初只考虑到用一种标准的公用数据网将各种不同的系统互联在一起。后来，虽然 OSI 虽认识到了互联网协议的重要性，但是已经来不及像 TCP/IP 那样将互联网协议 IP 作为一个独立的层次，只好在网络层中划分出一个子层来完成类似 IP 的作用。

4．对可靠性的强调不同

OSI 认为数据传输的可靠性应该由点到点的数据链路层和端到端的传输层来共同保证，而 TCP/IP 分层思想认为，可靠性是端到端的问题，应该由传输层来解决。因此，它允许单个的链路或机器丢失或数据损坏，网络本身不进行数据恢复，对丢失或被损坏数据的恢复是在源结点设备之间进行的。在 TCP/IP 网络中，可靠性的工作是由主机来完成的。

5. 标准的效率和性能上存在差别

由于 OSI 是作为国际标准由多个国家共同努力而制定的，于是不得不照顾到各个国家的利益，有时不得不走一些折中路线，造成标准大而全，效率降低（OSI 的各项标准已超过 200 多个）。TCP/IP 参考模型并不是作为国际标准开发的，它只是对一种已有标准的概念性描述，所以，它的设计目的单一、影响因素少，且不存在照顾和折中，结果是协议简单高效、可操作性强。

6. 市场应用和支持上不同

在 OSI 参考模型制定之初，人们普遍希望网络标准化，对 OSI 寄予厚望，然而，OSI 迟迟无成熟产品推出，妨碍了第三方厂家开发相应的软、硬件，进而影响了 OSI 的市场占有率和未来发展。另外，在 OSI 出台之前，TCP/IP 就代表着市场主流，OSI 出台后很长时间不具有可操作性，因此，在信息爆炸、网络迅速发展的近 10 多年里，性能差异、市场需求的优势客观上促使众多的用户选择了 TCP/IP，并使其成为"既成事实"的国际标准。

本 章 小 结

计算机网络体系结构采用分层结构，定义和描述了一组用于计算机及其通信设施之间互联的标准和规范。开放系统互联（OSI）参考模型是国际标准化组织公布的一个作为国际标准的网络体系结构。而 TCP/IP 是在发展过程中出现的一个广泛用于 Internet 的完整标准网络连接协议。

练 习 题

1. 什么是网络体系结构？
2. 什么是协议？网络协议的三个要素是什么？
3. ISO/OSI 模型分为哪几层？各层功能是什么？
4. TCP/IP 协议模型分为几层？各层的功能是什么？每层又包含什么协议？
5. 简述 OSI 参考模型和 TCP/IP 参考模型的异同点。

Chapter 4

第 4 章　计算机局域网

教学要求

⊠ 掌握：局域网的概念、特点以及分类。

⊠ 理解：网络拓扑结构的概念，基本拓扑结构类型和特点。

⊠ 了解：高速局域网和虚拟局域网的工作原理，各种网络传输介质的工作原理和
特点。

4.1　局域网概述

4.1.1　局域网的概念

局域网（Local Area Network，LAN）是将小区域内的各种通信设备互联在一起的通信网络。它由互联的计算机、打印机和其他在短距离范围内共享硬件、软件资源的计算机设备组成。局域网可以使用多种传输介质来连接。决定局域网特性的主要技术有：① 用以连接各种设备的拓扑结构；② 用以传输数据的传输介质；③ 用以共享资源的介质访问控制方法。在本章中主要涉及局域网的拓扑结构和传输介质。

4.1.2 局域网的特点

局域网的特点主要表现为：

（1）局域网是一个通信网络，从协议层次的观点看，它包含着下三层的功能，由连接到局域网的数据通信设备和高层协议、网络软件组成。

（2）局域网覆盖的范围比较小，其服务区域可以是一间小型办公室、大楼的一层或整个大楼，例如某大学的计算机系，其中每间办公室和实验室的计算机都由通信电缆连接；数据传输距离短（0.1～10km），传输时间有限。

（3）局域网可以采用多种传输介质，包括双绞线、同轴电缆、光纤和无线介质等。

（4）传统的局域网传输速率为（10～100）Mb/s，高速局域网可达到 10 000Mb/s；传输延迟和误码率低。

4.1.3 局域网的分类

1. 按照组网方式分类

按照组网方式的不同，即网络中计算机之间的地位和关系的不同，局域网可以分为 3 种：对等网、专用服务器局域网和客户机/服务器局域网。

对等网（Peer-to-Peer Networks）是局域网最简单的形式之一。它指的是网络中没有专用的服务器（Server），每一台计算机的地位平等，每一台计算机既可充当服务器又可充当客户机（Client）的网络。这种网络没有客户机和服务器的区别，每台计算机都可以向别的计算机提供服务，如共享文件夹、共享打印机等。同时，每台计算机也可以享受别人提供的服务。在对等网中，用户自行决定自己的资源是否共享，或使别人只能访问他的资源而不能进行控制。对等网与网络拓扑的类型和传输介质无关。对等局域网的组建和维护比较容易，且成本低，结构简单，但数据的保密性较差，文件存储分散，不易升级。对等网计算机之间的关系如图 4.1 所示。

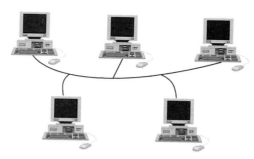

图 4.1 对等网计算机之间的关系

专用服务器局域网（Server-Based）是一种主/从式结构，即"工作站/文件服务器"结构的局域网。它是由若干台工作站及一台或多台文件服务器，通过通信线路连接起来的网络。该结构中，工作站可以存取文件服务器内的文件和数据及共享服务器存储设备。服务器作为一台特殊的计算机，除了向其他的计算机提供文件共享、打印共享等服务之外，它还具有账号管理、安全管理的功能，它能赋予不同账号具有不同的权限，它与其他非服务器计算机之间的关系不是对等的，即存在制约与被制约的关系。并且工作站相互之间不能直接通信，不能进行软硬件资源的共享，使得网络工作效率降低。当数据库系统和其他复杂的应用系统不断增加的时候，随着用户的增多，为每个用户服务的程序也增多，每个程序都是独立运行的大文件，用户感觉极慢，服务器逐渐"不堪重负"，因此产生了客户机/服务器模式。

客户机/服务器局域网（Client/Server）由一台或多台专用服务器来管理控制网络的运行。其中一台或几台较大的计算机集中进行共享数据库的管理和存取，称为服务器，它将其他的应用处理工作分散到网络中由其他客户机去做，构成分布式的处理系统。另外，该结构与专用服务器局域网不同的是客户机之间可以相互自由访问，所以数据的安全性有欠缺，服务器对工作站的管理存在困难。但在客户机/服务器局域网中服务器负担相对较低，工作站的资源得到充分利用，网络的工作效率得到提高。它适用于计算机数量多、位置分散、信息量较大的单位。

2．按照介质访问控制方法分类

从目前的介质访问控制方法发展情况来看，局域网可以分为以下2类：共享介质局域网（Shared LAN）、交换式局域网（Switched LAN）。如图4.2所示为按照这种方法分类的局域网主要类型。在传统共享介质局域网中，所有结点共享一条公共通信传输介质，不可避免地会发生冲突。随着局域网规模的扩大，网中结点数不断增加，每个结点平均能分配到的带宽越来越少。因此，当网络通信负荷加重时，冲突与重发现象将大量发生，网络效率将会急剧下降。为了克服网络规模与网络性能之间的矛盾，人们将共享介质方式改为交换方式，从而促进了交换式局域网的发展。交换式局域网的核心设备是局域网交换机，局域网交换机可以在它的多个端口之间建立多个并行连接。下面简单介绍3种网络类型。

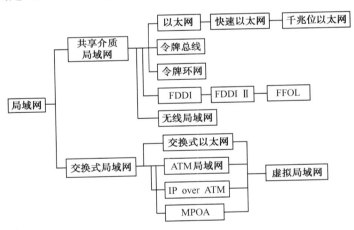

图4.2　按照介质访问控制方法分类的局域网主要类型

以太网（Ethernet，IEEE 802.3标准）是一种使用广泛、采用总线拓扑的网络技术。最初的以太网使用称为以太（Ether）的同轴电缆作为传输媒介，多台计算机连接在这根电缆上，可以运行在10Mb/s的带宽上。快速以太网（Fast Ethernet）运行在100Mb/s的带宽上，千兆位以太网运行在1 000Mb/s或1Gb/s的带宽上。

令牌环网（Token Ring，IEEE 802.5标准）是一种星形环拓扑结构，其中数据以环形循环，网络物理布局是星形，它运行在单个共享介质上，其基本原理是利用令牌来避免网络中的冲突，在任何时候，环上只有一个令牌。为了发送数据，计算机必须等待令牌到来，在令牌到来后传输一帧数据，然后向下一台计算机传输令牌。当没有计算机要发送数据时，令牌在环上高速循环。它具有较好的抗干扰性，但是存在容易失效的缺点。

无线局域网（Wireless LAN，802.11 标准）是计算机网络与无线通信技术相结合的产物。它利用电磁波在空气中发送和接收数据，而不使用线缆介质。和其他局域网技术一样，无线局域网也采用共享方式。无线局域网中的所有计算机都使用相同的无线电频率，它们也必须轮流发送包。数据传输速率可以达到 11Mb/s 和 54Mb/s，传输距离可远至 20km 以上。它是对有线联网方式的一种补充和扩展。与有线网络相比，无线局域网具有安装便捷、使用灵活、经济节约、易于扩展的优点。

4.1.4　局域网的应用

局域网提供的功能常被称为服务。电子邮件是最常见的服务之一，其他服务也同样重要。例如对高速的或贵重的外围设备的共享、信息共享、访问文件系统和数据库、分布控制等，其中文件服务是指使用文件服务器提供数据文件、应用（例如文字处理程序或电子表格）和磁盘空间共享的功能。使用打印服务来共享网络上的打印机可以节省时间和资金。邮件服务可以保证网络上的用户之间电子邮件的保存和传送。为跟踪大型网络的运行情况，有必要使用特殊的网络管理服务。网络管理服务可以集中管理网络，并简化网络的管理任务。

随着网络技术的不断发展，局域网已经被广泛应用到家庭、公司、校园、工厂等各个领域。

1．个人计算机局域网

个人计算机局域网的实现模式是客户机/服务器模式，以服务器为核心，其他个人工作站连接到服务器设备上，实现集中应用软件、数据和管理的目的。服务器设备应具有高容量、高性能的要求，减轻工作站的存储功能，把主要的处理问题转到个人计算机上。例如，一个公司包括公司的账户、职工情况、工资表等各种数据文件，每台个人计算机的资源有限，无法存储和运行全部数据，需要用一个服务器来完成用户的访问和共享，而且还可以共享一些较昂贵的设备资源（如激光打印机等），这样就使得局域网成本降低而功能增强。

2．后端网络和存储区网络

后端网络通常是指在一间机房或几个相连的房间内，将若干昂贵的大型机和海量存储设备进行互联，共享媒体并进行高速率和高可靠性的大批量数据的传送。与后端网络有关的是存储区网络。它是一个处理存储需求的单独网络，在高速网络上建立一个共享的存储设备，来完成特定服务器的存储任务。

3．高速办公室网络

计算机在办公室环境下的应用，最初只是用于会计计算，随后，应用于文字处理、文本处理等方面。局域网在办公自动化中的应用，是通过快速存储、传送和检索信息来完成的，这样就大大增加了办公通信的能力，一方面改变了现有的办公通信方式，另一方面发展了全新的信息处理策略的结构。随着部门之间、上下级之间、客户和公司之间交流数据量的增多，数据类型的多样化，传统局域网的速度是远远不够的，所以新的需求要求高速办公系统来支持，例如无线局域网已经走进了办公室网络。

4．主干局域网

主干局域网是指在一座建筑或部门内使用低成本、低容量的网络，然后用高容量的局域网将它们互联起来的局域网。主干局域网在规模上比主干网要小得多。这里以主干网为例来说明主干局域网的应用。

目前，中国有 4 大主干网：中国公用计算机互联网（ChinaNET）、中国教育科研网（CERNET）、中国科技网（CSTNET）、中国金桥信息网（ChinaGBN）。

ChinaNET（China Network）是中国最大的国家主干网，也是国际上最大的 Internet 之一。建成以后的 ChinaNET 是一个分层体系结构，由核心层、区域层和接入层 3 个层次组成，按全国自然地理分为北京、上海、华东、东北、西北等共 8 个大区，以及覆盖全国 31 个省会城市和直辖市的结点。目前，各个省都建立了省内网并提供业务服务。

CERNET（China Education Research Network）的主要目的是教学、科研和国际学术交流服务。它是中国下一代互联网示范工程核心网的重要组成部分之一，是规模巨大的国家主干网。由于 CERNET 的物理结构分为全国主干网、地区网和校园网 3 个层次，因而管理上也分为 3 个层次：个人用户或计算机连入校园网和 Internet 相连；校园网连入地区网和 Internet 相连；地区网通过主干网和 Internet 相连。目前，全国已有数百所高等院校的校园网实现了和 CERNET 的连接，CERNET 的潜在服务对象是全国 1 000 多所高校和 4 万所中学的 1.5 亿名师生。

CSTNET（China Science & Technology Network）是在中国国家计算机与网络设施 NCNFC（National Computing and Networking Facility of China）的基础上进一步建设和发展起来的覆盖全国的大型计算机网络，其主要目的是为教育、科研和一些政府部门服务。CSTNET 的网络中心设在中国科学院计算机网络信息中心，二级网络结点分布在全国各主要城市。

ChinaGBN（China Golden Bridge Network）也称为国家公用经济信息通信网。它是中国国民经济信息化的基础设施，是建立金桥工程的业务网，支持金关、金税、金卡等"金"字头工程的应用。目前，该网络已初步形成了全国骨干网、省网、城域网 3 层网络结构，其中骨干网和城域网已初具规模，覆盖城市超过 100 个。

5．校园网

前面说过，校园网实际上是隶属于 CERNET 的。对于 CERNET 中终端用户的连接就是通过校园网来实施的。顾名思义，校园网是为大学、中学、小学服务的网络。现代化的学校建设发展离不开校园网的建设。随着"校校通"工程的启动，出现了越来越多的校园网。校园网的核心是面向校园内部师生的网络，园区局域网是该系统的建设重点，高速的网络连接是必不可少的首要条件。校园网需满足不同层面的应用需求，包括多媒体应用（互联网访问、多媒体教学、电子图书馆、视频点播、学校网站、内部 E-mail 等）、信息管理（成绩统计、档案管理等）和远程通信（外部拨入、异地互联等）3 大部分内容。校园网的建设还必须考虑良好的可扩充性、应用的安全可靠性、操作的方便性以及较高的性价比。

4.2　网络拓扑结构

网络中各个结点相互连接的方法和形式称为网络拓扑（Topology）。由于已有多种局域网技术，因此可以通过对网络拓扑结构的分析来了解各个具体技术之间的相似性与区别性。构成局域网络的拓扑结构有很多种，主要有总线拓扑、环形拓扑、星形拓扑以及混合拓扑。

4.2.1　总线拓扑结构

总线拓扑（Bus Topology）网络通常由单根电缆组成，该电缆连接网络中所有结点，如图4.3 所示描绘了一种典型的总线拓扑结构。在实际应用中，总线网络的末端必须被终止，否则电信号将在网络两端之间无休止地传输，这种现象称为信号反射，它将造成新的信号无法通过。那么可以在总线网络末端使用一个50Ω称为终结器的电阻器，使信号到达目的地后终止。任何连接在总线上的计算机都能通过总线发送信号，并且所有计算机都能接收信号。由于所有连接在电缆上的计算机都能检测到电子信号，因此任何计算机都能向其他计算机发送数据。当然，连接在总线网络上的计算机必须相互协调，必须保证在任何时候只有一台计算机发送信号，否则会发生冲突。因此总线拓扑结构具有以下优点：布线容易、易于扩充。

图 4.3　一种典型的总线拓扑结构图

总线网络虽然易于扩充但扩展性不佳。由于受总线单信道的限制，一个总线网络上的结点越多，网络发送和接收数据就越慢，网络性能就越下降。因此这种拓扑结构将限制局域网的规模。而且由于总线网络不是集中控制的，故障检测需在网上各个结点之间进行，所以故障检测不容易。容错能力较差是总线网络的另一个缺点，这是因为在总线上的某个中断或缺陷将影响整个网络。因此，几乎没有一个网络运行在一个单纯的总线拓扑结构上，但可采用包括一个总线部分的混合拓扑结构。

4.2.2　环形拓扑结构

在一个环形拓扑（Ring Topology）的网络中，每个结点与最近的结点相连接以使整个网络形成一个封闭的圆环，如图4.4 所示，数据绕着环向一个方向发送（单向）。每个工作站接收并响应发送给它的数据包，然后将其他数据包转发到环中的下一个工作站。一个环形网络没有"终止端"，数据到达目的地后停止继续发送，因而环形网络不需要终结器。

所谓环形拓扑是指计算机之间的逻辑连接而不是物理连接，这是很重要的，环形网络中的计算机不必安排成一个圆环。事实上，环形网络中的一对计算机之间的电缆可以顺着过道或垂直地从大楼的一层到另一层。另外，如果一台计算机远离环中其他计算机，那么连接远距离计算机的 2 根电缆可以有相同的物理路径。

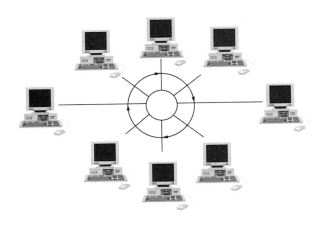

图 4.4　一种典型的环形拓扑结构图

令牌传递（Token Passing）是在环形网络上传送数据的一种方法。在令牌传递过程中，一个 3 字节的称为令牌的数据报绕着环从一个结点发送到另一个结点。令牌是一个特殊的数据帧，只有获得该令牌的站点才可以发送信息。使用这种方法可以确保在任意时刻仅有一个工作站在发送数据。

环形拓扑结构的优点是容易协调使用计算机、易于检测网络是否正常运行。但它的缺点是单个工作站发生的故障可能使整个网络瘫痪。除此之外，与总线拓扑结构类似，参与令牌传递的工作站越多，响应时间也就越长。因此，单纯的环形拓扑结构非常不灵活、不易于扩展。当前的局域网几乎不使用单纯的环形拓扑结构，但可采用环形拓扑结构的变化形式，例如星形环拓扑结构。

4.2.3　星形拓扑结构

在一个星形拓扑（Star Topology）结构中，网络中的每个结点通过一个中心结点，如集线器（HUB）连接在一起。典型的集线器包括了这样一种电子装置，它从发送计算机接收数据并把数据传送到合适的目的地。如图 4.5 所示描绘了一种典型的星形拓扑结构。在一个星形网络中任何单根电线只连接 2 个设备，例如一个工作站和一个集线器。因此，电缆问题最多影响 2 个结点。

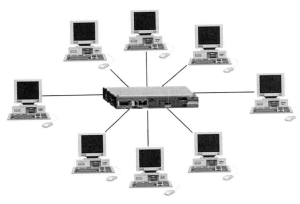

图 4.5　一种典型的星形拓扑结构图

实际上，几乎没有哪种集线器与所有计算机像星形网络那样都有相同的距离。相反，集线器通常安放在与所连计算机相分离的地方。例如，计算机安置在各个办公室内，而集线器由网络管理员保管。

星形拓扑结构需要的电缆和配置比环形和总线网络多，发生故障的单个电缆或工作站不会使星形网络瘫痪。但是，一个集线器出现故障将导致一个局域网段的瘫痪。

由于采用了中央结点，星形拓扑结构很容易移动、隔绝或与其他网络的连接，因而具有良好的扩展性。星形拓扑结构是局域网中很流行的基本体系结构。通常，单个星形网络通过集线器和交换机与其他网络互联形成更复杂的拓扑结构。在现代的以太网中，星形拓扑结构的使用很广泛。

4.2.4　其他拓扑结构

另外，还有以上 3 种基本拓扑结构的变形或混合形式的拓扑结构。

树形拓扑是从总线拓扑演变过来的，形状像一棵倒置的树，顶端有一个带分支的根，每个分支还可延伸出子分支。这种拓扑和带有几个段的总线拓扑的主要区别在于根的存在。树形拓扑具有易于扩展和故障隔离的优点，缺点是对根的依赖性太强。

使用简单的拓扑结构形成复杂的组合称为混合拓扑结构。常见的有星形环、星形总线等。星形环拓扑结构将星形的物理布局与令牌环传递的数据传输方法联合使用，如图 4.6 所示描述了这种体系结构。其中，实线代表物理连接，虚线代表数据流。这种混合拓扑结构的优点包括星形拓扑结构的容错性和令牌传递的可靠性。

星形总线结构则混合了星形和总线构造。在星形总线拓扑结构中，工作站以星形连接到集线器上，然后通过单根总线联网，如图 4.7 所示描述了这种结构。这种结构的覆盖面较大，易于与其他网段互联或隔离。缺点是这种结构的投资成本较高。星形总线拓扑结构是组成以太网和快速以太网的基础。

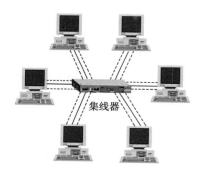

图 4.6　一种典型的星形环拓扑结构图

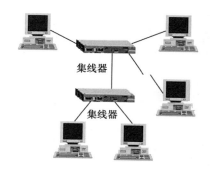

图 4.7　一种典型的星形总线拓扑结构图

4.3　三种重要的局域网

4.3.1　高速局域网

以太网和令牌环网等属于传统的局域网，它们的传输速率较低，有别于高速局域网。随着通信技术的发展以及用户对网络带宽需求的增加，例如分布计算、多媒体应用、企业联网和部门之间的联网，原有的 10 Mb/s 传输速率 LAN 已难以满足通信要求，从而对更高传输速率的 LAN 产品提出了迫切需求。高速局域网的主要应用包括：高速 LAN 主干网；高性能计算环境，如基于高性能并行接口 HIPPI 协议 LAN 接口的多计算机系统；桌面多媒体系统，如多媒体会议系统；分布计算和工作站，如客户机/服务器模式的分布计算，其中网络性能是分布计算的关键，如对 10 亿次计算能力的系统需要几千兆位每秒的网络传输速率以及延迟很小的通信。还有像可视化计算、实时处理仿真、CAD/CAM、在线事务处理等应用也需要高速局域网的支持。常见的高速局域网有 FDDI 网、快速以太网、千兆位以太网、交换式局域网、ATM 网、无线局域网等。这里主要介绍前面 3 种。

1．FDDI 网络

光纤分布数字接口（Fiber Distributed Data Interconnect，FDDI，IEEE 802.8 标准）是一种以 100Mb/s 速率传输数据的令牌环技术，它用光纤代替铜缆连接计算机，比 IBM 令牌环网快 8 倍，比以太网快 10 倍。FDDI Ⅱ 是 2 型光纤分布数据接口，FFOL（FDDI Follow On LAN）是增强 LAN 的 FDDI，其传输速率更高。针对令牌环网存在容易失效的缺点，FDDI 能够克服严重错误——使用冗余来克服错误。一个 FDDI 网络包含 2 个完整的环——当所有的器件都正常工作时使用一个环发送数据，只有当第一个环失效时才会用到另一个环。FDDI 网络带宽大，适于用做连接多个局域网的主干网。

2．快速以太网

FDDI 曾被认为是新一代的 LAN，但是除了在主干网市场外，FDDI 很少被使用，其原因在于 FDDI 协议过于复杂，从而导致 FDDI 协议芯片复杂且价格昂贵。它的这个缺点使它的市场占有量受到了很大影响。由于 FDDI 的不普及，为向传输速率在 10Mb/s 以上的 LAN 发展预留了一个空间。1993 年，40 多家网络厂商加入高速 Ethernet 联盟，合作开发高速以太网。1995 年，IEEE 正式通过 100Base-T 标准，称之为快速以太网标准，其名称中的"快速"是指数据传输速率可以达到 100Mb/s，是标准以太网数据传输速率的 10 倍。快速以太网仍是一种共享介质技术。它可以在交换式快速以太网中为每个端口提供 100Mb/s 的带宽。

3．千兆位以太网

千兆位以太网是近年来为适应用户对网络带宽的需求推出的高速局域网技术。它在局域网组网技术上与 ATM 形成竞争格局。它的数据传输速率为 1 000Mb/s（1Gb/s，故也称为 Gigabit Ethernet）。为了保证网络稳定可靠地运行，千兆位以太网引入了载波扩展（Carrier Extension）与分组猝发（Packet Burst）传输技术。千兆位以太网与快速以太网相比，有其明显的优点。它的速度是快速以太网的 10 倍，但其价格只为快速以太网的 2～3 倍。而且千兆位以太网可与以太网和快速以太网兼容，从现有的传统以太网与快速以太网可以平滑地过渡到千兆位以太网，并不需要掌握新的配置、管理与故障排除技术。

随着千兆位以太网交换机的投入使用，有望解决长期困扰网络的主干拥挤问题。千兆位以太网可以将现有的 10Mb/s 以太网和 100Mb/s 快速以太网连接起来，现有的 100Mb/s 以太网可通过 1 000Mb/s 的链路与千兆位以太网交换机相连，从而组成更大容量的主干网，这种主干网可以支持大量的交换式和共享式的以太网段。用千兆位以太网取代 FDDI，将获得 10 倍于 FDDI

的带宽。千兆以太网虽然在数据、话音、视频等实时业务方面还不能提供真正意义上的服务质量（QOS）保证，但千兆位以太网的高带宽能克服传统以太网的一些弱点，提供更高的服务性能。

4.3.2　虚拟局域网

近年来，随着交换式局域网技术的飞速发展，交换技术将共享介质改为独占介质，大大提高了网络传输速度。交换局域网结构逐渐取代了传统的共享介质局域网。VLAN（Virtual LAN，虚拟局域网）并不是一种新型局域网，它只是为用户提供的一种服务，其技术基础是交换局域网。

如果将网络上的结点按工作性质与需要，划分成若干个"逻辑工作组"，那么一个逻辑工作组就是一个虚拟网络。虚拟局域网的概念是从传统局域网引申出来的。虚拟局域网在功能的操作上与传统局域网基本相同，它们的主要区别在于"虚拟"二字上，即虚拟局域网的组网方法与传统局域网不同。

虚拟局域网的一组结点可以位于不同的物理段上，但是它们并不受结点所在物理位置的束缚，相互之间的通信就像在一个局域网中一样。虚拟局域网可以跟踪结点位置的变化，当结点的物理位置改变时，无须人工进行重新配置。因此，虚拟局域网的组网方法十分灵活。可以看出 VLAN 具有如下优点：安全性、灵活性、网络分段。如图 4.8 所示给出了典型的虚拟局域网的物理结构与逻辑结构，其中图 4.8（a）给出了 VLAN 的物理结构，图 4.8（b）给出了 VLAN 的逻辑结构。

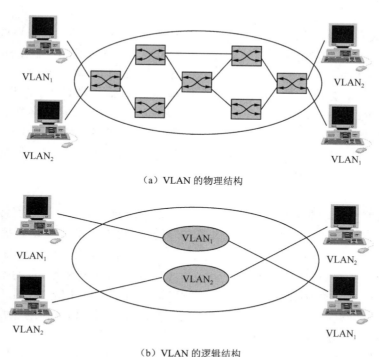

（a）VLAN 的物理结构

（b）VLAN 的逻辑结构

图 4.8　典型的虚拟局域网的物理结构与逻辑结构

概括地说，VLAN 具有如下特点：

（1）VLAN 的覆盖范围与地理位置无关，VLAN 的站点可位于城市的不同区域、不同省市，乃至不同国家。在一个大的支持 VLAN 的实际网络上，借助于网络管理软件，可方便地构建或重构 VLAN。

（2）VLAN 建立在交换网络的基础上，交换设备包括以太网交换机、ATM 交换机、宽带路由器等。VLAN 同时也具有交换网络高速、灵活等特点。

（3）VLAN 比一般的局域网有更好的安全性。虚拟局域网能有效地防止网络的广播风暴，一个 VLAN 的广播风暴不会影响到其他 VLAN。

（4）VLAN 属于 OSI 参考模型中的第 2 层和第 3 层技术。

4.3.3 无线局域网

1．无线局域网的定义

无线局域网（Wireless Local Area Network，WLAN）是一种在不采用传统电缆线的同时，提供传统有线局域网的所有功能的无线网络。无线局域网的基础还是传统的有线局域网，是有线局域网的扩展和替换。它在有线局域网的基础上通过无线路由器（Access Point，AP）、无线网卡等设备使无线通信得以实现。相比传统有线局域网，无线局域网采用的传输媒体不是双绞线或者光纤，而是红外线或无线电磁波等。图 4.9 给出无线局域网的一种网络拓扑图。

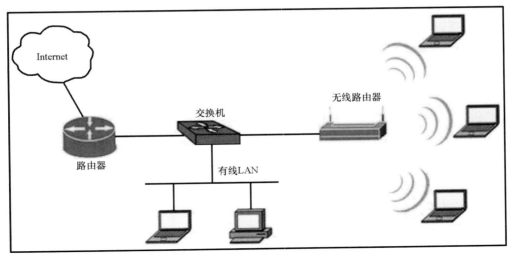

图 4.9　无线局域网的网络拓扑图

2．无线局域网的优点和不足

相比有线局域网，无线局域网的优点有：

（1）安装便捷。随着企业及网络应用环境的不断更新、发展，原有的企业网络需重新布局，重新安装网络线路。电缆本身成本加上请技术人员来配线的成本很高，尤其是陈旧的大楼，配线工程费用就更高了。因此，架设无线局域网络就成为组建局域网的最佳解决方案。

（2）网络终端位置灵活、可移动。在有线网络中，网络设备的安放位置受网络位置的限制，而无线局域网在无线信号覆盖区域内的任何一个位置都可以接入网络，连接到无线局域网的时可移动且能同时与网络保持连接。

（3）故障定位容易。铺设电缆或检查电缆是否断线是局域网管理主要工作之一，其特点是耗时、很容易令人烦躁，不易在短时间内找出断线之处。无线网络则很容易定位故障，只需更换故障设备即可恢复网络连接。

但是，无线局域网在给网络用户带来便捷和实用的同时，也有它的不足之处：

（1）传输容易受干扰。无线局域网是依靠无线电波进行传输的。无线电波通过无线发射装置进行发射，遇到建筑物、车辆、树木和其他障碍物都可能阻碍电磁波的传输，从而影响网络的性能。

（2）传输速率低。无线信道的传输速率比有线信道要低得多。无线局域网的最大传输速率为 1Gb/s，一般只适合于个人终端和小规模网络应用。

（3）容易被监听。本质上，无线电波不要求建立物理的连接通道，无线信号是发散的。从理论上讲，很容易监听到无线电波广播范围内的任何信号，造成通信信息泄露。

4.4 传输介质概述

4.4.1 双绞线

双绞线 TP（Twisted Pair）是目前使用最广，价钱相对便宜的一种传输介质。它由 2 条相对绝缘的铜导线组成，其中导线的典型直径为 1mm（在 0.4～1.4mm 之间）。这 2 条线扭绞在一起，可以减小邻近线之间的电气干扰，因为 2 条平行的金属线可以构成一个简单的天线，而双绞线则不会。

由若干对双绞线构成的电缆被称为双绞线电缆。双绞线对可以并排放在保护套中。目前，双绞线电缆广泛应用于电话系统。几乎所有的电话机都是通过双绞线接到电话局的。在双绞线中传输的信号在几千米的范围内不需放大，但采用一个中继器放大信号可以使它跨越更远的距离（不如同轴电缆传得远）。

双绞线既可以传输模拟信号，又能传输数字信号。在用双绞线传输数字信号时，其数据传输率与电缆的长度有关。距离短时，数据传输速率可以高一些。在几千米的范围内，双绞线的数据传输速率可达 10Mb/s，甚至 100Mb/s，因而可以采用双绞线来构成经济的计算机局域网。

由于双绞线的技术和标准都是比较成熟的，价格也比较低廉，而且双绞线电缆的安装也相对容易，因此双绞线电缆是目前局域网中最通用的电缆形式。因为它灵活、易于安装，双绞线电缆能轻易地应用于多种不同的拓扑结构中，但更经常地应用于星形拓扑结构中。此外，双绞线电缆能应付当前所采用的更快的网络传输速率。由于双绞线电缆的广泛使用，它有可能被应用于不久将出现的传输速率更快的网络中。双绞线电缆的最大缺点是对电磁干扰比较敏感。另外，双绞线电缆还有一个缺点，那就是由于其灵活性，它比同轴电缆更易遭受物理损害。相对于同轴线带来的好处，这个缺点是一个可以忽略的因素。

对于双绞线的定义有 2 个主要来源：一个是 EIA（电子工业协会）的 TIA（远程通信工业分会），即通常所说的 EIA/TIA；另一个就是 IBM。EIA 主要负责 "Cat"（即 "Category"）系列非屏蔽双绞线标准；IBM 主要负责 "Type" 系列屏蔽双绞线标准，如 IBM：Type 1、Type 2等。严格地说，电缆标准本身并未规定连接双绞线电缆的连接器类型，然而 EIA 和 IBM 都定义了双绞线的专用连接器。对于 Cat3、Cat4 和 Cat5 来说，应该使用 RJ-45（4 对 8 芯）。而对于 Type 1 电缆来说，则应该使用 DB9 连接器。大多数以太网在安装时使用基于 EIA 标准的电缆，而大多数 IBM 及令牌环网则倾向于使用符合 IBM 标准的电缆。下面说明 EIA/TIA 电缆规格。

（1）Cat 1：适用于电话和低速数据通信。

（2）Cat 2：适用于 ISDN 及 T1/E1、支持高达 16MHz 的数据通信。

（3）Cat 3：适用于 10Base-T 或 100Mb/s 的 100Base-T4，支持高达 20MHz 的数据通信。

（4）Cat 5：适用于 100Mb/s 的 100Base-TX 和 100Base-T4，支持高达 100MHz 的数据通信。

随着千兆位以太网的发展又出现了超五类、六类线缆，在此就不做介绍了。

所有的双绞线电缆可以分为 2 类：屏蔽双绞线（Shielded Twisted Pair，STP）和非屏蔽双绞线（Unshielded Twisted Paired，UTP）。

1．屏蔽双绞线

顾名思义，屏蔽双绞线电缆中的缠绕电线对被一种金属（如箔）制成的屏蔽层所包围，而且每个线对中的电线也是相互绝缘的。一些屏蔽双绞线电缆使用网状金属屏蔽层。这些屏蔽层如同一根天线，将噪声转变成直流电，该直流电在屏蔽层所包围的双绞线中形成一个大小相等、方向相反的直流电。屏蔽层上的噪声与双绞线上的噪声反相，从而使得两者相抵消。如图 4.10 所示为屏蔽双绞线电缆的结构示意图。

图 4.10　屏蔽双绞线电缆的结构示意图

2．非屏蔽双绞线

非屏蔽双绞线电缆包括一对或多对由塑料封套包裹的绝缘电线对。如其名字所示，UTP 没有用来屏蔽双绞线的额外的屏蔽层。因此，UTP 比 STP 更便宜，抗噪性也相对较低。IEEE 将 UTP 电缆命名为 10BaseT，其中“10”代表最大数据传输速率为 10Mb/s，“Base”代表采用基带传输方法传输信号，“T”代表 UTP。

可以看出屏蔽双绞线与非屏蔽双绞线的主要不同是增加了一层金属屏蔽护套。这层屏蔽护套的主要作用是为了增强其抗干扰性，同时可以在一定程度上改善其带宽，但缺点是价格比非屏蔽双绞线贵，安装也比较困难。如图 4.11 所示为非屏蔽双绞线电缆的结构示意图。

图 4.11　非屏蔽双绞线电缆的结构示意图

4.4.2　光纤

光导纤维简称为光纤。在它的中心部分具有一根或多根玻璃纤维，通过从激光器或发光二极管发出的光波穿过中心纤维来进行数据传输。在光纤的外面是一层玻璃，称为包层。它如同一面镜子，将光反射回中心，反射的方式根据传输模式的不同而不同。在包层外面通常会存在一个第三层——涂敷层，它是用来保护整个光纤结构的。涂敷层的材料与纤芯和包层都不同。它对光纤非常脆弱的纤芯包层结构起着主要的保护作用，没有它，安装人员和使用人员根本无法操作光纤。如图4.12（a）所示为光纤结构示意图，如图4.12（b）所示为一卷实际裸光纤。

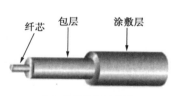

（a）光纤结构示意图　　　　　　　　　　（b）一卷实际裸光纤

图4.12　光纤图

光缆也存在许多不同的类型，按照光纤内能传输的电磁场的总模式的数量可以分为：单模光纤和多模光纤。单模光纤携带单个频率的光将数据从光缆的一端传输到另一端。单模光纤很昂贵，且需要激光光源，但其传输距离非常远，同时能获得非常高的数据传输速率。目前在实际中用到的光纤系统能以 2.4Gb/s 的数据传输速率传输 100km，而且不需要中继，而在实验室里，则可以获得更高的数据传输速率。多模光纤可以在单根或多根光缆上同时携带几种光波，虽然多模光纤相对来说传输距离要短些，而且数据传输速率要小于单模光纤，但多模光纤的优点在于价格便宜，并且可以用发光二极管作为光源。这种类型的光缆通常用于数据网络。如图4.13所示为单模光纤和多模光纤传导示意图。

（a）单模光纤　　　　　　　　　　　　　（b）多模光纤

图4.13　单模光纤和多模光纤传导示意图

光纤支持的带宽很宽，因为它们仅仅受光的高频光子特性的限制，而不受电信号的低频特性限制。光纤通信的优点是频带宽、传输容量大、重量轻、尺寸小、不受电磁干扰和静电干扰、无串音干扰、保密性强、原料丰富、生产成本低。因此，由多条光纤构成的光缆已成为当前主要发展的传输介质。

4.4.3　无线介质

信息时代的人们对信息的需求是无止境的。很多人需要随时与社会或单位保持在线连接，对于这些移动用户，双绞线、同轴电缆和光纤都无法满足他们的要求。他们需要利用笔记本电脑、掌上电脑随时随地获取信息，而无线介质可以帮助解决上述问题。

无线介质是指信号通过空气传输，信号不能约束在一个物理导体内。无线介质实际上就是无线传输系统，主要包括无线电波、微波、红外、RF 和卫星通信等。

（1）无线电波。大气中的电离层具有离子和自由电子的导电层，无线通信就是利用地面发射的无线电波通过电离层的反射，或电离层与地面的多次反射而到达接收端的一种远距离通信方式。无线通信使用的频率一般在 3MHz～1GHz。电离层的高度在地面以上数十千米至百千米，可分为各种不同的层次，并随季节、昼夜以及太阳活动的情况而发生变化。由于电离层的不稳定性，因而无线通信与其他通信方式相比，在质量上存在不稳定性。

无线电波的传播特性与频率有关。在低频上，无线电波能轻易地绕过一般障碍物，但其能量随着传播距离的增大而急剧递减。在高频上，无线电波趋于直线传播并易受障碍物的阻挡，还会被雨水吸收。而对于所有频率的无线电波，都很容易受到其他电子设备的各种电磁干扰。

中、低频无线电波（频率在 1MHz 以下）沿着地球表面传播，如图 4.14（a）所示。在这些波段上的无线电波很容易穿过一般建筑物。用中、低频无线电波进行数据通信的主要问题是，它们的通信带宽较低。

高频和超高频（频率在 1MHz～1GHz 之间）无线电波将被地球表面吸收，但是到达离地球表面 100～500km 高度的电离层的无线电波将被反射回地球表面，如图 4.14（b）所示。因此可以利用无线电波的这种特性来进行数据通信。

（a）无线电波沿地表传播　　　　　　　　　　（b）无线电波被电离层反射

图 4.14　无线电波的传播

（2）微波。对于频率在 100MHz 以上的无线电波，其能量将集中于一点并沿直线传播，这就是微波。可以通过抛物状天线将微波的能量集中，从而获得极高的信噪比。微波通信是利用无线电波在对流层的视距范围内进行信息传输的一种通信方式。使用的频率一般在 1～20GHz。

虽然微波是频率较高的无线电波，但它们的性质并不相同。与无线电波向各个方向传播不同，微波传输集中于某个方向，可以防止他人截取信号。而且，微波传输承载的信息比 RF 更多。但是，微波不能穿透金属结构。微波传输在发送器和接收器之间存在无障碍的通道时，工作得很好。因此，绝大多数微波装置都设有高于周围建筑物和植被的高塔，并且其发送器都直接朝向对方高塔上的接收器。

微波通信按所提供的传输信道可分为模拟和数字 2 种类型，分别简称为"模拟微波"与"数字微波"。利用模拟微波的一个话路来传输数字信号时，其数据传输速率可达 9.6kb/s；而利用数字微波的一个话路传输数字信号时，其数据传输速率为 64kb/s。利用数字微波的一个群路来传输数字信号时，可以获得更高的数据传输率。

微波通信在传输质量上比较稳定，但微波在雨雪天气时会被吸收，从而造成损耗。它是当前长途通信方面的一种重要的手段。微波通信的缺点是保密性不如电缆和光缆好，对于保密性要求比较高的应用场合需要另外采取加密措施。目前，数字微波通信被大量运用于计算机之间的数据通信。

（3）红外。红外网络使用红外线通过空气传输数据，电视和立体声系统所使用的遥控器是利用红外线（Infrared）来进行通信的。网络可以使用 2 种类型的红外传输：直接或间接。目前，由于红外线局限于一个很小的区域（比如在一个房间内）并且通常要求发送器直接指向接收器，所以直接红外传输主要用于同一房间中设备间的通信。红外硬件与采用其他机制的设备比较相对便宜，且不需要天线。例如，为一个大房间配备一套红外连接以使该房间内的所有计算机在房间内移动时仍能和网络保持连接。又如，无线打印机连接使用直接红外传输，比如与掌上型计算机保持某些同步特性。在所有商用台式计算机上的红外端口几乎都是标准的。红外路径传输数据的速率可以与光缆的吞吐量相匹敌，已证明红外传输速率可达到100Mb/s。它所能跨越的距离可以达到 1 000m，几乎与多模光缆接近。

（4）RF。RF（Radio Frequency，射频）传输是指信号通过特定的频率来传输，传输方式与收音机或电视广播相同。它与使用导线或光纤的网络不同，使用 RF 传输的网络并不要求在计算机之间有直接的物理连接。每个计算机都带有一个天线，经过它发送和接收 RF。RF 网络所用的天线在物理上可大可小，取决于所需的接收范围。例如，用于穿越城镇在几千米范围内传播信息的天线可能需要一个垂直安装在建筑物顶上的近 2m 的金属杆，而一个只要求在大楼中通信的天线可以小到足以安装在笔记本电脑内（小于20cm）。在某些频率点，RF 能穿透墙壁，从而对于必须穿过或绕过墙、天花板和其他障碍物传输数据的网络来说，RF 是一种最好的无线解决方案。这一特性也使得大部分类型的 RF 传输易于被窃听。因此，RF 不应用于数据保密性高的环境中。除此之外，RF 也非常易受到干扰影响。

4.4.4 几种介质的比较

双绞线的技术和标准都是比较成熟的，安装相对容易，价格也比较低廉。因此，双绞线电缆是目前局域网中最通用的电缆形式。它的最大缺点是对电磁干扰比较敏感；另外，它比同轴电缆更易遭受物理损害。

单模光纤的数据传输速率更高，传输的距离更远，但是这种光纤的开销太大。多模光纤相对来说传输的距离要短些，而且数据传输速率要小于单模光纤，但多模光纤的优点在于价格便宜，并且可以用廉价的发光二极管作为光源。

无线电波的优点在于易于产生，容易穿过建筑物，传播距离可以很远，但存在的严重问题是，在所有的频率中，无线电波都易受到电磁的干扰，而且无线通信与其他通信方式相比，在质量上存在不稳定性。

微波通信在传输质量上比较稳定，但微波在雨雪天气时会被吸收，从而造成损耗。它是当前长途通信方面的一种重要的手段。微波通信的缺点是保密性不如电缆和光缆好。

红外网络对小型的便携计算机尤为方便，因为红外技术提供了无绳连接。这样，使用红外技术的便携计算机可将所有的通信硬件放在机内，但它在传输距离方面还有待提高。

RF 是一种最好的无线解决方案，但这一优点也是它最大的缺点——大部分类型的 RF 传输易于被窃听。除此之外，RF 也非常易受到干扰影响。

本 章 小 结

局域网是将小区域内的各种通信设备互联在一起的通信网络。网络中各个结点相互连接的方法和形式称为网络拓扑，主要有总线拓扑、环形拓扑、星形拓扑以及混合拓扑。FDDI、快速以太网和千兆位以太网是目前流行的高速局域网。近年来，基于交换局域网的虚拟局域网逐渐取代了传统的共享介质局域网。传输介质是计算机网络与通信的最基本的组成部分，常见的传输介质有双绞线、光纤和无线介质等。随着通信技术的不断发展和用户需求的不断变化，无线局域网的应用越来越广泛。

练 习 题

1. 什么是局域网？
2. 局域网具有什么特点？
3. 计算机局域网有哪几种分类方法？
4. 局域网按照组网方式可以怎样分类？简单叙述它们的特点。
5. 共享介质局域网的缺点是什么？
6. 常见的局域网应用有哪些？
7. 什么是网络拓扑结构？为什么要引入"网络拓扑"这个概念？
8. 总线拓扑结构的优缺点有哪些？
9. 环形拓扑结构的优缺点有哪些？
10. 星形拓扑结构的优缺点有哪些？
11. 常见的高速局域网有哪些？
12. 什么是虚拟局域网？它们具有什么优点？
13. 有哪些常见的网络传输介质？
14. 简述各种网络传输介质的特点。

Chapter 5

第 5 章　　网络的互联

⊠ 掌握：各种网络互联设备的工作原理及应用。

⊠ 理解：公用电话网、综合业务数字网以及 ATM 技术的工作原理。

⊠ 了解：网络互联的概念、网络互联的类型和层次。

5.1　互联网络的基本概念

每种网络技术都有特定的限制，如局部范围内的以太网适合于办公室环境，令牌环网适合于实时业务传送，令牌总线网则适合于流水线上的设备控制，广域网络内各种类型网络的差别和应用局限性更加明显。不存在某种单一的网络技术对所有需求都是最好的情况，通常，根据实际的需求来确定网络的类型。使用多个物理网络的明显问题是，连接在一个网络内的计算机只能与连在同一网络内的其他计算机通信，不能与连在其他网络上的计算机通信。当一个机构拥有多个网络时，会给使用和管理带来极大的不便，同时也会造成资源浪费。为解决这一问题，就必须提供一种通用服务，使得任意 2 台计算机（无论在哪个网络上）都能进行通信，就像任意 2 个电话之间可以通话一样，在异构网络之间实现通用服务的方案称为网络互联。网络互联既需要硬件，也需要软件。通常使用专门的硬件将各种网络连接起来，在计算机及专用硬件上分别安装相应的服务软件。这种将各种网络连接起来构成的最终系统称为互联网络。

互联网络没有大小的限制，通过软件为众多计算机提供单一的、无缝的通信系统，实现通用服务，而用户无须了解网络互联的细节。因此可以说互联网络是一个虚拟网络。因为通信系统是一个抽象系统，在用户看来，互联网络是一个庞大的单一的网络，但事实上它面对的只是所处的物理网络，与其他网络的通信是靠通用服务实现的。互联网络是计算机网络的重要研究课题。

5.1.1 网络互联的类型

1. 网络互联的任务

（1）扩大网络通信范围与限定信息通信范围。将各个独立的局域网互联起来，扩大了各局域网信息传输的范围。但是当一个网络负荷过重后，还需要把一个网络系统分解成若干个小网络，再利用某种互联技术把分解后的若干个小网络互联起来，这样可以减轻网络负荷，将各种信息局限在一定的范围内，减少全网的通信量，从而方便管理与操作。

（2）提高网络系统的性能与可靠性。如果一个网络系统的用户站点过多、通信时间过长、通信设备和数据处理设备都连接在一个网络中，则系统的性能、数据传输速率、响应时间、系统安全性等会明显下降。网络互联技术要能有效地改善和提高网络的各种性能。

2. 网络互联的类型

由于网络分为局域网（LAN）和广域网（WAN）2大类，因此网络互联的形式有LAN-LAN、LAN-WAN、WAN-WAN、LAN-WAN-LAN。为了将2个物理网络连接在一起，需要采用特殊的设备。这些设备根据其作用和工作原理的不同而有不同的名称，通常被称为中继器、网桥、路由器、网关。

（1）LAN-LAN互联。LAN-LAN互联是解决小区域范围内局域网之间的互联。从局域网之间的关系来划分，网络可分为同构网和异构网，所以LAN-LAN互联可分为以下2类。

① 同构网（Homogeneous Net）的互联。同构网是指具有相同特性和性质的网络，即它们具有相同的通信协议，呈现给接入网络设备的界面也相同。同构网一般是由同一厂家提供的某种单一类型的网络。例如，2个以太网络的互联或2个令牌环网络的互联，都属于同构网的互联。同构网的互联比较简单，常用的设备有中继器、集线器、交换机、网桥等。

② 异构网（Heterogeneous Net）的互联。异构网则是指网络不具有相同的传输性质和通信协议。目前，网络之间的连接大多是异构网间的连接。例如一个以太网和一个令牌环网的互联。常用的设备有网桥、路由器等。

（2）LAN-WAN互联。LAN-WAN互联扩大了数据通信网络的范围，可以使不同机构的LAN连入更大范围的网络体系中，其扩大的范围可以超越城市、国家、洲界，从而形成世界范围的数据通信网络。

LAN-WAN互联的设备主要包括网关和路由器，其中路由器最为常用，它提供了若干不同通信协议的端口，可以连接不同的局域网和广域网。

（3）WAN-WAN 互联。WAN-WAN 互联一般在政府的电信部门或国际组织间进行，它主要将不同地区的网络互联起来以构成更大规模的网络，比如全国范围内公共电话交换网 PSTN、数字数据网 DDN、分组交换网 X.25、帧中继网、ATM 网等。

（4）LAN-WAN-LAN 互联。LAN-WAN-LAN 互联是将分布在不同地理位置上的 LAN 进行互联。在这种互联方式中，2 个局域网之间的通信要跨过中间网络。

5.1.2　网络互联的层次

计算机网络是一个复合系统，由于型号、线路类型、连接方式、同步方式、通信方式的不同，其通信极为复杂，因此需要采用分而治之的方式，将非常复杂的网络通信问题化为若干个彼此功能相关的模块来处理，各模块之间呈现很强的层次性，不同层次的互联所解决的问题及实现的功能是不同的。ISO 的 OSI 七层协议参考模型的确定，为网络的互联提供了明确的指导，网络互联从通信协议的角度来看可以分成 4 个层次，即物理层、数据链路层、网络层和高层，与之对应的互联设备分别是中继器（Repeater）、网桥（Bridge）、路由器（Router）和网关（Gateway）。不同层次的作用：层次一，使用中继器在不同电缆段之间复制位信号；层次二，使用网桥在局域网之间存储、转发帧；层次三，使用路由器在不同网络间存储、转发分组；层次四，使用协议转换器提供高层接口。

1．物理层的互联

物理层的互联如图 5.1 所示。在不同的电缆段之间复制位信号是物理层互联的基本要求。

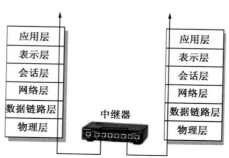

图 5.1　物理层的互联

物理层采用的互联设备是中继器。由于信号在网络传输介质中有衰减和噪声，使有用的数据信号变得越来越弱，因此为了保证有用数据的完整性，并在一定范围内传送，要用中继器把所接收到的弱信号进行分离，并再生放大以保持与原数据相同。从理论上讲，可以采用中继器连接无限的介质段，然而实际上各种网络中都有具体的限制，比如在 IEEE 802.3 标准中，最多允许 4 个中继器连接 5 个网段。

中继器在物理层工作，只能连接具有相同物理层协议的网段，用于扩展局域网的长度，实现 2 个相同的局域网段间的电气连接，它仅仅是将位流从一个物理网段复制到另一个物理网段，起简单的信号放大作用，而与网络采用的网络协议无关。用中继器连接起来的各网段可看成同一物理网络。

中继器不具有通信隔离功能，只负责将每个信号从一段电缆传送到另一段上，而不管信号是否正常。由于中继器双向传送网络间的所有信息，所以很容易导致网络上信息拥塞，同时当某个网段有问题时，会引起网络的中断。

集线器（HUB）可以说是一种特殊的中继器，作为网络传输介质间的中央结点，它克服了介质单一通道的缺陷。以集线器为中心的优点是：当网络系统中某条线路或某结点出现故障时，不会影响网上其他结点的正常工作。集线器可分为无源（Passive）集线器、有源（Active）集线器和智能（Intelligent）集线器。

无源集线器只负责把多段介质连接在一起，不对信号做任何处理，每种介质段只允许扩展到最大有效距离的一半。

有源集线器类似于无源集线器，但它具有对传输信号进行再生和放大，从而扩展介质长度的功能。

智能集线器除具有有源集线器的功能外，还可将网络的部分功能集成到集线器中，如网络管理、选择网络传输线路等。

集线器技术发展迅速，已出现了交换技术（在集线器上增加了线路交换功能）和网络分段方式，进一步提高了传输带宽。

2. 数据链路层的互联

数据链路层的互联如图 5.2 所示。数据链路层的互联要解决的是在局域网之间存储、转发数据帧。该层使用的互联设备是网桥，将在下一节中详细介绍网桥。

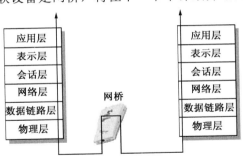

图 5.2　数据链路层的互联

3. 网络层的互联

网络层的互联如图 5.3 所示。网络层的互联要解决的是在不同网络之间存储、转发分组。将在下一节中详细介绍路由器。

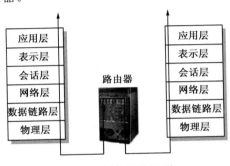

图 5.3　网络层的互联

4．高层的互联

传输层及以上各层协议不同的网络之间的互联属于高层的互联，如图 5.4 所示。将在下一节中详细介绍网关。

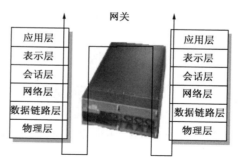

图 5.4 高层的互联

5.2 网络互联设备

在前一小节中已经提及了网桥、路由器、网关的作用，在本节中将对它们做更进一步的介绍。

5.2.1 网桥

网桥是数据链路层互联的主要设备。作为不同局域网间的桥梁，网桥可以连接 2 个或多个局域网网段，对各段的数据帧进行接收、存储、转发，并提供数据流量控制和差错控制。网桥以数据帧为单位存储和转发数据，与中继器只是放大和转发接收到的所有数据不同，网桥只向需要接收数据的网络转发数据帧。它这种隔离数据帧的功能，可以大大减少整个网络中的广播和网络冲突，从而能够显著提高网络通信效率。网桥可将一个较大的局域网分割为多个网段，或将 2 个以上的局域网互联为一个逻辑上的局域网。用网桥实现数据链路层的互联时，允许互联网络的数据链路层与物理层协议相同，但也可以不同。

1．网桥的功能

20 世纪 80 年代早期，开发网桥是为了转发同类网络间传输的数据包。此后，网桥已经进化到了可以处理不同类型网络间传输的数据包。尽管更高级的路由器和网关取代了很多网桥，但它们仍然非常适合某些场合。这包括：这些网络需要利用网桥过滤传向各种不同结点的数据以提高网络性能。因此，这些结点能用更少的时间和资源侦听数据。另外，网桥还可以检测出并丢弃出现问题的数据包，这些数据包可能会造成网络拥塞。也许，最重要的是网桥能够突破原来的最大传输距离的限制从而可以方便地扩充网络。网桥的功能概括如下。

（1）隔离功能。在计算机网络中可能出现用户需要传输的数据量超过了网络的设计能力，使网络中用户之间的传输速率明显降低。一种解决的方法是根据业务量相对集中的原则，将原有网络划分成为若干个网段，所有通信尽量集中在网段中，网段之间通过网桥进行连接，这样可以明显提高用户之间的通信速率。也就是说，网桥具有将物理上连通的网络划分为逻辑上相隔离的多个网段的功能。

（2）数据过滤功能。网桥最重要的功能是可以过滤与其相连的网络发送的数据。网桥必须能够对接收到的数据帧进行判断，以决定是否向其他网络转发帧，如果不满足转发规则，数据帧将被过滤。例如，一个网桥互联了 2 个以太网，如图 5.5 所示。

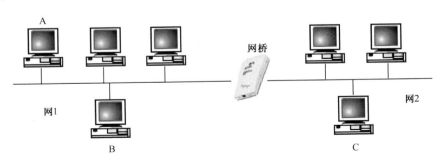

图 5.5　网桥互联

网 1 中的 A 要给同一网络中的 B 发送数据帧，网桥先检查所收到的数据帧的目的地址是否在网 1 中，网桥识别出 A、B 同在一个网段上，则不转发数据帧。

网 1 中的 A 要给网 2 中的 C 发送数据帧，网桥识别出 A 与 C 在不同的网段上，则它仅向网 2 转发该数据帧。

网桥这种过滤数据帧的功能，使得内部通信隔离在该网络内部，增加了网段内部计算机间的数据传输速率，大大减少了整个网络中的广播和网络冲突，并有利于隔离出故障网段，也有助于数据的保密，提高了整个网络的性能。

（3）自学习功能。网桥能够根据数据帧的目的地址进行数据过滤的前提是，每个网桥要保持过滤表格，过滤表格反映各计算机和网桥之间的位置关系。可以采用静态或动态的方法对过滤表格进行配置。

静态配置的方法是网络管理人员根据网络中的设备配置，为所有的网桥配置对应的过滤表格。这种静态的配置方法，一旦网络中出现设备移动、增加或删除，必须重新配置所有相关的网桥。特别是网络拓扑发生变化，将导致网络管理人员的工作量增加，如果手工配置出错，会造成网络无法正常工作。

动态配置方法中体现了网桥的自学习功能，当网桥被"加电"时，它能学习网络拓扑和所有连接在网络上的设备地址，通过这种方法可以建立过滤表格。动态配置方法是，网桥观测网络中流量并由此获得网络中各设备在网络中的位置。初始时，过滤表格为空，一旦网络设备发送数据帧时，网桥检测出设备的源地址，就将其相应地址编号和对应的网桥的端口号添入到网桥的过滤表格中。动态算法可以自动检测出网络中的设备位置，并能自适应网络的变化。这就体现了网桥具有一定的自学习功能。

2．网桥的类型

根据网桥工作层次、连接网络的距离、处理过滤表格的方式以及网络的端口处理能力的不同，可以将网桥分成若干种类型。

（1）MAC 网桥和 LLC 网桥。网桥是链路层的互联设备。链路层包括 MAC 子层及 LLC

子层，从而网桥可分为 MAC 网桥及 LLC 网桥。

MAC 网桥只能连接相同种类的局域网，如若干个令牌环网络的互联；不支持不同种类局域网络之间的互联，如总线网络和令牌环网络的互联。如果用一个 MAC 网桥连接 2 个令牌环网络，网桥在逻辑上分别作为 2 个令牌环网的处理单元，监视网络中传输的数据帧。如果用一个 MAC 网桥连接 2 个总线网络，一个总线网络中出现的冲突信号不会向另一个网络广播。这种业务隔离的特性，可以保证任意网段设备所获得的传输能力只和本网段设备和业务传输特性有关，当网桥进行数据转发时，实际上是作为和网卡等价的网络设备，执行同样的信道申请和信息传输操作。

LLC 网桥也称为混合网桥，可以用于连接不同类型的局域网。由于 IEEE802 给所有的局域网定义了相同的逻辑链路控制 LLC 层协议，所以 LLC 网桥可以实现不同 MAC 帧之间的转换，如总线和令牌环之间的转换、令牌环和 FDDI 之间的转换。

根据网桥处理不同 MAC 帧的方式，LLC 网桥可分为封装桥和转换桥。

封装桥是将接收到的 LAN 的 MAC 帧封装到中间传输网络的链路层帧中，通过连通的网络时像经过隧道一样，到达接收端 LAN 后，由接收端网桥解封，然后将数据传给接收端 LAN。所以封装桥要求发送端 LAN 和接收端 LAN 具有相同的类型。

转换桥能够将一种 MAC 帧格式转换成另一种 MAC 帧格式。转换桥要完成的功能有：位与位组的重新排列、限制帧长、帧格式的转换和校验项的生成、数据缓存。在局域网互联时，使用最多的是转换桥。

（2）透明网桥。透明网桥的设计思想是，网桥的存在对网络用户而言是透明的。当需要进行局域网互联时，只需要把连接插头插入 IEEE 标准网桥，不需要改动硬件和软件，无须设置地址开关，不需要装入路由表或参数，整个互联网络便能正常工作，现有局域网的运行完全不受网桥的任何影响。

透明网桥在其内部有一个记录网桥各端口所有连接网络站点地址的数据库，网桥根据数据内的地址信息决定将数据包是过滤掉，还是转发。在插入网桥之初，它内部的路径表为空。由于网桥不知道任何目的地的位置，因而采用扩散算法（Flooding Algorithm）把每个到来的、目的地不明的帧输出到除了发送该帧的局域网外的所有连在此网桥的局域网中。随着时间的推移，网桥了解到了每个目的地的位置，当需要转发数据帧时，即了解到了每个目的地的位置，可以直接发到适当的局域网上，而不再散发。

透明网桥采用的算法是逆向学习法（Backward Learning）。网桥通过检查收到帧的源地址及其输入线路，从而发现目的站及输出线路。例如网桥 1 从局域网 2 上收到一帧，其源地址是 E，从而网桥 1 知道存在一个目的站点 E，并且可通过局域网 2 到达，这样网桥 1 就找到了通往 E 的路径。

网络拓扑结构会随着计算机和网桥加电、断电或迁移而改变。为了使路径表及时反映这种变化，路径表的每个入口处都带有一个时间项，注明最近一次去往该目的帧经过网桥的时间。网桥中有一个进程定期地扫描路径表，清除时间早于当前时间若干分钟的全部表项。于是，如果从局域网上取下一台计算机，并在别处重新连到局域网上，那么在几分钟内，它即可重新开始正常工作而无须人工干预。这个算法也意味着，如果机器在几分钟内无动作，那么发给它的帧将不得不散发，一直到它自己发送出一帧为止。

透明网桥采用无连接方式，数据帧是独立寻址即由到达的网桥决定其传输的下一结点的路径。

（3）源路由网桥。源路由网桥与透明网桥不同，它没有所连接网段上站点的地址信息数据库。在基于源路由网桥组成的计算机网络互联中，信息传输的路径是由用户端网络设备自己完成的，也就是说，网中的每个站要获知所有其他站的最佳路径。如果不知道目的地址的位置，源站就发布一广播帧，询问它在哪里，每个网桥都转发该查找帧，这样该帧就可到达所有的局域网。目的站收到查找帧后，向发送站发回应答帧，应答帧途经的每个网桥都在帧中填入自己的网桥号，于是，广播帧的发送者就可以得到确切的路径，并可从中选择最佳路径。路径实际上是由网桥号和局域网号交替组成的一个序列，即网桥号，网络号，网桥号，网络号……网络号用 12 位编码，网桥号用 4 位编码。如图 5.6 所示，A 站到 B 站的路径是：LAN1，网桥 1，LAN2，网桥 2，LAN3。

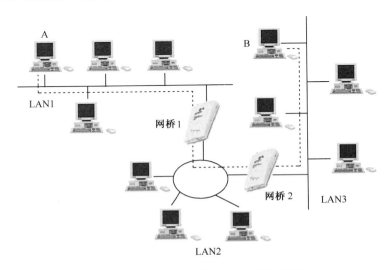

图 5.6　源路由网桥中站点之间的路径

源站点把探测到的这条通向目的站点的路径放入所有发向该目的站点的数据帧头中，中间的网桥根据帧头所指定的路径来转发帧。也就是说，网桥扫描帧头中的路径，寻找发来此帧的那个 LAN 的编号，如果发来此帧的那个 LAN 编号后跟的是本网桥的编号，则网桥按路径中本网桥号后的网络号转发该帧。如果找不到匹配的网桥号，则不转发此帧。

源路由网桥采用面向连接方式，发送端选择一条到达目的主机的通路，所有发往该目的站点的帧都以相同的路径到达。

（4）本地网桥和远程网桥。本地网桥用以连接 2 个相距很近的局域网，如图 5.7（a）所示。本地网桥可以将原来连接一体的网络划分为网段，如果网络的业务量相对集中在各自网段，可以极大地提高网络性能。

远程网桥用来连接 2 个相距较远的局域网。如某个公司分布在多个城市中，该公司在每个城市中均有一个本地的局域网，最理想的情况就是所有的局域网均连接起来，整个系统就像一个大型的局域网。可在每个局域网中设置一个网桥，并且用点到点的连接（比如租用电话公司的电话线）将它们两个两个地连接起来。如果使用远程网桥，则远程网桥必须成对出现，如图 5.7（b）所示。

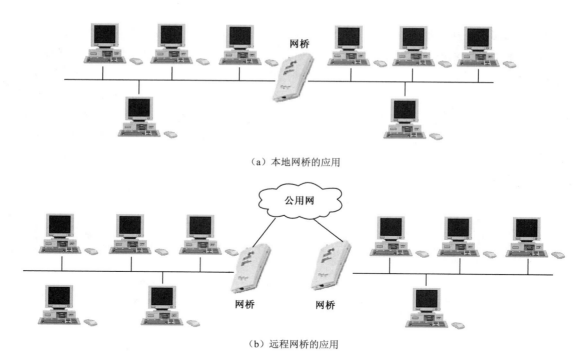

（a）本地网桥的应用

（b）远程网桥的应用

图 5.7　本地网桥和远程网桥的应用

3．网桥的应用

（1）用于网络互联。许多单位都有各自的局域网，主要用于连接他们自己的计算机、工作站以及服务器。由于各部门的工作性质不同，因此选用不同的局域网，而各个部门之间又需要交换信息、共享资源，这就需要使用网桥把多个局域网连接起来。

当一个单位的各部门在地理位置上较分散，并且距离较远时，与其安装一个遍布所有地点的同轴电缆网，不如在各个地点建立一个局域网，使用网桥和红外链路连接起来，可以降低费用。

（2）提高网络性能。网桥的过滤功能将整个互联网络分隔成若干个逻辑上独立但在物理上互联的网络，这样既可以保证任意网络内部的流量不影响到其他用户，也可以保证整个互联网络中任意 2 个用户可以进行通信。

一个大型企业或校园网内，有数千台计算机需要联网，如果用一个局域网连接起来，则局域网的负荷增加、性能下降。一般将计算机按地理位置划分为多个网段，每个网段是一个局域网，用网桥将多个局域网互联起来构成一个企业网或校园网。

（3）提高网络安全性。以太网采用广播方式通信，对一个站点发出的信息，其余所有站点都能收到。在一些重要部门，如银行、国家机密部门、军事部门等，网络安全性非常重要，使用网桥将该部门的网段与其他部门隔离开，以提高网络的安全性。

5.2.2　路由器

路由器是网络层上主要的互联设备。它是一种多端口设备，可以连接不同传输速率并运行于各种环境的局域网和广域网，也可以采用不同的协议。路由器属于 OSI 模型的第三层，即网络层。网络层指导从一个网段到另一个网段的数据传输，也能指导从一种网络向另一种网络的数据传输。不像网桥，路由器是依赖于协议的。在它们使用某种协议转发数据前，它们必须被设计或配置成能识别该协议。

路由器要对数据包进行检测，它阅读每个数据包或帧中包含的信息，使用网络寻址过程来判断适当的网络目标，丢弃外部数据包或帧，然后重新打包并重新传输数据。如果网络层协议相同，则互联主要是解决路由选择问题；如果网络层协议不同，则需使用多协议路由器。

路由器用于互联不同类型的计算机网络以构成存储转发的数据通信网络，它能在复杂的网络环境中把数据包按照一条最优路径发到目的网络。用路由器实现网络互联时，允许互联网络的网络层及以下的数据链路层、物理层协议是相同的，也可以是不同的。

1. 路由器的作用

路由器的稳固性在于它的智能性。路由器不仅能追踪网络的某一结点，还能选择出 2 个结点间最近、最快的传输路径。基于这个原因，还因为它们可以连接不同类型的网络，使得它们成为大型局域网和广域网中功能强大且非常重要的设备。例如，Internet 就是依靠遍布全世界的几百万台路由器连接起来的。

从最简单的角度来讲，路由器就像是一台带有 2 个或多个网卡的计算机。早期的路由器实际上就是带有 2 个或多个网卡的计算机（称为多重初始地址计算机）。图 5.8 显示了一台作为路由器的多重初始地址计算机。理解路由器选择功能的第一步是记住 IP 地址属于适配器而不是计算机。图 5.8 中的计算机有 2 个 IP 地址，每个适配器有一个 IP 地址。实际上，2 个适配器可能位于完全不同的 IP 子网络上，并且这些 IP 子网络对应于完全不同的物理网络。在图 5.8 中，多重初始地址计算机上的协议软件能够接收来自子网络 A 的数据；检查 IP 地址信息，以了解数据是否属于子网络 B；更换低层协议的头部信息，以便为子网络 B 准备数据（如果数据要送往子网络 B），然后将数据传送到子网络 B 上。在这个简单的运行环境中，多重初始地址计算机就起到了路由器的作用。

图 5.8　带有 2 个网卡的计算机充当路由器

如果想要了解路由器能做些什么工作，可根据下列条件设想一下上面所说的运行环境：

（1）路由器拥有 2 个以上的端口（适配器），因此能够连接 2 个以上的网络。这时要确定将数据转发到何处去的问题，将会变得更加复杂，而且冗余路径的可能性也增加了。

（2）用路由器连接起来的各个网络，每一个都与其他网络互相连接着。也就是说，路由器能够了解它并未直接连接的网络地址。路由器必须采用某种方法，将数据转发到它并未直接连接的网络上。

（3）路由器连接的网络提供了冗余路径，每个路由器必须拥有一个手段，以确定应该使用哪一个路径。

如图 5.8 所示的简单配置与上述 3 种情况相结合，就可以更加具体地了解路由器的作用。在图 5.9 中可以看出，每个结点都是用来连接网络的路由器的。

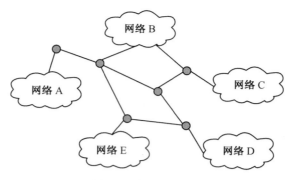

图 5.9　路由器和网络

在当今的网络上，大多数路由器都不属于多重初始地址计算机。将路由选择任务分配给专门的设备去执行会更加合算。路由选择设备是专门用来有效地执行路由选择功能的，而且该设备并不包括完整的计算机上所配置的全部额外特性。有的路由器可以把一个物理接口当成多个逻辑接口在网络中使用。

2．路由器的工作原理

下面说明路由器的工作原理：

（1）路由器接收来自它连接的某个网站的数据。

（2）路由器将数据向上传递，并且（必要时）重新组合 IP 数据报。

（3）路由器检查 IP 头部中的目的地址。如果目的地址位于发出数据的那个网络，那么路由器就放下被认为已经达到目的地的数据，因为数据是在目的计算机所在网络上传输。

（4）如果数据要送往另一个网络，那么路由器就查询路由表，以确定数据要转发到的目的地。

（5）路由器确定哪个适配器负责接收数据后，就通过相应的软件传递数据，以便通过网络来传送数据。

这里通过一个例子来说明路由器工作原理。

例如，Cisco 有一个 B 类网络，它的网络地址是 131.108.0.0。在这个网络内部划分了一些子网。但是在网络外部，只知道 Cisco 是一个单一的网络。

假设另一个网络中有一个 IP 地址为 197.15.22.44 的设备想将数据发送给 Cisco 网络中 IP 地址为 131.108.2.2 的设备。数据在 Internet 上传输，直到到达 Cisco 网络的路由器。路由器的工作是确定将数据发送给 Cisco 的哪一个子网，如图 5.10 所示。

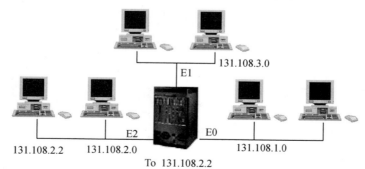

图 5.10　路由器连接 3 个网络

为了完成这项工作，路由器查看数据的目的 IP 地址，确定其中哪部分是网络域，哪部分是子网域，哪部分是主机域。应当清楚，当路由器查看数据时，它并不是查看十进制数值的 IP 地址，而是将 IP 地址看成二进制数值：10000011.01101100.00000010.00000010。

路由器知道 Cisco 子网的掩码是 255.255.255.0。路由器将这个数看成 11111111.11111111.11111111.00000000。子网掩码表明 Cisco 借用了 8 个比特生成子网。路由器获得了数据上携带的终端 IP 地址和 Cisco 的子网掩码两部分信息，然后将它们一个比特一个比特地做逻辑"与"运算，如图 5.11 所示。当路由器做这个"与"操作时，主机域的数值都被丢弃了。路由器查看剩余的数值是什么，这其中包括网络地址和子网地址。

131.108.2.2		10000011	01101100	00000010	00000010
与			与		
255.255.255.0	=	11111111	11111111	11111111	00000000
131.108.2.0		10000011	01101100	00000010	00000000

图 5.11　IP 地址与子网掩码与运算

路由器接着查看它的路由表，寻找与包含子网的网络号相匹配的网络接口，如图 5.12 所示。

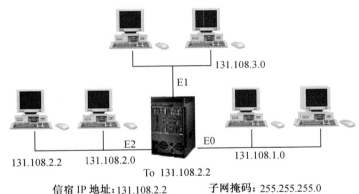

图 5.12　查询路由表

一旦找到匹配对象，路由器就知道该使用哪一个接口。然后，路由器将数据发送给 Cisco 网络中正确的接口和子网目的 IP 地址。

5.2.3　网关

网关也称为协议转换器。网关是比网桥与路由器更复杂的网络互联设备，它可以实现不同协议的网络之间的互联；使用不同操作系统的网络之间的互联；局域网与广域网之间的互联。实际上，网关不能完全归为一种网络硬件。概括地说，它们应该是能够连接不同网络（异构网）的软件和硬件的结合产品。特别是，它们可以使用不同的格式、通信协议或结构连接起 2 个系统。网关实际上通过重新封装信息以使它们能被另一个系统读取。为了完成这项任务，网关必须能运行在 OSI 参考模型的几个层上。网关必须同应用通信，建立和管理会话，传输已经被编码的数据，并解析逻辑和物理地址数据。

网关可以设在服务器、微机或大型机上，由于网关具有强大的功能并且大多数时候都和应用有关，它们比路由器的价格要贵一些。另外，由于网关的传输更复杂，它们传输数据的速度要比网桥或路由器低一些。

网关有 2 种基本形式：一种是作为独立的中继设备，另一种是作为基于计算机的网关服务器。前者采用专用设备处理，速度高但价格贵，适合特定系统之间的互联。后者采用计算机作为硬件平台，主要由软件完成应用系统格式之间的转换，适合于应用系统之间数据量不大的情况。

1. 网关的功能

网关的重要功能是完成网络层以上的某种协议之间的转换，它将不同网络的协议进行转换。有 3 种方式支持不同种协议系统之间的通信。

（1）远端业务协议封装。外部业务数据采用本地网络数据格式进行封装，当数据到达接收端用户后，去掉本地网络的封装格式，将原有的数据内容提交给应用系统。

（2）本地业务协议封装。本地业务数据采用远端数据格式进行封装，当数据传送给接收端用户后，去掉本地网络的封装格式，将原有的数据提交给应用系统。

（3）协议转换。通过中间网络设备改变数据的封装格式，保证不同协议格式的系统之间可以进行通信。

网关可以同时支持上面 3 种协议互联方式，网桥和路由器只能支持协议的封装方式，不支持网络协议的转换。

2. 网关的类型

（1）传输网关。传输网关用于在 2 个网络间建立传输连接。利用传输网关，不同网络上的主机间可以建立起跨越多个网络的、级联的、点对点的传输连接。

（2）应用网关。应用网关在应用层上进行协议转换。例如，一个主机执行的是 ISO 电子邮件标准，另一个主机执行的是 Internet 电子邮件标准，如果这两个主机需要交换电子邮件，那么必须经过一个电子邮件网关进行协议转换，这个电子邮件网关是一个应用网关。

网关连接的是不同体系的网络结构，它只能针对某一特定应用而言，不可能有通用的网关。因此，连接不同网络、用于不同用途的网关之间各不相同。Novell 开发了几种连接不同环境的网关，用于连接 IBM 和 NetWare 的网关称为 NetWare for SNA，用于连接 DEC 和 NetWare 的网关称为 NetWare for DEC access，用于 UNIX 系统和 NetWare 的网关称为 NFS Gateway。

3. 网关的应用

（1）局域网和广域网之间的互联。广域网络大多是 X.25 公用数据网，很多企业内部出于不同工作组交换信息的需要组建了许多局域网，局域网上的用户经常访问广域网上的资源。但是，局域网和广域网之间由于协议不同不能直接通信。为了能直接从局域网上访问 X.25 资源，需要使用网关，如图 5.13 所示。

（2）局域网和主机之间的互联（远程访问）。网关的另一种应用是大型机和网络之间的通信。在一些大型企业中，管理系统运行于一些大型主机上。这些主机一般不支持诸如 IPX/SPX 这样的网络协议，直接将这些主机连入局域网是不行的。此时借助于网关实现 2 种系统应用之间的互通，这样，局域网上的工作站用户通过网关能与主机打交道，在主机和工作站之间传输数据等，如图 5.14 所示。

图 5.13　局域网与广域网之间的互联　　　图 5.14　局域网与主机之间的互联

（3）局域网和局域网之间的互联。支持位于相同类型或不同类型局域网上的执行不同协议应用系统之间的互联。例如，许多局域网都有专用的电子邮件系统，为了实现多个用户之间的电子邮件系统的互通，使用电子邮件网关实现不同电子邮件系统之间的转换。

5.2.4　无线路由器

1．无线路由器的定义和原理

无线路由器（Wireless Router），顾名思义，就是带有无线覆盖功能的路由器。也可以把它看成一个转发器，将宽带网络信号通过天线转发给附近的无线网络设备，如笔记本电脑、支持 WiFi 的手机、所有带有 WiFi 功能的设备。市场上流行的无线路由器一般只能支持 15～20 个设备同时在线使用。现在已经有部分无线路由器的信号范围达到了 300m。

它是将单纯性无线 AP 和宽带路由器合二为一的扩展型产品，不仅具备单纯性无线 AP 所有功能（如支持 DHCP 客户端、支持 VPN、防火墙、支持 WEP 加密等），而且还包括网络地址转换（NAT）功能，可支持局域网用户的网络连接共享。

线路由器可以与所有以太网连接的 ADSL MODEM 或 Cable MODEM 直接相连，也可以在使用时通过交换机/集线器、宽带路由器等局域网方式再接入。其内置有简单的虚拟拨号软件，可以存储用户名和密码拨号上网，可以实现为拨号接入 Internet 的 ADSL、CM 等提供自动拨号功能，而无须手动拨号或占用一台计算机作为服务器使用。此外，无线路由器一般还具备相对更完善的安全防护功能。

2．无线路由器的优势

（1）智能管理配备。双 WAM3.75Gwireless-N 宽带无线路由器，可让用户在 WiFi 安全保证下，随时随地享受极速连接网络生活，永不掉线，智能管理配备了最新的 3G 和 Wireless-N 技术，能够自由享受无忧的网络连接，无论是在室外会议、展会、会场、工厂，还是在家里。通过 USB2.0 接口，该硬件可以让用户的台式计算机和笔记本电脑享用有线或者无线网线网络，轻松下载图片、高清晰视频，运行多媒体软件，观赏电影或者与你的客户、团队成员、朋友或者家人共享文件。这个路由器甚至可以作为打印机服务器、Webcam 或者 FTP

服务器使用，实现硬件的网络共享。

（2）永远在线连接。使用无线路由器，可以将一个 3G/HSDPA USB MODEM 连接到它的内置 USB 接口，这能够让用户连接上超过 3.5G/HSDPA、3.75G/HSUPA、HSPA+、UMTS、GDGE、GPRS 的网络或 GSM 网络。下载速率高达 14.4Mb/s。JGR-N605 支持 EthernetWAN 接口，可以作为 ADSL/Cable MODEM 使用。当有线网络连接失败时，通过 JGR-N605 内置的故障自动转换功能，可以快速顺畅地连接到 3G 无线网络，保证最大化的连接和最小的干扰。当有线网络恢复后，它还能够自动再次连接，减少或最小化连接费用。此功能特别适合办公环境，因为那里的网络持续连通是非常重要的。

（3）多功能服务。无线路由器的 USB 接口，可以作为多功能服务器来帮助用户建立一个属于自己的网络，当用户外出的时候，可以使用办公室打印机，通过 Webcam 监控自己的房子，与同事或者朋友共享文件，甚至可以下载 FTP 或 BT 文件。

（4）多功能展示工具。独特 3G 管理中心是一个多功能展示工具，它在视觉上展示信号情况，可使用户最大限度地利用它们的连接。利用上传速度、下载速度，用户可以监视带宽。这种工具可以计算出每月运用的数据总量或者小时总量。

（5）增益天线信号。在无线网络中，天线可以达到增强无线信号的目的，可以把它理解为无线信号的放大器。天线对空间不同方向具有不同的辐射或接收能力，而根据方向性的不同，天线有全向和定向两种。

全向天线：在水平面上，辐射与接收无最大方向的天线称为全向天线。由于全向天线的无方向性，所以多用在点对多点通信的中心台。比如，若要在相邻的两幢楼之间建立无线连接，就可以选择这类天线。

定向天线：有一个或多个辐射与接收能力最大方向的天线称为定向天线。定向天线能量集中，增益相对全向天线要高，适合于远距离点对点通信，同时由于具有方向性，其抗干扰能力比较强。比如一个小区里，需要横跨几幢楼建立无线连接时，就可以选择这类天线。

5.3　广域网的相关技术

广域网 WAN 通常跨接很大的物理范围，它能连接多个城市或国家并能提供远距离通信。通常，广域网的数据传输速率比局域网低，而信号的传播延迟却比局域网要大得多。广域网的典型速率是 56kb/s～155Mb/s，现在已有 622Mb/s、2.4Gb/s 甚至更高传输速率的广域网，传播延迟可从几毫秒到几百毫秒。

广域网是由许多交换机组成的，交换机之间采用点到点线路连接，几乎所有的点到点通信方式都可以用来建立广域网，包括租用线路、光纤、微波、卫星信道。而广域网交换机实际上就是一台计算机，由处理器和输入/输出设备进行数据包的收发处理。

广域网 WAN 一般最多只包含 OSI 参考模型的下三层，而且目前大部分广域网都采用存储转发方式进行数据交换，也就是说，广域网是基于报文交换或分组交换技术的（传统的公用电话交换网除外）。广域网中的交换机先将发送给它的数据报完整地接收下来，然后经过路径选择找出一条输出线路，最后交换机将接收到的数据报发送到该线路上去，依此类推，直到将数据报发送到目的结点。如图 5.15 所示，相距较远的局域网通过路由器与广域网相连，组成了一个覆盖范围很广的互联网。

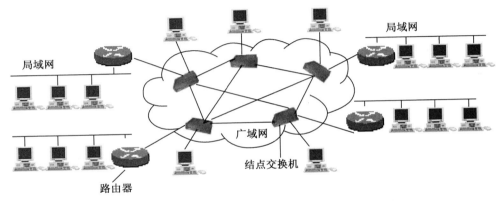

图 5.15   由局域网和广域网组成的互联网

广域网和局域网都是互联网的重要组成构件。尽管它们的价格和作用距离相差很远，但从互联网的角度来看，广域网和局域网都是平等的。关键是，广域网和局域网具有一个共同点：连接在一个广域网或一个局域网上的主机在该网内进行通信时，只需要使用其网络的物理地址即可。

5.3.1   公用交换电话网

公用交换电话网（Public Switched Telephone Network，PSTN），也就是大多数家庭所使用的典型的电话网络，是以电路交换技术为基础的用于传输模拟话音的网络。目前，全世界的电话数目早已达几亿部，并且还在不断增长。要将如此之多的电话连在一起并能很好地工作，唯一可行的办法就是采用分级交换方式。

电话网概括起来主要由 3 个部分组成：本地回路、干线和交换机。其中，干线和交换机一般采用数字传输和交换技术，而本地回路（也称用户环路）基本上采用模拟线路。由于 PSTN 的本地回路是模拟的，因此当 2 台计算机想通过 PSTN 传输数据时，中间必须经双方 MODEM（调制解调器）实现计算机数字信号与模拟信号的相互转换，即在源端（如个人计算机）和目标端（如 ISP）之间可以用调制解调器通过 PSTN 或其他线路建立拨号连接来访问远程服务器。MODEM 这个词源于该设备的功能：Modulator（调制器）/Demodulator（解调器）。调制解调器把计算机的数字脉冲转换成 PSTN 所用的模拟信号，然后在接收计算机端又把模拟信号转换成数字脉冲。与其他广域网连接不一样，拨号连接需要一段时间才能接入网络。

PSTN 是一种电路交换的网络，可看成物理层的一个延伸，在 PSTN 内部并没有上层协议进行差错控制。在通信双方建立连接后，电路交换方式独占一条信道，当通信双方无信息时，该信息也不能被其他用户所利用，这也构成了它的一个缺点。

PSTN 的另一个缺点在于它不能满足许多广域网应用所要求的质量。广域网连接的质量在很大程度上取决于在传输过程中，有多少数据报丢失或遭受破坏、它接收数据有多快，以及它是否会彻底放弃连接。为了提高质量，大多数数据传输方法都采用了纠错技术，例如，TCP/IP 利用数据接收方的应答信号。

PSTN 更大的限制在于它的通信能力即吞吐量。很多 PSTN MODEM 都可以达到 56kb/s 的传输速率。56kb/s 这个最大值实际上是一种理论上的临界值，它假设发送者和接收者之间连接总是处于最佳状态。实际上，对于分路器、传真机或其他设备，连接在发送者和接收者之间的 MODEM 将会减少实际的吞吐量。另外，电话呼叫所经过的结点数也会影响吞吐量。实际上，使用运行在 PSTN 上的调制解调器很少能达到 56kb/s 的吞吐量。

下面将从如图 5.16 所示的一种典型的从 MODEM 到 MODEM 的拨号呼叫过程来观察通过 PSTN 连接的吞吐量是怎样减少的。首先想象通过 56kb/s 的 MODEM 拨号进入 ISP，并在万维网上冲浪。通过计算机的 MODEM 发出呼叫。MODEM 把从计算机输出的数字信号转换成模拟信号，经过电话线进入本地电话公司的接入服务提供点（Point Of Presence，POP）。接入服务提供点就是两个电话系统的汇合处，不管它是本地电话公司连接长途载波的地方，还是 ISP 的数据中心连接本地载波的地方。在接入服务提供点，信号又被转换回数字脉冲，并通过数字主干网（通常采用光纤）传送到用户的 ISP 接入服务提供点。通过数字连接，通常都是 T1（一种点到点的传输技术，使用两对线进行速度为 1.544Mb/s 的全双工传输）和 T3（租用线路服务提供 6～45Mb/s 的语音和数据级的服务），ISP 的接入服务提供点连接到更大的 ISP。请求信息进入互联网，然后，传输过程又反过来传输用户希望得到的网页。每次传输流经一个接入服务提供点，无论是从模拟信号转换成数字信号还是从数字信号转换成模拟信号，都要减少一点吞吐量。等到网页返回到用户的时候，连接速率可能减少了 5～30kb/s，并且有效的吞吐量可能已经减少到 30kb/s 或更低。

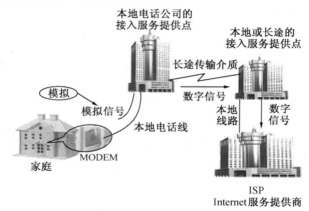

图 5.16　典型的 PSTN 与互联网连接

5.3.2　综合业务数字网

综合业务数字网（Integrated Services Digital Network，ISDN）是一种国际标准。它是国际电信联盟（International Telecommunications Union，ITU）为了在数字线路上传输数据而开发的。与 PSTN 一样，ISDN 使用电话载波线路进行拨号连接。但它和 PSTN 又截然不同，它独特的数字链路可以同时传输数据和语音。ISDN 线路可以同时传输两路话音和一路数据。然而，要实现这一技术，ISDN 用户必须使用正确的设备才能容纳全部 3 个链接。由于具备同时传输话音和数据的能力，ISDN 线路解决了在同一个地方要用不同的线路分别支持传真、调制解调器和话音呼叫的问题。

所有的 ISDN 连接都基于 2 种信道：B 信道和 D 信道。B 信道是承载信道，采用电路交换技术通过 ISDN 来传输话音、视频、音频和其他类型的数据。单个 ISDN 连接的 B 信道数目是可以不同的。D 信道是数据信道，采用分组交换技术来传输关于呼叫的信息，如会话初始和终止信号、呼叫者鉴别、呼叫转发以及呼叫协商信号。每一个 ISDN 连接只使用一个 D 信道。也就是说，从用户的观点来看，ISDN 提供了 3 个独立的数字信道，分别是 B、B 和 D（通常写为 2B+D）。2 个 B 信道传输速率均为 64kb/s，D 信道传输速率为 16kb/s，作为控制信道（虽然用户共有 144kb/s 带宽可用，实际上现行系统是操作在 160kb/s 带宽上的，剩余的 16kb/s 消耗在同步和分帧上）。一般来说，用户通过 D 信道申请服务，然后该服务可以通过 B 信道提供（例如用数字语音打电话）。用户也可使用 D 信道来管理正在进行的会话，或者终止会话。最后，2 个 B 信道可以合并或捆绑在一起提供有效传输速率为 128kb/s 的单个信道。

常用的 ISDN 连接有 2 种类型：基本速率 ISDN（BRI）和主速率 ISDN（PRI）。这 2 种属于 N-ISDN（窄带综合业务数字网，Narrowband-ISDN）。

BRI 使用 2 个 B 信道和一个 D 信道，这可以用下面的式子表示：2B+D。这 2 个 B 信道被网络按 2 个独立的连接来处理，并能同时传输相互独立的一路话音和一路数据，或者同时为 2 路数据。在一个称为绑定的过程中，2 路 64kb/s 的 B 信道能够合并成一路来传输 128kb/s 的数据——一个 BRI 连接所能容纳的最大吞吐量。如图 5.17 所示为一个典型的 BRI 链路是如何为具有 ISDN 连接的家庭用户提供服务的例子。

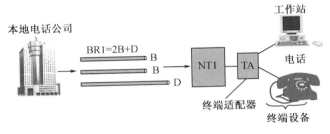

图 5.17　一个典型的 BRI 链路

PRI 使用 23 个信道和 1 个 64kb/s 的 D 信道，这可以用下式表示：23B+D。PRI 不像 BRI 有那样多的个人用户，但需要更大吞吐量的商业或其他用户也许会选择它。与 BRI 一样，PRI 连接的各个信道都能传输话音和数据，且相互间独立或者绑定在一起使用。每一个 PRI 连接能达到的最大吞吐量是 1.544Mb/s，事实上，PRI 信道可以通过 TI 线路传输。在同一个网络中，PRI 和 BRI 可以连接在一起。PRI 连接使用与 BRI 连接同样的设备，但它还需要一种特殊的网络终端设备提供服务，这种设备称为网络终端 2（NT2），它可以处理多条 ISDN 线路。如图 5.18 所示描述了一个典型的 PRI 链路的例子。

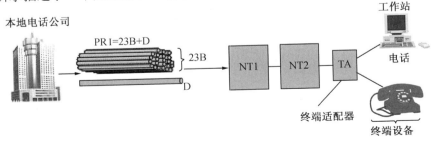

图 5.18　一个典型的 PRI 链路

随着用户信息传送量和传送速率的不断提高，前 2 种 N-ISDN 已无法满足用户要求。20 世纪 80 年代后期，提出了第三种 ISDN 连接，即 B-ISDN（宽带 ISDN，Broadband-ISDN），它能提供比 BRI 或 PRI 更高的通信容量。例如，传送高清晰度电视图像要求达到 155Mb/s 量级的速率，要支持多个交互式或分布式应用，一个用户线的总容量需要可能达到 622Mb/s 的数量级。所谓宽带是指要求传送信道能够支持大于基群数量的服务。B-ISDN 可以提供视频点播（VOD）、电视会议、高速局域网互联以及高速数据传输等业务。采用 B-ISDN 名称旨在强调 ISDN 的宽带特性，而实际上它应该支持宽带和其他 ISDN 业务。

更具体些，B-ISDN 与 N-ISDN 相比，具有以下一些重大区别。

（1）N-ISDN 使用的是电路交换，它只是在传送信令（信令这个词，含有信号和指令双重意思）的 D 通路使用分组交换。B-ISDN 则使用一种快速分组交换，称为异步传输方式 ATM。

（2）N-ISDN 是以目前正在使用的电话网为基础，其用户环路采用双绞线（铜线）。但在 B-ISDN 中，其用户环路和干线都采用光缆（但短距离也可使用双绞线）。

（3）N-ISDN 各通路的比特率是预先设置的，如 B 通路比特率为 64kb/s。但 B-ISDN 使用虚通路的概念，其比特率只受用户到网络接口的物理比特率的限制。

（4）N-ISDN 无法传送高速图像，但 B-ISDN 可以传送。

虽然 B-ISDN 的想法不错，但由于使用 IP 技术的互联网的飞速发展，现在那些需要的通信容量与 B-ISDN 提供的容量相当的组织，一般都趋向于选择采用诸如 xDSL 或 T1 等技术更新且通信容量更高的线路。

5.3.3　ATM 技术

B-ISDN 要支持如此高的速率，要处理很广范围内各种不同速率和传输质量的需求，需要面临 2 大技术挑战：一是高速传输；二是高速交换。光纤通信技术已经给前者提供了良好的支持；而异步传输模式（Asynchronous Transfer Mode，ATM）为实现高速交换展示了诱人的前景，使得 B-ISDN 网络的实现成为可能。近年来，电路交换设备的功能日益增强且越来越多地采用光纤干线，但利用电路交换技术难以圆满解决 B-ISDN 对不同速率和不同传输质量控制的需求。理论分析和模拟表明，ATM 技术可以满足 B-ISDN 的要求。利用 ATM 构造 B-ISDN 是一件非常有意义的事情。

ATM 是一种广域网所采用的传输方法。它可以利用固定数据包的大小这种方法达到25～622Mb/s 的传输速率。它首先是由贝尔实验室的研究人员在 1983 年提出的，但国际标准化组织用了 12 年才就它的规范达成一致意见。

ATM 技术建立在电路交换和分组交换的基础上，是一种面向连接的快速分组交换技术。其基本思想是，让所有的信息都以一种长度较小且大小固定的信元（Cell）进行传输。信元的长度为 53 个字节，其中信元头部是 5 个字节，有效载荷部分占 48 个字节。ATM 既是一种技术（对用户是透明的），又是一种潜在的业务（对用户是可见的）。有时候，将这种业务也称为信元中继（Cell Relay）。与“异步”相对应的是“同步”。同步传输方式 STM（Synchronous Transfer Mode）是使各个终端之间有称为帧参考（即时分复用的时间帧，而不是数据链路层的帧）的一个共同时间参考。而异步传输模式则假定各终端之间没有共同的时间参考。在 STM 中，每一个信道周期性地占用一个帧中的固定的时隙。而对于异步传输模式，每个时隙没有确定的占有者，各信道根据通信量的大小和排队规则来占用时隙。每个时隙就是 ATM 中的信元。ATM 信元的结构如图 5.19 所示。

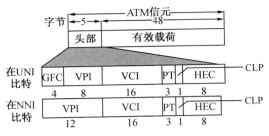

图 5.19　ATM 信元的结构

ATM 信元有 2 种不同的头部，分别对应于用户到网络接口 UNI（User-to-Network Interface）和网络到网络接口 NNI（Network-to-Network Interface）。在这 2 种接口上的 ATM 信元头部仅仅是前两个字段不同，后面的字段都是一样的。

简单说明一下 ATM 信元头部中各字段的作用。

（1）类属流量控制（Generic Flow Control，GFC）：4bit 字段，通常置为 0。GFC 用来在共享媒体上进行接入流量控制，现在的点到点配置不需要这一字段的接入控制功能。

（2）VPI/VCI：路由字段。许多 VPI/VCI 取值组合已经被定义了特定的功能，比如 VPI=0，VCI=5，用来作为点到点连接和一点到多点连接的默认的信令。

（3）有效载荷类型（Payload Type，PT）：3bit 字段，用来区分该信元是用户信息或非用户信息。此字段又称为有效载荷类型指示 PTI（I 表示 Indicator）。第一个比特为 0 表示是用户数据信元，第二个比特表示有无遭受到拥塞，第三个比特用来区分服务数据单元的类型。例如，一个信元发出时的 PT 为 000，可能在到达时就变成了 010，因而目的站就知道网络出现了拥塞。

（4）信元丢失优先级（Cell Loss Priority，CLP）：16bit 字段，指示信元的丢失优先级。若 CLP=0 就表示该信元是一个高优先级信元，而 CLP=1 则表示该信元是一个低优先级信元。当网络负荷很重时，ATM 交换机据此可选择丢弃 CLP=1 的信元以缓解网络可能出现的拥塞。

（5）头部差错控制（Header Error Control，HEC）：8bit 字段，提供覆盖信元头部所有字段（但不包括有效载荷部分）的差错控制。HEC 可进行多个比特的检错和单个比特的纠错。

ATM 通过使用大小固定的数据包，提供可预料的通信模式，并能够更好地控制带宽的使用情况。事实上，数据包越小就越会削弱潜在的吞吐量，但使用信元就能更有效地补偿数据丢失问题。拿 ATM 的 622Mb/s 的最大吞吐量与快速以太网的 100Mb/s 的最大吞吐量相比，即使 ATM 的一个信元的大小是以太网帧的一部分，ATM 的吞吐量也是相当快。

ATM 依靠"干净"的数字传输介质，如光纤，来获得高的传输速率。然而，它也可以与使用其他的如同轴电缆或双绞线介质，以及其他采用诸如以太网或帧中继传输方法的系统连接。对时间延迟要求严格的数据，如视频、音频、图像和其他超大型文件的传输是非常适合采用 ATM 技术的。例如，一家公司如果想使用 T1 线路连接其分别位于两个相反方向的边缘地区的办事处来承载电话呼叫，它可能就会采用 ATM。但是，ATM 的费用代价太高了。它通常只被作为园区广域网技术来连接相互间距离相对较近的几个局域网。由于 ATM 高质量的服务、负载平衡能力、传输速率以及可互操作性，它也许是一种理想的远距离通信方式。

5.3.4　数字数据网

数字数据网（Digital Data Network）是利用光纤、数字微波或卫星等数字传输通道和数字交叉复用设备，提供高质量的数据传输通道，传送各种数据业务的数据传输网。数字数据网一般用于向用户提供专用的数字数据传输信道，或提供将用户接入公用数据交换网的接入信道，也可为公用数据交换网提供交换结点间的数据传输信道。数字数据网一般不包括交换功能，只采用简单的交叉连接与复用装置，如果引入交换功能，就构成数字数据交换网。

一个数字数据网主要由四部分组成：

（1）本地传输系统。指从终端用户至数字数据网的本地局之间的传输系统，即用户线路，一般采用普通的市话用户线，也可使用电话线上复用的数据设备（DOV）。

（2）交叉连接和复用系统。复用是将低于 64 kb/s 的多个用户的数据流按时分复用的原理复合成 64 kb/s 的集合数据信号，通常称之为零次群信号（DS0），然后再将多个 DS0 信号按数字通信系统的体系结构进一步复用成一次群即 2.048 Mb/s 或更高次信号。交叉连接是将符号一定格式的用户数据信号与零次群复用器的输入或者将一个复用器的输出与另一复用器的输入交叉连接起来，实现半永久性的固定连接，如何交叉由网管中心的操作员实施。

（3）局间传输及同步时钟系统。局间传输多数采用已有的数字信道来实现。在一个 DDN 网内各结点必须保持时钟同步极为重要。

（4）网络管理系统。无论是全国骨干网，还是一个地区网应设网络管理中心，对网上的传输通道，用户参数的增删改、监测、维护与调度实行集中管理。

数字数据网与传统的模拟数据网相比具有以下优点：

（1）传输质量好。一般模拟信道的误码率在 $1 \times 10^{-6} \sim 1 \times 10^{-5}$ 之间，并随着距离和转接次数的增加而质量下降，而数字传输则是分段再生不产生噪声积累，通常光缆的误码率会优于 1×10^{-8} 以上。

（2）利用率高。一条脉码调制（PCM）数字话路的典型速率为 64 kb/s，用于传输数据时，实际可用达 48kb/s 或 56kb/s，通过同步复用可以传输 5 个 9.6kb/s 或更多的低速数据电路，而一条 300～3400Hz 标准的模拟话路通常只能传输 9.6kb/s 速率，即使采用复杂的调制解调器（MODEM）也只能达到 14.4 kb/s 和 28.8kb/s。

（3）不需要价格昂贵的调制解调器。对用户而言，只需一种功能简单的基带传输的调制解调器，价格只有 1/3 左右。

5.3.5　帧中继网

帧中继是在用户—网络接口之间提供用户信息流的双向传送，并保持信息顺序不变的一种承载业务。帧中继网络由帧中继结点机和传输链路构成。网络提供两个或多个用户终端之间的连接，以便进行通信。在帧中继网中，无论是从经济上还是建设方面考虑，目前难以使每个帧中继结点机两两相连，所以如何合理地组建网络是非常重要的。从国外电信运营公司提供帧中继业务的组网经验来看，主要有两种方式。

第一种是在原有的公共分组数据网上对分组交换结点进行版本升级，利用原有设备及传输系统，增加帧中继功能软件或硬件配置的能力来提供帧中继业务。采用这种方式的例子是法国电信的 Transpac 网、德国原邮电部的 Framelink 及美国的 Telenet。法国电信是在 Transpac 网上原有的阿尔卡特分组结点机上增加帧中继功能，提供帧中继业务的。

采用这种方式虽然具有便于实施且费用节省的优点，但是随着帧中继业务的发展，当网络规模扩大时将有几点不利因素。例如由于分组结点与帧中继结点设备在一起，而提供的业务又是不同的，会在业务的提供、传输电路的调度、保证网络性能及网络管理等方面难以取得令人满意的结果。

第二种方式是独立组建帧中继网络，建立专用于帧中继业务的帧中继结点。采用这种方式的例子是欧洲的芬兰，美国的 AT&T、Sprint 和 Wiltel 等公司。芬兰的全国帧中继公用骨干网由 7 个帧中继结点机构成，两两相连，采用新桥公司的 36120 结点机设备。

本 章 小 结

使用硬件和相应的软件将各种网络连接起来构成的最终系统称为互联网络。网络互联的形式有 LAN-LAN、LAN-WAN、WAN-WAN、LAN-WAN-LAN。网络互联从通信协议的角度来看可以分成 4 个层次，即物理层、数据链路层、网络层和高层，与之对应的互联设备分别是中继器、网桥、路由器和网关。广域网 WAN 通常跨接很大的物理范围，它能连接多个城市或国家，并能提供远距离通信。常见的广域网传输技术有 PSTN、ISDN、ATM。

练 习 题

1. 什么是互联网络？为什么会产生互联网络？
2. 互联网络的任务是什么？
3. 同构网和异构网分别指什么？
4. 简述互联网的分类。
5. 简述网络互联的层次。
6. 简述网桥的功能和分类。
7. 简述网桥的应用。
8. 简述路由器的概念和作用。
9. 静态路由和动态路由的特点是什么？
10. 常见的动态路由协议有哪些？
11. 什么是网关？简述它的功能和作用。
12. 简述网关的应用。
13. 概述广域网的特点。
14. 公用交换电话网的缺点是什么？
15. N-ISDN 和 B-ISDN 的区别是什么？
16. 异步传输模式 ATM 中的"异步"体现在什么地方？

第 6 章　网络操作系统和网络管理

教学要求

- ☒ 掌握：网络操作系统的概念、特点和功能。
- ☒ 理解：网络管理的概念、功能。
- ☒ 了解：几种典型的网络操作系统的特点；简单网络管理协议。

6.1　网络操作系统概述

6.1.1　网络操作系统的特点

网络操作系统（Network Operating System，NOS）是指可以对整个网络范围内的资源进行管理的程序。它是网络用户和计算机网络的接口，管理计算机的硬件和软件资源，为用户提供各种网络服务。

网络操作系统通常管理以下 5 种资源：

- 可以供其他工作站访问的远程文件系统。
- 运行网络操作系统的计算机内存。

- 共享应用程序的加载（装入）和输出。
- 共享网络设备的输入和输出。
- 多个 NOS 进程间的 CPU 调度。

从整个网络操作系统来讲，一般应具有如下 3 个主要组成部分：

- 文件服务程序（FSP）。
- 网络接口外壳（NIS）。
- 具有多用户功能的宿主机操作系统（HOS）。

OSI 与 NOS 参考模型的映射关系如图 6.1 所示。

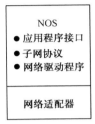

图 6.1　OSI 与 NOS 参考模型的映射关系

很显然，NOS 应提供如下 3 个部分的内容：

- 网络驱动程序。
- 子网协议。
- 应用程序接口（Application Program Interface，API）。

网络驱动程序和子网协议由网络接口外壳提供，应用程序接口由文件服务程序提供，主机操作系统负责资源管理和调度。

（1）网络驱动程序。网络驱动程序介于网络接口卡（NIC）和子网协议之间，即介于 OSI 参考模型第二层和第三层之间，它提供了网络接口卡与高层协议之间的接口，NOS 借助于网络驱动程序就可与局域网硬件进行通信。

（2）子网协议。子网协议是在网络范围内发送应用程序和系统报文所必需的通信协议，它位于 OSI 参考模型的第三层到第五层，这三层对于网络数据传送而言是至关重要的。例如，NetWare 应用的子网协议包括第三层的 IPX 协议和第四层的 SPX 或 PXP（包交换协议）协议，而第五层协议为 NetBIOS。IPX 协议提供了跨越不同互联局域网传送数据的功能，它是一种无连接的数据报服务；SPX 则是一种面向连接的虚电路服务（开销大）；PXP 也是一种无连接的传输协议。

（3）应用程序接口。应用程序接口与子网协议进行通信，并实现网络操作系统的高层服务。例如，NetWare 网络操作系统所提供的最重要应用层协议是 NCP（NetWare 核心协议）。NCP 协议为客户结点提供了远程文件服务，它属于 OSI 模型的第七层。NCP 的主要功能包括：以不同的方式打开文件、关闭打开的文件、从打开的文件中读取数据块、获得为数据库服务、提供高层连接服务、提供同步操作。

归纳一下，一个典型的网络操作系统一般具有以下特征：

- 客户机/服务器模式。客户机/服务器（Client/Server）模式是近年来流行的应用模式，它把应用划分为客户端和服务器端，客户端把服务请求提交给服务器，服务器负责处理请求，并把处理的结果返回至客户端。

- 32 位操作系统。采用 32 位内核进行系统调度和内存管理，支持 32 位设备驱动器，使得操作系统和设备间的通信更为迅速。
- 抢先式多任务。网络操作系统一般采用微内核类型结构设计，微内核始终保持对系统的控制，并给应用程序分配时间段使其运行，在指定的时间结束时，微内核抢先运行进程并将控制移交给下一个进程。早期的 NOS 多数建立在单任务操作系统基础上，整体性差、缺乏可重入性（即在任意给定时刻，某段程序代码只能被运行或执行一次）。近年的 NOS 都是多任务可重入的操作系统。重入代码可以由多个进程同时进入或执行。
- 支持多种文件系统。有些网络操作系统还支持多文件系统，以实现对系统升级的平滑过渡和良好的兼容性。
- 高可靠性。网络操作系统是运行在网络核心设备（如服务器）上的指挥管理网络的软件，它必须具有高可靠性，保证系统可以 365 天 24 小时不间断工作，并提供完整的服务。
- 安全性。为了保证系统和系统资源的安全性、可用性，网络操作系统往往集成用户权限管理、资源统一管理等功能，定义各种用户对某个资源存取权限，且使用用户标识 SID 唯一区别每个用户。
- 容错性。网络操作系统应能提供多级系统容错能力，包括日志式的容错特征列表、可恢复文件系统、磁盘镜像、磁盘扇区备用以及对不间断电源（UPS）的支持。
- 开放性。网络操作系统必须支持标准化的通信协议（如 TCP/IP、NetBEUI 等）和应用协议（如 HTTP、SMTP、SNMP 等），支持与多种客户端操作系统平台的连接。
- 可移植性。网络操作系统一般支持广泛的硬件产品，往往还支持多处理机技术。这样使得系统就有了很好的伸缩性。
- 图形化界面（Graphical User Interfaces，GUI）。网络操作系统提供给用户丰富的界面功能，具有多种网络控制方式。良好的图形界面可以简化用户的管理，为用户提供直观、美观、便捷的操作接口。
- Internet 支持。各种网络操作系统都集成了许多标准化应用，例如 Web 服务、FTP 服务、网络管理服务等的支持，甚至 E-mail（如 Linux 的 Sendmail）也集成在操作系统中。

总之，网络操作系统为网上用户提供了便利的操作和管理平台。

6.1.2　网络操作系统的功能

网络操作系统是网络用户与计算机网络之间的接口。最早，网络操作系统只能算是一个最基本的文件系统。在这样的网络操作系统中，网上各站点之间的互访能力非常有限，用户只能进行有限的数据传输，或运行一些专门的应用（如电子邮件等），这些远远满足不了用户的需要。而当今的网络操作系统已经发展到比较成熟的地步。从体系结构来看，当今的网络操作系统具有所有操作系统职能，如任务管理、缓冲区管理、文件管理、打印机等外设管理。从操作系统的观点来看，网络操作系统大多是围绕核心调度的多用户共享资源的操作系统。从网络的观点来看，网络操作系统独立于网络的拓扑结构。

网络操作系统功能通常包括：处理机管理、存储器管理、设备管理、文件系统管理以及为了方便用户使用操作系统向用户提供的用户接口，网络环境下的通信、网络资源管理、网络应用等特定功能。此外还有：

- 文件服务（File Service）。文件服务是网络操作系统中最重要与最基本的网络服务功能。文件服务器以集中方式管理共享文件，网络工作站可以根据所规定的权限对文件进行读、写以及其他各种操作，文件服务器为网络用户的文件安全与保密提供必需的控制方法。
- 打印服务（Print Service）。打印服务也是网络操作系统提供的最基本的网络服务功能。共享打印服务可以通过设置专门的打印服务器完成，或由工作站兼任，也可以由文件服务器担任。通过打印服务功能，局域网中可以设置一台或几台打印机，网络用户就可以远程共享网络打印机。打印服务实现对用户打印请求的接收、打印格式的说明、打印机的配置、打印队列的管理等功能。网络打印服务在接收用户打印请求后，本着先到先服务的原则，将多用户需要打印的文件排队，用排队队列管理用户打印任务。
- 数据库服务（Database Service）。随着 Netware 的广泛应用，网络数据库服务变得越来越重要了。选择适当的网络数据库软件，依照 Client/Server 工作模式，开发出客户端与服务器端数据库应用程序，这样客户端就可以使用结构化查询语言 SQL 向数据库服务器发送查询请求，服务器进行查询后将查询结果传送到客户端。Client/Server 优化了网络系统的协同操作模式，有效地改善了网络应用系统性能。
- 通信服务（Communication Service）。局域网内提供的通信服务主要有：工作站与工作站之间的对等通信、工作站与主机之间的通信服务等功能。
- 信息服务（Message Service）。可以通过存储转发方式或对等的点到点通信方式完成电子邮件服务，并已经进一步发展了文本文件、二进制数据文件，以及图像、数字视频与语音数据的同步传输服务。
- 分布式服务（Distributed Service）。网络操作系统为支持分布式服务功能，提出了一种新的网络资源管理机制，即分布式目录服务。它将分布在不同地理位置的互联局域网中的资源组织在一个全局性的、可复制的分布数据库中，网中多个服务器都有该数据库的副本，用户在一个工作站上注册，便可与多个服务器连接。对于用户来说，一个局域网系统中分布在不同位置的多个服务器资源对他都是透明的，用户可以用简单的方法去访问一个大型互联局域网系统。
- 网络管理服务（Network Management Service）。网络操作系统提供了丰富的网络管理服务工具，可以提供网络性能分析、网络状态监控、存储管理等多种管理服务。
- Internet/Intranet 服务（Internet/Intranet Service）。为适应 Internet 与 Intranet 的应用，网络操作系统基本都支持 TCP/IP 协议，提供各种 Internet 服务，支持 Java 应用开发工具，使服务器很容易地成为 Web Server，全面支持 Internet 与 Intranet 访问。

6.2 典型的网络操作系统

6.2.1 Windows Server 2008

1. Windows Server 2008 各版本简介

Windows Server 2008 继承了先前版本 Windows Server 2003 的优点，同时针对基本操作

系统进行改进，是专为强化下一代网络、应用程序和 Web 服务的功能而设计的服务器操作系统。Windows Server 2008 发行了多种版本，以支持各种规模的企业对服务器不断变化的需求。Windows Server 2008 有 5 种不同版本，另外还有三个不支持 Windows Server Hyper-V 技术的版本，因此总共有 8 种版本。

Windows Server 2008 Enterprise 可提供企业级的平台，部署企业关键应用。其所具备的群集和热添加（Hot-Add）处理器功能，可协助改善可用性，而整合的身份管理功能，可协助改善安全性，利用虚拟化授权权限整合应用程序，则可减少基础架构的成本，因此 Windows Server 2008 Enterprise 能为高度动态、可扩充的 IT 基础架构提供良好的基础。Windows Server 2008 Datacenter 所提供的企业级平台，可在小型和大型服务器上部署企业关键应用及大规模的虚拟化。其所具备的群集和动态硬件分割功能，可改善可用性，而通过无限制的虚拟化许可授权来巩固应用，可减少基础架构的成本。此外，此版本可支持 2～64 颗处理器，因此 Windows Server 2008 Datacenter 能够提供良好的基础，用以建立企业级虚拟化和扩充解决方案。

Windows Web Server 2008 是特别为单一用途 Web 服务器而设计的系统，而且是建立在下一代 Windows Server 2008 中，坚若磐石的 Web 基础架构功能的基础上，其整合了重新设计架构的 IIS 7.0、ASP NET 和 Microsoft NET Framework，以便提供任何企业快速部署网页、网站、Web 应用程序和 Web 服务。

Windows Server 2008 for Itanium-Based Systems 已针对大型数据库、各种企业和自订应用程序进行优化，可提供高可用性和多达 64 颗处理器的可扩充性，能符合高要求且具有关键性的解决方案的需求。

Windows HPC Server 2008 是下一代高性能计算（HPC）平台，可提供企业级的工具给高生产力的 HPC 环境，由于其建立于 Windows Server 2008 及 64 位元技术上，因此可有效地扩充至数以千计的处理器，并可提供集中管理控制台，协助用户主动监督和维护系统健康状况及稳定性。其所具备的灵活的作业调度功能，可让 Windows 和 Linux 的 HPC 平台间进行整合，也可支持批量作业以及服务导向架构（SOA）工作负载，而增强的生产力、可扩充的性能以及使用容易等特色，则可使 Windows HPC Server 2008 成为同级中最佳的 Windows 环境。

2. Windows Server 2008 的特点

新的 Web 工具、虚拟化技术、安全性的强化及管理公用程序，不仅可以节省时间，降低成本，还可为 IT 基础架构提供稳健的基础。

（1）更强的控制能力

全新设计的 Server Manager 提供了一个可使服务器的安装、设定及后续管理工作简化和效率化的整合管理控制台；Windows PowerShell 是全新的命令行接口，可让系统管理员将跨多部服务器的例行系统管理工作自动化；Windows Deployment Services 则可提供简化且高度安全的方法，通过网络安装快速部署操作系统。此外，Windows Server 2008 的故障转移群集（Failover Clustering）向导，以及对 Internet 协议第 6 版（IPv6）的完整支持，加上网络负载均衡（Network Load Balancing）的整合管理，更可使一般 IT 人员轻松地实现高可用性。Windows Server 2008 全新的服务器核心（Server Core）安装选项，可在安装服务器角色时选择必要的组件和子系统，而不包含图形化用户界面。安装较少的角色和功能表示磁盘和服务的占用空间可以减到最少，还可降低攻击表面（Attack Surface）的影响，并让IT人轻松地实现高可用性。IT人员可以仅安装需要的角色和功能，向导会自动完成许多费时的系统部署任务。服务器的配置和系统信息是从新的服务器管理器控制台这一集中位置来管理的。

（2）内建虚拟化技术

Windows Server Hyper-V为下一代Hypervisor Based服务器虚拟化技术，可将多部服务器角色整合成可在单一实体机器上执行的不同虚拟机器，进而让服务器硬件投资的运用达到极致。即使在单一服务器上执行多个操作系统（例如Windows、Linux及其他操作系统），仍可拥有同样的效率。现在，只要有了Hyper-V技术及简单的授权原则，即可轻易地通过虚拟化节省成本了。

利用Windows Server 2008的集中化应用程序访问技术，也可有效地将应用程序虚拟化。因为Terminal Services Gateway和Terminal Services RemoteApp不需要使用复杂的虚拟私人网络（VPN），即可在终端机服务器上执行标准Windows程序，而非直接在用户端计算机上执行，然后更轻松地从任何地方进行远程访问Windows程序。

（3）专为Web而打造

Windows Server 2008整合了IIS（Internet Information Services）7.0。IIS 7.0是一种Web服务器，也是一个安全性强且易于管理的平台，可用以开发并可靠地存放Web应用程序和服务。IIS 7.0是一种增强型的Windows Web平台，具有模块化的架构，可提供更佳的灵活性和控制，并可提供简化的管理。具有可节省时间的强大诊断和故障排除能力，以及完整的可扩展性。

Windows Server 2008 IIS 7.0和.NET Framework 3.0所提供的全方位平台，可构建让用户彼此连接，以及连接到其资源的应用程序，以便用户能够虚拟化、分享和处理信息。

此外，IIS 7.0也是整合Microsoft Web平台技术、Asp.NET、Windows Communication Foundation Web服务，以及Windows SharePoint Services的主要角色。

（4）高安全性

Windows Server 2008是史上最安全的Windows Server，此操作系统在经过强化后，不仅可协助避免运作失常，更可运用诸多新技术协助防范未经授权即连接至任何的网络、服务器、资料和用户账户的情形。其拥有网络访问保护（NAP），可确保尝试连接至网络的计算机都能符合企业的安全性原则，而技术整合及部分增强项目则使得Active Directory服务成为强而有效的统一整合式身份识别与访问（IDA）解决方案。只读网域控制站（RODC）和BitLocker驱动器加密，更可安全地在分支机构部署AD数据库。

（5）高性能运算

Windows HPC Server 2008延续了Windows Server 2008的优势和节省成本的特性，适合用于高性能运算（HPC）的环境。Windows HPC Server 2008建立在Windows Server 2008与x64位技术上，可有效地扩充至数以千计的处理核心，并具备立即可用的功能，以改善生产力及降低HPC环境的复杂度，而且还提供了丰富且整合的用户体验。由于运用范围涵盖桌面应用程序至群集，而使采用范围更为广泛。此外，还包含一组全方位的部署、管理和监控工具，能轻松地部署、管理及整合既有的基础架构。

6.2.2　Linux 操作系统

1．Linux 的产生与发展

UNIX 产生较早，应用也很广泛，但它主要运行在工作站、小型机及大型机上。虽然也有运行在最普及的微机上的版本，但该版本提供的服务远不及它在工作站、小型机及大型机上提供的服务多，而且，商业化的 UNIX 价格昂贵。正是在这种情况下，Linux 应运而生，成为人们广泛接受的类 UNIX 式的操作系统。

Linux 操作系统是由芬兰赫尔辛基大学的 Linus Torvalds 于 1991 年开始开发的，并在网上免费发行。Linux 的开发得到了 Internet 上很多 UNIX 程序员和爱好者的帮助，大部分 Linux 上能用到的软件均来源于美国的 GUN 工程及免费软件基金会。Linux 操作系统从一开始就是一个编程爱好者的系统。它的出发点在于核心程序的开发，而不是对用户系统的支持。由于其结果清晰，功能简捷，更加上源代码公开，因此各大专院校、科研机构及网络黑客纷纷将其作为研究和学习的对象，共同开发，不断使其完善。目前，Linux 已成为一个稳定可靠、功能完善的操作系统，并且具有很多的应用程序。

因此，可以这样说，Linux 是一个遵循 POSI（Portable Operating System Interface）标准的免费使用和自由传播的类 UNIX 操作系统，主要工作在 Intel x86 计算机上。

Linux 在短短几年内发展到目前地步，它取得成功的因素主要有以下 3 点：

- 良好的开放性。Linux 及生成工具的源代码可以通过 Internet 免费获得，在遵循 GPL（General Public License）条件下，厂商和个人可以进行修改，以适应自己的应用环境和需求。
- Internet 的普及使 Linux 的开发者能进行高效、快捷的交流，为 Linux 创造了一个优良的分布式开发环境。
- Linux 具有很强的适应性，目前可以支持许多硬件平台，而且具有大量的应用软件。有许多公司专门进行 Linux 及其应用软件的开发，很多厂商相继支持 Linux 操作系统。

2．Linux 版本

Linux 的版本号分为 2 部分：内核（Kernel）版本与发行套件（Distribution）版本。

内核版本指的是在 Linux 领导下的开发小组开发出的系统内核的版本号。Linux 内核具有两种不同的版本号：实验版本和测试版本。Linux 版本是由 3 个数字构成的，如 2.2.12。其中第 2 个数字说明了版本类型，如果第 2 个数字是偶数，则说明这种版本是稳定的产品化版本；如果是奇数，则为实验版本。

一些组织或厂商将 Linux 系统内核与应用程序和文档包装起来，并提供一些安装界面和系统设置与管理工具，这样就构成了一个发行套件。实际上，发行套件就是 Linux 的一个大软件包而已，相对于内核版本，发行套件的版本号随发布者的不同而不同，而系统内核的版本号是相对独立的。

常见的 Linux 发行套件有以下 7 种。

- RedHat Linux 是现在最流行的 Linux 版本。它将易用性和可扩展性完美地结合在一起，将其他竞争对手远远地甩到后面。无论是工作还是学习、娱乐，首选 Linux 版本。RedHat 曾被评为最好的网络操作系统。新手入门推荐使用 RedHat。

- Slackware Linux 是最早出现的 Linux 版本之一，曾经是 Linux 下的经典，但由于安装不是很方便，现在用的人已经不多了，但在一些传统的 Linux 讨论区内，还受到关注。
- Debian Linux 是一套由 GNU 维护的 Linux 发行套件，也被称为 GNU/Linux，可以说是一个完全不含商业意味的操作系统。它安装方便而且收集的软件非常全。据介绍在业余卫星上还用过 Debian 做操作系统。
- Turbo Linux。Turbo Linux 公司是亚洲最大的 Linux 开发商之一。Turbo Linux 是最早汉化的操作系统，当初它的出现为 Linux 系统汉化起了非常重要的促进作用，也引起了不小的轰动。该发行版本包含许多图形应用软件，Netscape、Apache、Samba 等常用工具及开发环境。但 Turbo Linux 公司更注重服务器端的应用，是最早提供 Linux 集群服务器的厂商之一。

现在，许多国内厂商的 Linux 平台也都相当完善，特别是在中文的处理与显示方面有了很大的提高，而且还出现了许多相关配套产品，如输入法工具等。国内主要的版本有：

- 红旗 Linux 是由北京中科红旗技术有限公司开发的，该公司与中科院软件所有着很深的渊源，使得它成为国内最重要的 Linux 版本。
- 蓝点 Linux 为深圳信科思软件技术有限公司推出的中文 Linux，也是非常有特色的中文 Linux，在易用性和个性化方面做得很出色，并且是首个将内核进行汉化的 Linux 系统。
- Xterm Linux 是网上冲浪平台上最早推出的中文 Linux，曾经创下中国系统软件销量的纪录，引起很大轰动。

3．Linux 特点

Linux 与 UNIX 有着密不可分的关系，它是 UNIX 的克隆，只不过 Linux 一般用于个人计算机，而大多数商业 UNIX 则主要用于工作站或大型机。

Linux 继承了许多商业 UNIX 的特点，但它还具有自身的一些特点：

- 支持多种硬件平台。虽然 Linux 主要在 x86 平台上运行，但目前已经被移植到 DEC Alpha、Sun Sparc、680x0、PowerPC 及 MIPS 等平台上，基于 HP-RISC 的 Linux 也正在开发之中。RedHat 公司已经推出了 Alpha 和 Sparc 两个平台的发行套件。对于 x86 平台，Linux 几乎支持从 386SX 开始的所有型号。
- 符合 POSIX 标准。该标准定义了最小的 UNIX 操作系统接口，任何操作系统只有符合这一标准，才有可能运行 UNIX 程序。考虑到 UNIX 有丰富的应用程序，大多数操作系统都把符合这一标准作为实现目标。
- 支持多种文件系统。Linux 支持大多数常见的文件系统，其中包括 Minix、ext、extZ、xiafs、HPFS、NTFS、FAT、VFAT、FAT32、MSDOS、UMSDOS、iOO9660、affs、ufs、romfs、SYSV、Xenix、proc、nfs 等。Linux 可以将这些文件系统直接装载（Mount）为系统的一个目录。Linux 自己的文件系统 ext2fs 是非常先进的，最多可以支持到 2TB 的空间，文件名长度可以达到 255 个字符。Linux 可以直接读/写 DOS/Windows 9x 的 FAT 及 FAT32 文件系统，比较新的内核还支持直接读/写 Windows NT 的 NTFS 文件系统。
- 支持伪终端及虚拟控制台。Linux 允许同时有许多用户从网络登录到系统上，每个登录进程使用一个伪终端设备。这些终端是动态收集的，一个废弃的终端很快就会被回收。Linux 默认的伪终端数是 64 个，如果让超过这个数目的用户使用，只需要做一个简单的配置就可以使用 256 个直到 1 024 个虚拟终端。用户可以在一个真实的控制台前登录多个虚拟控制台，用户可以使用热键在这些虚拟控制台之间切换。

- 使用分页技术的虚拟内存。在 Linux 下，系统核心并不把整个过程交换到硬盘上，而是按照内存页面来交换。虚拟内存的载体不仅可以是一个单独的分区，也可以是一个文件。Linux 还可以在系统运行时临时增加交换内存，而不用像某些 UNIX 系统那样需要重新启动才能使用新的交换空间。理论上，Linux 可以使用多达 16 个 128MB 大小的交换文件，也就是说 Linux 的虚拟内存最多可以使用 2GB 的内存空间，这一点对某些进行科学计算的用户来说也许是非常有用的一个特性。

- 强大的网络功能。Linux 操作系统本身就是在 Internet 上成长起来的，所以它提供了全面的网络支持，如基本的 TCP/IP 网络，HTTP、FTP、NFS、E-mail、UUCP 等应用。在 Linux 最新发展的核心中包含的基本协议有 TCP、IPv4、IPv6、AX.25、X.25、IPX、DDP（Appletalk），NetBEUI 等。稳定的核心中目前包含的网络协议有 TCP、IPv4、IPX、DDP、AX 等。

- 优秀的磁盘缓冲调度功能。Linux 最突出的一个优点就是它的磁盘 I/O 速度，因为它将系统没有用到的剩余物理内存全部用来做硬盘的高速缓冲，当有对内存要求比较大的应用程序运行时，它将会自动地将这部分内存释放出来给应用程序使用。因而对于那些需要运行大型软件的用户来说，Linux 是 x86 上能找到的效率最高的操作系统。

- 丰富的软件。Linux 大概是应用软件最多的 UNIX 操作系统了。UNIX 上几乎所有的基本命令和工具都已经移植到了 Linux 上，另外还有不计其数的专门为 Linux 开发的软件。

- 提供全部源代码。Linux 最大的优点是，它的全部源代码都是公开的，这包括整个系统核心、所有的驱动程序、开发工具包以及所有的应用程序。任何人只要有兴趣都可以将整个 Linux 系统重新编译一遍。用户可以在 Linux 的源代码中观察系统核心的运转，查看 Telnet、FTP 是如何实现的。Linux 公布的全部源代码都遵循 GPL 宣言。对于 Linux 早期的版本，因为开发者为了防止自己的程序被不法的商业软件厂商窃取，甚至喧宾夺主，从而使用了一个相当严格的版权声明，禁止一切的商业行为。后来，因为广大的用户希望有人能够把 Linux 压成 CD-ROM，推广 Linux，以方便无法通过 Internet 获得 Linux 的用户，所以将版权宣言换成 GPL。从此之后，Linux 便是公认的 GNU 操作系统了。

6.3 网络管理

6.3.1 网络管理基础

1．基本概念

网络管理主要是关于规划、监督、设计和控制网络资源的使用和网络的各种活动。网络管理的复杂性取决于网络资源的数量和种类。网络管理的基本目标是将所有的管理子系统集成在一起，向管理员提供单一的控制方法。

网络管理员（Network Manager）是负责监控互联网软、硬件系统的人。管理员的任务是检测并纠正错误以提高网络通信效率，改善有关条件避免类似错误重复出现。由于软件、硬件都可能导致问题，所以网络管理员必须对两者都实行监控。

有 2 个原因使网络管理变得困难。第一，大多数互联网是异构的。也就是说，互联网所包含的软硬件等组成部分来自多家厂商，某个厂商的微小失误就能导致系统的不兼容。第二，大多数互联网规模都很大。尤其是全球互联网，其触角已延伸到全世界大多数国家的许多地方，检测出现在天各一方的两台计算机之间的问题变得特别困难。

有趣的是，后果最严重的故障往往是最容易检测和诊断的。例如，以太网上的同轴电缆被切断，或局域网交换机掉电导致网上的所有计算机之间都无法通信等故障就很容易检测和诊断。因为这种破坏影响到网上所有计算机，管理员能够快速准确地定位故障源。类似地，管理员也很容易发现软件中出现的灾难性的错误，比如一条非法路径导致路由器抛弃到某一目的地的所有包。

相比之下，部分失效或断断续续的故障往往是最难解决的。如果一个网络接口设备偶尔损坏一些位串，或者路由器在大多数情况下正常工作而偶尔误发一些包，该怎么办呢？在接口间断性失效的情况下，传输帧采用的校验和以及 CRC 等方法会检测出错误并抛弃出错帧且导致该帧重发。这样，从用户的角度看，网络是正常运行的，因为数据最终还是得到正确的传输。

2．网络管理系统

网络管理系统一般由 4 个部分组成。

（1）一个或多个被管设备。在网络中的重要设备，如路由器、交换机、集线器和工作站等中，每个设备都有一个相应的管理进程 Agent（代理）来控制其运行。代理是一些管理应用程序的集合，它维护着设备的管理信息库，完成网络的基本功能，对管理者的请求做出应答或以非请求方式向管理员提供信息。

（2）网络管理信息库（Management Information Base，MIB）。网络管理信息是一些变量的集合，可以通过读取这些变量的值来控制网络设备的运行，还可以通过改变变量值来更新设备的工作。

（3）一个或多个管理工作站（Manager）。Manager 负责发出管理操作的指令，并接收来自代理的信息，在 Manager 上驻留有许多管理应用程序，通过访问 Agent 的管理信息库来实现对网络设备的监视和控制。应用程序是管理系统的核心，系统越复杂，包含的应用程序也越复杂。管理工作站一般提供一个用户接口，使网络管理者能控制和观察网络管理进程。

（4）网络管理协议。用于在 Manager 和 Agent 之间传递信息，并完成信息交换安全控制的通信规则，称为网络管理协议。网络管理协议提供一些基本功能：从代理那里获取管理信息或向代理发送命令；代理也可以通过网络管理协议主动报告紧急信息。网络管理协议建立在另一协议（如 TCP/IP 或 OSI）之上。

3．现代网络对网络管理系统的要求

（1）现代网络管理系统必须支持基于多种网络体系的互联。现代网络，尤其是互联网络中，往往有多种网络体系并存，如 ISO 的 OSI 参考模型、IBM 的 SNA 等。这些网络通过 TCP/IP 互联起来，构成广域互联网络。

（2）网络管理系统必须支持多种网络设备的管理。现代互联网往往包含着多种类型的网络体系设备和网络服务器，如路由器、交换机、网桥、调制解调器、终端服务器、文件服务器、打印服务器等。由于网络设备类型繁多，功能复杂，且不为同一设备厂家生产，现代网络管理系统必须支持对多种网络设备的管理。

（3）网络管理系统必须支持多种网络管理体系结构。由于现代网络中存在着多种网络体系，某些专门网络已有直接的网络管理系统，而且得到了较为广泛的应用，现代网络管理系统必须支持与专门网络管理直接的管理信息交互，以实现对广域互联网络的统一管理。

（4）网络管理系统必须支持多种物理传输介质和网络通信协议。现代互联网络往往使用多种物理传输介质。此外，互联网络中往往是多种通信协议并存。因此，现代网络管理系统必须支持各种网络通信协议才能实现对互联网络的统一管理。

（5）网络管理系统标准具有完善和智能的网络管理功能。现代网络管理系统的功能覆盖网络的规划、设计和维护的整个过程，除了对网络故障的记录、定位、隔离和排除外，还包括对网络性能的监测、统计和调整，以及网络的记账和容量规划等功能。

4．网络管理系统的功能特点

网络管理系统作为一种网络管理工具，应具备以下一些特点。

（1）自动发现网络拓扑结构和网络配置。网络管理系统应该能发现网络中的结点和网络的配置。用户可以对这种功能进行配置，如在指定地址范围内查找网络结构和设备、修改被发现实体之间的连接关系、手工增加新的实体并将其与被发现的实体相连。

（2）通告方法。网络管理系统应该能提供灵活的通告方法。通告方法可以包括电子邮件、声音以及显示严重警告的警告屏。

（3）智能监控。网络管理系统应该能够理解网络结构和内在的依赖关系，并报告出现的问题。举例来说，如果集线器 A 发生故障，网络管理系统应该将集线器 A 后面的集线器 B 的状态标识为未知，即使集线器 B 也发生故障，因为网络管理系统不能访问到它。

（4）控制程度。网络管理系统应该向用户提供良好的监控能力，包括需要监控什么设备、监控什么 MIB 变量、各个设备的重要性、什么警告是致命的以及对于每个警告应采取的动作。

（5）灵活性。用户应该能定制网络管理系统来满足个性化的操作需求。比如，应能增加一个新的菜单条，执行一个客户程序。

（6）多厂商集成。网络管理系统应该能管理不同厂商提供的网络实体，可以是遵循 SNMP 的，也可以是不遵循 SNMP 的。另外，网络管理系统应该能作为一个平台，第三方软件能在该平台上运行以支持对特定产品的特定监控。

（7）存取控制。网络管理系统应该能提供灵活的存取控制，允许管理员设置用户的存取权限。某个用户可能有权对某个部门的网络进行读/写，但对其他网络可能就没有这种权限。在一个网络中，不同的用户对网络设备应有不同的存取权限。

（8）用户友好性。网络管理系统应该能容易使用，以有组织的、简明的方式显示信息，允许用户配置环境，如增加菜单选项、热键等。同时，网络管理系统应该能支持 MIB 浏览器，这样用户能知道网络实体所支持的 MIB 对象，并能查看和设置 MIB 变量。

（9）编程接口。网络管理系统应该能提供 API，以使其能得到方便灵活的扩展。同时，除了产品本身外，网络管理系统应该能提供一个应用软件开发平台。

（10）报告生成。用户应该能控制网络管理系统所生成的报告中的内容和形式。

6.3.2　网络管理功能

OSI 的网络管理框架及其协议虽然没能得到商品化的支持，但是它确实定义了网络管理的漂亮而完美的模型。所以对网络管理的功能模型主要以 OSI 的模型为主。

在 OSI 网络管理框架模型中，基本的网络管理任务被分成 5 项。这 5 项任务分别完成不同的网络管理功能，这些功能通过与其他开放系统交换管理信息来完成。这 5 个功能是：故障管理（Fault Management）；配置管理（Configuration Management）；性能管理（Performance Management）；计费管理（Accounting Management）；安全管理（Security Management）。

1．故障管理

故障管理是基本的网络管理功能。故障管理是网络管理功能中与故障检测、故障诊断和恢复等工作有关的部分，其目的是保证网络能够提供连续可靠的服务。网络服务的意外中断往往对社会或生产造成很大的影响。另一方面，在大型计算机网络中，发现故障时，往往不能具体确定故障所在的具体位置，这就需要故障管理提供逐步隔离和最后定位故障的一整套方法和工具。有时候，所发现的故障是随机性的，需要经过很长时间的跟踪和分析，才能找到其产生的原因。这就需要有一个故障管理系统，科学地管理网络所发现的所有故障，具体记录每一个故障的产生，跟踪分析直到最后确定并排除故障。

2．配置管理

一个计算机网络是由多种多样的设备连接而成的，这些设备组成网络的各种物理结构和逻辑结构。这些结构中，设备有许多参数、状态和名字等信息需要相互了解和相互适应。这对于一个大型计算机网络的运行是至关重要的。另外，网络运行的环境是经常变化的，网络系统本身也要随着用户的增加、减少或设备的维修而经常调整网络的配置，使网络更有效地工作。这些手段构成了网络管理的配置管理功能。配置管理功能至少包括：识别被管网络的拓扑结构；标识网络中的各个对象；自动修改指定设备的配置；动态维护网络配置的数据库等。

3．性能管理

性能管理涉及网络信息（流量、谁在使用、访问什么资源等）的收集、加工和处理等一系列活动。其目的是保证在使用最少的网络资源和具有最小延迟的前提下，网络提供可靠、连续的通信能力，并使网络资源的使用达到最优化的程度。性能管理的具体内容包括从被管对象中收集与网络性能有关的数据，分析和统计历史数据，建立性能分析的模型，预测网络性能的长期趋势，并根据分析和预测的结果，对网络拓扑结构、某些对象的配置和参数进行调整，逐步达到最佳。在需要做出的调整较大时，还应考虑扩充或重建网络。

4．计费管理

计费管理功能至少有 2 个方面的用处。第一，在网络通信资源和信息资源有偿使用的情况下，计费管理功能能够统计哪些用户利用哪条通信线路传输了多少信息、访问的是什么资源等。因此，计费管理是商业化计算机网络的重要网络管理任务。第二，在非商业化的网络上，计费管理可以统计不同线路的利用情况、不同资源的利用情况。如果某条线路长期拥挤，那么是否考虑扩充；如果某些资源被频繁访问，那么是否考虑在近处设置一个镜像（Mirror）服务器等。因此，从本质上讲，无论哪种情况，计费管理的根本依据都是网络用户使用网络资源的情况。

5．安全管理

安全管理有 2 层含义：一方面，网络安全管理要保证网络用户和网络资源不被非法使用；另一方面，网络安全管理也要确保网络管理系统本身不被未经授权地访问。网络安全管理的内容包括：密匙的分发和访问权的设置等；通知网络有非法侵入、无权用户对特定信息的访问企图等事件；安全服务设施的创建、控制和删除；与安全有关的网络操作事件的记录等。

6.3.3　网络管理协议

网络管理协议的标准化使网络管理员可以用单一的方法管理异构网络。现在已经提出了几种网络管理协议标准，其中最重要的是 ISO/IEC、CCITT 的公共管理信息协议 CMIP（Common Management Information Protocol）和 Internet 简单网络管理协议 SNMP（Simple Network Management Protocol）。SNMP 是基于 TCP/IP 的管理协议，CMIP 是基于 OSI 的协议。SNMP 的主要特点就在于它的简单、易于实现，因而得到网络设备供应商的广泛支持。而 CMIP 就复杂得多，实现起来也十分困难，在一般的网络中几乎没有被应用，所以 SNMP 已成为事实上的标准的网络管理协议。

SNMP 是一个用来确保网络协议和设备正常运转的管理协议。它使管理员通过在客户和服务器间交换一系列命令来找出网络的问题并进行调整。它在 UDP 上运行，而非 TCP。SNMP 协议精确定义了管理员如何与代理之间进行通信。比如，SNMP 定义了管理员传输给代理的请求格式以及代理响应的格式等。另外，SNMP 还定义了每种可能的请求和响应的确切含义。SNMP 尤其规定 SNMP 消息采用标准的抽象语法表示版本 1（Abstract Syntax Notation.1，ASN.1）进行编码。ASN.1 是一个特别为 PDU 格式和对象的定义而设计的形式语言。

举一个简单的例子来帮助理解 ASN.1 的编码过程。以在管理员和代理之间传输任意一个整数为例：为了能容纳大的整数值又不浪费空间，ASN.1 记录每个要传输对象的值和长度（所需字节数）。例如，0~255 之间的整数用一个字节传输即可，而 256~65 535 之间的整数则需要 2 个字节，更大的整数则需要 3 个或更多的字节。为了对整数进行编码，ASN.1 传输 2 个值。先是该整数的长度 L，紧接着是 L 个字节的内容即该整数的值。为了能够对任意大小的整数进行编码，ASN.1 又允许整数长度可以占用一个字节，但这种长度通常在 SNMP 中并不需要。如表 6.1 所示是 ASN.1 编码表，每个整数的前面是表示长度的域，后面是相应字节长度的该整数的值。

表 6.1　ASN.1 编码表

十进制整数	等值十六进制	长 度 字 节	字节值（按十六进制）
27	1B	01	1B
792	318	02	03　18
24 567	5FF7	02	5F　F7
190 345	2E789	03	02　E7　89

如图 6.2 所示是 SNMP 结构。网络管理员在一个站点上运行一个管理客户程序，与另一个站点上的管理服务器程序通信。通常，服务器在远程主机上运行，尤其是网络路由器。两个管理程序都使用 SNMP 协议定义的命令。命令主要定义了如何从服务器那里请求信息以及发送信息给服务器或客户。

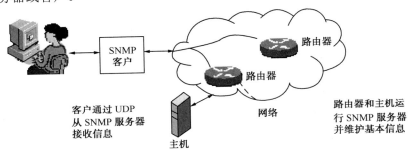

图 6.2　SNMP 结构

SNMP 有若干个目标。第一，简化 SNMP 的功能，降低支持成本，并使 SNMP 使用更方便。第二，它必须可扩展，能适应将来网络操作和管理的更新。第三，协议必须独立于主机或路由器的设计特性。结果是一个基于运输服务的应用层协议。

由于 SNMP 是一个管理应用，它必须知道它要管理什么过程，以及如何引用它们。SNMP管理的路由器和主机称为对象。一个对象有一个依据 ASN.1 的正式定义。

SNMP 的体系结构分为 SNMP 管理者（SNMP Manager）和 SNMP 代理者（SNMP Agent）。每一个支持 SNMP 的网络设置中都包含一个代理，这个代理随时记录网络设备的各种情况，网络管理程序再通过 SNMP 通信协议查询或修改代理所记录的信息。如图 6.3 所示为 SNMP 网络管理组织结构。

再简单介绍一下管理信息库（Management Information Base，MIB）。

每个对象的服务器都维护一个描述它的特征和活动的信息数据库。由于有各种不同的对象类型，有一个标准明确地定义了应当维护些什么。这个标准称为管理信息库，它是提出SNMP 的小组定义的。通过对 MIB 中数据项目的存取访问，就可以得到该路由器的所有统计内容，再通过对多个路由器统计内容的综合分析即可实现基本的网络管理。因此，MIB 的访问是实现网络管理的关键。从如图 6.4 所示 MIB 的核心地位中可以看出，管理者通过对 MIB内容的访问分析实现网络管理的 5 大功能。

MIB 说明的信息分为 8 类，每一类的完整描述都是十分详细的。在此仅给出每类的名称，并给出一些它们所含信息的例子。

● System。描述主机或路由器操作系统。它包含的信息有：服务器何时被引导、运行设备的描述、设备位置和联系人。

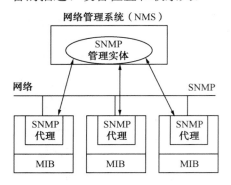

图 6.3 SNMP 网络管理组织结构

图 6.4 MIB 的核心地位

● Interface。描述每个网络接口，包含的项目有：MTU 尺寸、传输速率、由于各种原因丢弃的分组数目、传输和收到的字节数据、接口数目以及接口描述等。
● Address Translation。含有一个用来将 IP 地址转换成网络指定地址的表格。
● IP。描述关于 Internet 协议的信息。维护的信息包括：IP 分组的生存期默认值，由于某种原因而被丢弃的数据报数目，转发和投递给传输层协议以及从数据链路层收到的数据报的数目，被创建的段的数目，重装的数据报数目和路由表等。
● ICMP。描述关于 ICMP 协议的信息。主要包含许多跟踪 ICMP 发送的每种控制信息数目的计数器。
● TCP。它包含的项目中有超时长度、连接数目、发送和收到的段数目、同时连接的最大数目、每个使用 TCP 实体的 IP 地址和远程连接的 IP 地址，以及失败的连接尝试次数等。
● UDP。它所含的项目包括：被递送、丢弃或收到的数据报的数目和使用 UDP 实体的 IP 地址等。
● EGP。这是一个在 Internet 中两个自治网络间交换信息的协议，和其他类一样，此 MIB 维护记录发送和收到 EGP 信息的数目的计数器。

本 章 小 结

网络操作系统是使网络上各计算机能方便而有效地共享网络资源，为网络用户提供所需的各种服务的软件和有关规程的集合。典型的网络操作系统有 Windows Server 2008、Linux 等。网络管理主要是关于规划、监督、设计和控制网络资源的使用和网络的各种活动。基本的网络管理任务为：故障管理、配置管理、性能管理、计费管理、安全管理。简单网络管理协议 SNMP 是一个用来确保网络协议和设备不仅运转而且正常运转的管理协议。

练 习 题

1. 简述网络操作系统的概念和管理资源的内容。
2. 简述网络操作系统的主要特点。

3. 简述网络操作系统的功能。

4. 简述网络管理的概念。

5. 简述网络管理系统的组成。

6. 网络管理系统具有什么功能特点？

7. 简述网络管理功能。

8. 什么是 SNMP？SNMP 的管理信息库是什么？

Chapter 7

第 7 章　Internet 及其应用

教学要求

☒ 掌握：Internet 的几种应用服务和工具。

☒ 理解：IP 地址的概念和域名系统的工作原理，Internet 的几种接入方式。

☒ 了解：Internet 的概念和发展。

7.1　Internet 概述

Internet 的中文名是互联网，它是由位于世界各地的成千上万的计算机相互连接在一起形成的可以相互通信的计算机网络系统，是全球最大的、最有影响的计算机信息资源网。它就像是在计算机与计算机之间架起的一条条高速公路，各种信息在上面快速传递，这种高速公路网遍及世界各地，形成了像蜘蛛网一样的网状结构。

7.1.1　什么是 Internet

其实，正如要给计算机网络下一个严格的定义是非常困难的一样，要给 Internet 下一个严格的定义也是非常困难的。因为它的发展相当迅速，很难限定它的范围。再说，它的发展基本上可以说是自由的，国外有关人士说 Internet 是一个没有国家、没有法律、没有警察、没有领袖的网络空间，是由计算机控制的空间。

现在，Internet 正以无法预测的速度飞速地发展着，它总有更多的空间容纳更多的信息，Internet 雄厚的技术基础也使它几乎永无穷尽地扩充而不会受到限制，相信会有许多新的应用、新的人群加入 Internet。因此，网上的资源和应用必会日新月异，在很长的一段时间里，Internet 将对社会产生巨大而深刻的影响。

Internet 是一个全球性的、开放的、由众多的网络互联而成的计算机网络，它是将不同地区而且规模大小不一的网络互相连接而成的。全世界采用 TCP/IP 协议的计算机都可以加入其中，互相通信。对于 Internet 中各种各样的信息，所有人都可以通过网络的连接来共享和使用。

概括地说，Internet 包含了下列内容：

（1）Internet 由分布在全世界各个地区的数以万计的网络互联设备组成，而这些网络互联设备又是由各种各样的通信线路和传输介质相连接的。

（2）Internet 上也有类似于电话号码的地址，即 IP 地址。

（3）Internet 上无时无刻不在通过 IP 数据报传送着各种信息和数据。

Internet 通过 TCP 协议，使各种 IP 数据报能够正确地从源点到达目的地。

概括地说，Internet 在结构上有如下的特点：

（1）灵活多样的入网方式。TCP/IP 协议成功地解决了不同硬件平台、不同网络产品和不同操作系统之间的兼容性问题。

（2）采用了分布式网络中最为流行的客户机/服务器方式，大大增加了网络信息服务的灵活性。

（3）把网络技术、多媒体技术和超文本技术融为一体，体现了当代多种信息技术互相融合的发展趋势。

（4）方便易行，在任何地方仅需通过电话线即可实现普通计算机与 Internet 相连。

（5）有极为丰富的信息资源，而且许多是免费的。目前已成为服务全世界的通用信息网络。

（6）丰富的信息服务功能和友好的用户接口，操作简单，无须掌握更多的专业计算机知识也可以方便地上网浏览，收发电子邮件等。

7.1.2 Internet 的发展

1．Internet 概况

Internet 又称为因特网或国际互联网，它是由世界范围内众多计算机网络连接而成的、开放的、全球最大的计算机网络。

从网络通信技术的观点来看，Internet 是一个以 TCP/IP（传输控制协议/网际协议。协议是通信双方在通信时共同遵守的约定）通信协议为基础，连接各个国家、各个部门、各个机构计算机网络的数据通信网。从信息资源的观点来看，Internet 是一个集各个领域、各个学科的各种信息资源为一体的、供网上用户共享的数据资源网。

中国是作为第 71 个国家级网加入 Internet 的。1994 年，以"中科院、北大、清华"为核心的中国国家计算机网络设施 NCNFC 与 Internet 连通。目前，Internet 已经在中国开放，广大国内用户通过 ChinaNET 或 CERNET 都可以与 Internet 连通。科技人员可直接利用 Internet 与世界交流对话，随时跟踪科学技术的最新动态等。同时，随着技术的进步，Internet 已进入普通家庭。Internet 友好的用户界面使非专业人员也能应用自如，同时丰富的信息资源使人大饱眼福，真正做到了"足不出户，知天下事"。

互联网的使用为中国信息化建设提供了很好的条件。中国政府支持的 4 大主干网已经投入运行和使用，它们自成体系，分别与 Internet 相连，全面实现了与国际接轨，成为中国建设信息高速公路的起点。

中国互联网信息中心（CNNIC）成立于 1997 年，是一个担任国家互联网职责的非营利性管理与服务机构，由该组织联合 4 大主干网络单位进行互联网动态信息的统计工作。根据中国互联网信息中心在 2015 年 2 月发布的第 35 次调查报告，中国互联网在飞速发展，报告显示，截至发布日期，我国网民规模达 6.49 亿人，网站数达 335 万个。

2．Internet2 及其体系结构

（1）Internet2 的产生。在互联网使用中，人们获益甚多，但同时也暴露出互联网的弱点和问题，主要表现在以下方面：

- 网络传输速度慢，信息阻塞问题严重。每一个到互联网上浏览的人，第一印象就是速度太慢，等待时间太长，与平时上局域网感觉大不相同。
- 互联网安全性不够理想。互联网的开放性和无集中管理，为其发展带来活力，但常常遭到网上黑客的入侵，每年都有几个大案、要案发生，使用户遭受巨大的损失。虽然在互联网安全方面采取了不少措施，加过滤器、防火墙，但费用昂贵，且不足以阻挡网上犯罪率的急剧增长。给用户带来了诸多不便。
- 上网费用偏高。对中国多数工薪阶层、学生而言，上网所需的各项费用仍然偏高。

互联网今后的发展方向，以解决这 3 个问题为目标，尤其是速度慢的问题。

1996 年 10 月，由美国 34 所院校的代表在芝加哥会议上发起了 Internet2（I2）这一合作项目。后来，又有其他院校和一些政府部门、工业部门和非营利性机构加入到该项目中，目前美国已有超过 140 所院校和 20 家私营公司成为 Internet2 的成员。Internet2 的目标可概述为以下 9 点：

- 对可以大大提高研究人员协调实验能力的新应用进行示范。
- 通过利用由先进通信设施带来的"虚拟近邻（Virtual Proximity）"效应对更强的教育和其他业务（如健康保护和环境监测）能力进行示范。
- 通过提供中间开发工具来支持先进应用的开发和使用。
- 促进可支持基于科研教育应用的不同服务质量（QoS）需求的通信设施的建设和运行。
- 推广基于下一代通信技术的实验。
- 在参与的院校之间采用一致的工作标准，以保证端到端的服务质量和互操作性。
- 加强科研教育团体同政府和私营机构之间的伙伴关系。
- 鼓励从 Internet2 到 Internet 其他部分的技术转移。
- 研究新通信设施、新业务和新应用对于高等教育 Internet 的影响。

1996 年秋，美国提出了 NGI（Next Generation Internet，它将比现在互联网的速率快 1 000 倍）的倡议，以支持 Internet2 的组建。1998 年 4 月，Abilene 工程（采用 IP 的教育科研网，被认为是最先进的 IP 主干网）开始上马，Abilene 将成为继 VBNS（Very High Speed Backbone Network Service）之后的又一个 Internet2 主干网络。

Internet2 不仅使网络通信速率大大高于目前的 Internet，还将在端到端的基础上保证应用系统所需要的网络资源。此外，对 Internet2 来说，更为广泛的目标是建立一个用以进行研究、教育和学习创新的知识系统。Internet2 还将支持一些人倡导的虚拟大学的概念，利用一个集成的网络进行多媒体资料的传送，并允许学习团体中的成员进行异步的或同步的对话。

中国方面目前也在进行相关的下一代网络建设。这个类似 Internet2 的计划也是由国内高校发起的。但中国的下一代网络基础更为雄厚，因为中国的网络起步比美国要迟得多，所以采用的网络技术也更为先进。多数大学校园网的主网都采用 ATM 和千兆以太网，并由光纤构成网络主干，可迅速发展为支持高带宽的网络。在 2004 中国国际教育科技博览会暨中国教育信息化论坛开幕仪式上，中国第一个下一代互联网主干网——CERNET2 试验网正式宣布开通并提供服务。该试验网目前以 2.5Gb/s 的速度连接北京、上海和广州 3 个 CERNET2 核心结点，并与国际下一代互联网相连接。它的开通，标志着中国下一代互联网研究取得重要进展。

（2）Internet2 的总体结构。根据 Internet2 工程工作组的报告，Internet2 的总体结构如图 7.1 所示。整个网络由 4 部分组成：应用系统、校园网、Gigapop（千兆级网络结点）和 Gigapop 间的互联网，此外，还有跨越这些组成部分的各种通信协议、管理方式和计费机制。

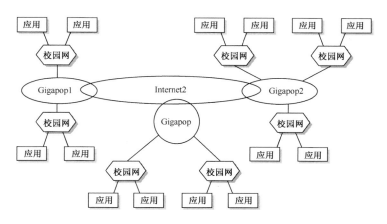

图 7.1　Internet2 的总体结构

Internet2 网络中的关键部分是 Gigapop。Internet2 成员之间通过 Gigapop 进行业务交换；连接 Gigapop 的各院校既可获得 Internet2 服务，又可获得普通的 Internet 服务。在同一区域范围内的校园网将连接到同一区域性的 Gigapop 上，连到同一个 Gigapop 上的所有校园网称为一个 Gigapop 联盟（Consortium）。

● 应用系统。现有的 Internet 采用"Best Effort"方式，对所有用户的服务都"一视同仁"，而 Internet2 的应用要求端到端基础上的 NGN（下一代网络）服务，这种对高性能网络的需求正是组建 Internet2 的根本原因。这些先进的应用系统需要以下技术和环境的支持：实时模拟和仿真；虚拟图书馆；实时多媒体应用；虚拟现实技术；大规模、多场所的计算和数据处理。

- 校园网。Internet2 成员校园网本身必须升级以满足 Internet2 应用和开发的需要，每一个校园网将建立一条通达所选定的 Gigapop 的高速链路。其最基本的要求为：每台单机独享 10Mb/s 通道；校园主干网速率大于 100Mb/s；QoS 管理；校园网到 Gigapop 的通信链路带宽大于 150Mb/s。

- Gigapop。在逻辑上，Gigapop 是 Internet2 成员间的区域性的网络互联点；在物理上，Gigapop 是安装各种通信设备和支撑硬件，满足特定环境要求的场所。Gigapop 的主要任务是帮助具有特定带宽和其他 QoS 属性的 Internet2 成员进行业务交换，每一个 Gigapop 可连接 5～10 个 Internet2 成员。Gigapop 又称 Internet2 服务中心，简记为 Internet2SC。Gigapop 除可在 Internet2 成员的各校园网之间建立互联之外，还可以将校园网连接到所在地区的其他城域网。比如，进行地区性远程教学，可将校园网连接到其他特定的高性能的广域网，使得研究伙伴和其他机构可以和 Internet2 成员进行交流，又可将 Internet2 校园网连接到商用 Internet，以获得其他网络服务。但 Gigapop 之间的连接只传送 Internet2 成员的业务信息。Gigapop 通过适当的路由管理为终端用户服务，通过收集网络使用情况数据，与其他 Gigapop 和校园网运营者共享有关 Internet2 网络服务的必要信息，共同管理 Internet2 的运行。

- Gigapop 互联网。所有 Gigapop 以一种确定的组织形式互联在一起，这种组织形式暂称为 CE（联合体）。Gigapop 之间，广域的互联业务必须能支持不同的服务质量（QoS），满足高可靠性、大容量的传输。由于现有商用 Internet 主干网不具备这种能力，因此需建立专门的 Gigapop 之间的互联网络。Gigapop 间互联首先利用 VBNS，随后在此基础上进一步扩展。如刚刚开始的 Abilene 工程也将作为 Gigapop 互联网的主干网络。

从外部与 Gigapop ATM 交换单元相连接的设备可以是通过 SONET 电路的校园网 ATM 交换机，也可以是其他 Gigapop 或者是其他商用的 ATM 设备。

ATM 交换单元通过永久或交换虚拟电路进行链路级带宽的多路复用，通过这种方式实现 Gigapop 内和 Gigapop 间的最优连接。基本的 Gigapop 服务由 IP 寻径单元提供，所有 QoS 支持和路由决策在 IP 分组转发设备上完成，网络的使用数据也在这里集合。

7.2 IP 地址和域名

7.2.1 IP 地址

网络互联的目标是提供一个无缝的通信系统。为达到这个目标，互联网协议必须屏蔽物理网络的具体细节，并提供一个大虚拟网的功能。对虚拟互联网的操作像任何网络操作一样，允许计算机发送和接收信息包。互联网和物理网的主要区别是互联网仅仅是设计者想象出来的抽象物，完全由软件产生。设计者可在不考虑物理硬件细节的情况下自由选择地址、包格式和发送技术。

编址是互联网抽象的一个关键组成部分。为了以一个单一的统一系统出现，所有主机必须使用统一编址方案。不幸的是，物理网络地址并不满足这个要求，因此一个互联网可包括多种物理网络技术，每种技术定义了自己的地址格式。这样，两种技术采用的地址因为长度不同或格式不同而不兼容。

为保证主机统一编址，运用协议软件定义一个与底层物理地址无关的编址方案。虽然互联网编址方案是由软件产生的，比较抽象，协议地址仍作为虚拟互联网的目的地址使用，类似于硬件地址被作为物理网络上的目的地址使用。为了在互联网上发送，发送方把目的地协议地址放在包中，将包传给协议软件去发送。这个软件使用的是目的地协议地址将包转发至目标机。由于屏蔽了下层物理网络地址细节，统一编址有助于产生一个大的、无缝的网络的幻象。两个应用程序不需知道对方的硬件地址就能通信。

这个用于编址的协议就是 TCP/IP 栈中的互联网协议（Internet Protocol，IP）。IP 标准规定每台主机分配一个 32 位二进制数作为该主机的互联网协议地址（Internet Protocol Address），常简写为 IP 地址或互联网地址。在互联网上发送的每个包中含有这种 32 位的源 IP 地址和目的 IP 地址。这样，为了在使用 TCP/IP 的互联网上发送信息，一台计算机必须知道接收信息的远程计算机的 IP 地址。

1. IP 地址层次

每个 32 位 IP 地址被分割成 2 部分，这样的 2 级层次结构设计使寻径很有效。地址前一部分确定了计算机从属的物理网络。也就是说，互联网中的每一物理网络分配了唯一的值作为网络号（Network Number）。网络号在从属于该网络的每台计算机地址中作为前一部分出现。后一部分确定了该网络上的一台计算机，通常也称为主机号，更进一步说，同一物理网络上每台计算机分配了唯一的地址。

虽然没有 2 个网络能分配同一个网络号，同一网络上也没有 2 台计算机分配同一个主机地址，但是一个主机地址可在多个网络上使用。例如，一个互联网包含 3 个网络，它们可分配网络号为 1、2、3。从属于网络 1 的 3 台计算机可分配为 1、3 和 5，同时，从属于网络 2 的 3 台计算机也可分配主机号为 1、2 和 3。

IP 地址层次保证了 2 个重要性质：

（1）每台计算机分配一个唯一地址（即一个地址从不分配给多台计算机）。

（2）虽然网络号分配必须全球一致，但主机号和本地分配，不需要全球一致。

第一个性质得到保证，因为整个地址包括网络号和主机号，它们分配时保证唯一性。如果 2 台计算机从属于同一个物理网络，它们的地址有不同的主机号。

2. IP 地址分类

一旦 IP 的设计人员选择了 IP 地址的长度并决定把地址分为 2 部分，他们就必须决定每部分包含多少位。前一部分需要足够的位数以允许分配唯一的网络号给互联网上的每一个物理网络，后一部分也需要足够位数以允许从属于一网络的每一台计算机都分配一个唯一的主机号。这不是简单的选择就可行的，因为一部分增加一位就意味着另一部分减少一位。选择大的网络号可容纳大量网络，但限制了每个网的大小；选择大的主机号意味着每个物理网络能包含大量计算机，但限制了网络的总数。

由于一个互联网可包括任意的网络技术，所以可能一个互联网由少量大的物理网络构成，而同时另外一个互联网由许多小的网络构成。更重要的是，单个互联网能混合包含大网络和小网络。因此，设计人员选择了一个能满足大网和小网组合的折中编址方案。这个方案将 IP 地址空间划分为 3 个大类：每类有不同长度的网络号和主机号。

地址的前 4 位决定了地址所属的类别并且确定如何将地址的其余部分划分网络号和主机号。图 7.2 表示了五类 IP 地址，以 0 作为第一位，从左到右计数。

A、B 和 C 类称为基本类（Primary Classes），因此它们用于主机地址，即为基本的 Internet 地址，用户可根据需要申请不同的 Internet 地址。D 类不标识网络，用于特殊的用途，基本的用途是多目广播（Multicasting）。E 类地址暂时保留，用于进行某些实验和将来使用。

在图 7.2 中，基本类以 8 位一组为单位将地址划分为网络号和主机号。A 类在第一组和第二组间设置界限，B 类在第二组和第三组间设置界限，C 类在第三组和第四组设置界限。分配给主机的地址只能为 A 类、B 类或 C 类中的其中之一。

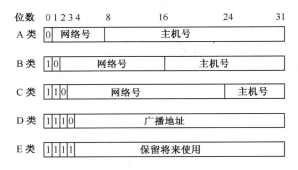

图 7.2　五类 IP 地址

IP 软件是利用 IP 地址的头几位来高效地确定地址类别的，因为一些计算机位的比较速度比整数地址比较要快。如表 7.1 所示为计算地址类别索引表，8 组以 0 开头的地址对应于 A 类，4 组以 10 开头的地址对应于 B 类，2 组以 110 开头的地址对应于 C 类，一个以 111 开头的地址属于 D 类，最后，一个以 1111 开头的地址属于保留类。

表 7.1　计算地址类别索引表

地址头四位	表索引（十进制）	地 址 类 别	地址头四位	表索引（十进制）	地 址 类 别
0000	0	A	1000	8	B
0001	1	A	1001	9	B
0010	2	A	1010	10	B
0011	3	A	1011	11	B
0100	4	A	1100	12	C
0101	5	A	1101	13	C
0110	6	A	1110	14	D
0111	7	A	1111	15	E

3. 点分十进制表示法

虽然 IP 地址是 32 位二进制数，但用户很少以二进制方式输入或读其值。相反，当与用户交互时，软件使用一种更易于理解的表示法，称为点分十进制表示法（Dotted Decimal Notation）。其做法是将 32 位二进制数中的每 8 位分为一组，用十进制表示，利用句点分割各个部分。表 7.2 表示了一些 32 位二进制数和等价的点分十进制表的例子。

表 7.2 32 位二进制数和等价的点分十进制表示

32 位二进制数				等价的点分十进制
10000001	00110100	00000110	00000000	129.52.6.0
11000000	00000101	00110000	00000011	192.5.48.3
00001010	00000010	00000000	00100101	10.2.0.37
10000000	00001010	00000010	00000011	128.10.2.3
10000000	10000000	11111111	00000000	128.128.255.0

点分十进制表示法把每一组作为无符号整数处理。当组内所有位都为 0 时，最小可能值为 0；当组内所有位都为 1 时，最大可能值为 255。这样，点分十进制地址范围为 0.0.0.0～255.255.255.255。

点分十进制非常适合于 IP 地址，因为 IP 以 8 位位组为界，把地址分为前缀和后缀。在 A 类地址中，后三组对应于主机后缀。类似地，B 类地址有两组主机后缀，C 类地址有一组主机后缀。表 7.3 所示为每类地址对应的十进制值的范围。

IP 分类方案并不把 32 位地址空间划分为相同大小的类，各类包含网络的数目并不相同。例如，所有 IP 地址中有一半（即首位为 0 的那些地址）位于 A 类中。但是 A 类只能包含 128 个网络，因为 A 类地址首位必须为 0 并且前缀占据一个 8 位组，这样，仅剩下 7 位用来标识 A 类网络。表 7.4 列出了每类网络的数目和每类网络的主机数目。

表 7.3 每类地址对应的十进制值的范围

类　别	值　范　围
A	0～127
B	128～191
C	192～223
D	224～239
E	240～255

表 7.4 每类网络的数目和每类网络的主机数目

地址类别	前缀位数	最大网络数	后缀位数	每个网络最大主机数
A	7	128	24	16 777 216
B	14	16 384	16	65 536
C	21	2 097 152	8	256

IP 地址不是任意分配的。因为在整个互联网中，网络号必须是唯一的。连到全球互联网的网络，组织从提供互联网连接的通信公司那里得到网络号。这样的公司就是互联网服务供应商（ISP）。ISP 与称为互联网编号授权委员会（Internet Assigned Number Authority）的互联网中心组织协调，以保证网络号在整个互联网范围内是唯一的。

在学习 IP 地址时，还有一个概念必须清楚，即 IP 地址和硬件地址是不同的。从层次的角度来看，物理地址是数据链路层和物理层使用的地址，而 IP 地址是网络层和以上各层使用的地址。

4．划分子网和子网掩码

由于两级的 IP 地址存在灵活性差的问题，从 1985 年起，IP 地址中增加了一个"子网号字段"，使两级的 IP 地址变成三级的 IP 地址，也就是 IP 地址由网络号、子网号和主机号 3 部分组成。

当没有划分子网时，IP 地址是两级结构，地址的网络号字段也就是 IP 地址的"互联网部分"，而主机号字段是 IP 地址的"本地部分"，如图 7.3（a）所示。

划分子网后就变成了三级 IP 地址的结构。应当注意，划分子网只是将 IP 地址的主机号字段即本地部分进行再划分，而不改变 IP 地址的网络号字段，如图 7.3（b）所示。虽然图 7.3（b）表示的各部分关系很清楚，但怎样才能让计算机也很容易知道这样的划分呢？使用子网掩码（mask）可以解决这个问题。

子网掩码和 IP 地址一样长，都是 32 位，并且由一串 1 和跟随的一串 0 组成，如图 7.3（c）所示。子网掩码中的 1 表示在 IP 地址中网络号和子网号的对应比特，而子网掩码中的 0 表示在 IP 地址中主机号的对应比特。虽然没有规定子网掩码中的一串 1 必须是连续的，但建议选用连续的 1 以避免出现可能发生的差错。

图 7.3（d）表示在划分子网的情况下，网络地址（即子网地址）就是将主机号置为全 0 的 IP 地址。这也是将子网掩码和 IP 地址逐比特相"与"（AND）的结果。

为了进行对比，图 7.3（e）画出了不划分子网的网络地址。

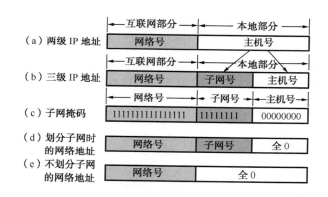

图 7.3　IP 地址的各字段和子网掩码

最后要强调指出，对于连接在一个子网上的所有主机和路由器，其子网掩码都是同样的。子网掩码是整个子网的一个重要属性。当然，一个路由器连接在两个子网上就拥有两个网络地址和两个子网掩码。

为了使不划分子网时也能使用子网掩码，需要使用特殊的子网掩码，即默认的子网掩码。默认的子网掩码中 1 比特的位置和 IP 地址中的网络号字段正好相对应。因此默认的子网掩码和某个不划分子网的 IP 地址逐比特相"与"（AND），就得出该 IP 地址的网络地址，而不必考虑这是哪一类地址。显然，

A 类地址的默认子网掩码是 255.0.0.0，或 0xFF000000。

B 类地址的默认子网掩码是 255.255.0.0，或 0xFFFF0000。

C 类地址的默认子网掩码是 255.255.255.0，或 0xFFFFFF00。

以一个 B 类地址为例，说明可以有多少种子网划分的方法。在采用固定长度子网时，所划分的所有子网的子网掩码都是相同的，如表 7.5 所示。

表 7.5 B 类地址的子网划分选择（使用固定长度子网）

子网号的位数	子 网 掩 码	子 网 数	主机数/每一个子网
2	255.255.192.0	2	16 382
3	255.255.224.0	6	8 190
4	255.255.240.0	14	4 096
5	255.255.248.0	30	2 046
6	255.255.252.0	62	1 022
7	255.255.254.0	126	510
8	255.255.255.0	254	254
9	255.255.255.128	510	126
10	255.255.255.192	1 022	62
11	255.255.255.224	2 046	30
12	255.255.255.240	4 094	14
13	255.255.255.248	8 190	6
14	255.255.255.252	16 382	2

在表 7.5 中，子网数是根据子网号计算出来的。若子网号有 n bit，则共有 2^n 种可能的排列。除去全 0 和全 1 这两种情况，就得出表中的子网数。表中的"子网号的位数"中没有 0、1、15 和 16 这 4 种情况，因为这没有意义。

从表 7.5 可看出，若使用较少比特数的子网号，则每一个子网上可连接的主机数就较大。反之，若使用较多比特数的子网号，则子网的数目较多但每个子网上可连接的主机数就较小。因此可根据网络的具体情况（一共需要划分多少个子网，每个子网中最多有多少个主机）来选择合适的子网掩码。

应注意到，划分子网增加了灵活性，但减少了能够连接在网络上的主机总数。例如，本来一个 B 类地址最多可连接 65 534 台主机，但表 7.5 中任意一行的最后两项的乘积都小于 65 534。对 A 类和 C 类地址的子网划分也可得出类似的表格。

5．IPv6

（1）IPv4 的局限性。作为目前 Internet 的地址协议，IPv4 已不能很好地适应 Internet 的发展了，具体来说，它有如下的一些问题：

● 空间不足成为 Internet 成长的最大障碍。目前的 IP（即 IPv4）地址总长度为 32 位，总共能提供 210 多万个网络号，37 亿多个主机，这使最初的设计者们非常满意，认为这足以容纳整个世界的用户，但随着 Internet 的迅猛发展，使局域网和网络上的主机数急剧增长。照这样的速度，总有那么一天，IPv4 面对日益膨胀的用户会显得一筹莫展。

● 过短的报头长度使某些选项形同虚设。IPv4 的报头长字段为 4 位，它所能表示的最大值为 15。它所能允许的最大报头长为 60 字节。扣除定长头外，选项域只有 40 字节，这样对于某些略长的选项会显得力不从心。在目前的网络环境下很容易超过 40 字节的限制。

- 网络攻击者使用户有一种不安全感。最初的计算机网络应用范围狭小，主要是针对科研人员和公司职员而言的，所以在安全性问题上并未给予过多的重视。然而，随着数以万计的用户开始通过网络办理各项事务，安全性也成为一个不容忽视的大问题。而 IPv4 在这方面的关心程度远远不够。
- IPv4 的自身结构影响着传输速率。随着网络开始处理话音、数据、视频等多种业务，对传输速度也提出更高的要求。而目前的 IPv4 结构的不合理性影响着路由器的处理效率，进而影响传输速率。

（2）IPv6 的优势。作为新一代的 Internet 的地址协议标准，它克服了 IPv4 的一些问题，但由于 IPv6 和 IPv4 协议不兼容，而现在 Internet 上的设备大多只支持 IPv4 协议，考虑到代价，不可能立即用 IPv6 代替 IPv4，所以目前一些网络设备都支持这 2 种协议，由用户来决定用什么协议。长远规划，IPv6 会代替 IPv4，因为 IPv6 有下列 IPv4 不具有的优势：庞大的地址空间、简化的报头定长结构、更合理的分段方法、完善的服务种类。

（3）IPv6 的特点。IPv6 协议保持了 IPv4 所赖以成功的许多特点。事实上，IPv6 基本上与 IPv4 一样，只是做了一点修改。

尽管许多概念是相似的，IPv6 还是改变了许多协议的细节。例如，IPv6 使用更大的地址空间；增加了一些新的特征。更重要的是，IPv6 全部修订了 IPv4 的数据报格式，用一系列固定格式的头部取代了 IPv4 中可变长度的选项字段。

IPv6 所引进的变化可以分成 5 类：

- 更大的地址。新的地址大小是 IPv6 最显著的变化。IPv6 把 IPv4 的 32 位地址增大到了 128 位。IPv6 的地址空间是足够大的，在可预见的将来是不会耗尽的。
- 灵活的头部格式。IPv6 使用一种全新的、不兼容的数据报格式。在 IPv4 中使用了固定格式的数据报头部，在该头部中，除选项外，所有的字段都在一个固定的偏移位置上占用固定数量的 8 位组数，而 IPv6 与此不同，它使用了一组可选的首部。
- 增强的选项。同 IPv4 一样，IPv6 允许数据报包含可选的控制信息。IPv6 还包含了 IPv4 所不具备的新的选项，可以提供新的设施。
- 支持资源分配。IPv6 提供了一种机制，允许对网络资源的预分配，它以此取代了 IPv4 的服务类型说明。更具体些就是这些新的机制支持实时视像业务等应用，这些应用要求保证一定的带宽和时延。
- 对协议扩展的保障。也许 IPv6 的最重大的变化是协议允许新增特性，这样协议就从要全面描述所有细节的状况中摆脱出来。

7.2.2 域名系统

1. 基本概念

虽然 IP 地址是 TCP/IP 的基础，但每个用过互联网的人都知道用户并不必记住或输入 IP 地址。类似地，计算机也被赋予符号名字，当需要指定一台计算机时，应用软件允许用户输入这个符号名字。例如，在说明一个电子邮件的目的地时，用户输入一个字符串来标识接收者以及接收者的计算机。类似地，用户在输入字符串指定 WWW 上的站点时，计算机名字是嵌入在该字符串中的。

虽然符号名字对人来说是很方便的，但对计算机来说就不方便了。由于二进制形式的 IP 地址比符号名字更为紧凑，在操作时需要的计算量更少。而且地址比名字占用更少的内存，在网络上传输需要的时间也更少。于是，尽管应用软件允许用户输入符号名字，基本网络协议仍要求使用地址——应用在使用每个名字进行通信前必须将它翻译成对等的 IP 地址。在大多数情况下，翻译是自动进行的，翻译结果对用户隐蔽——IP 地址保存在内存中，仅在收发数据报的时候使用。

把域名翻译成 IP 地址的软件称为域名系统（Domain Name System，DNS）。例如，电子工业出版社的域名是：www.phei.com.cn。可以看出域名是有层次的，域名中最重要的部分位于右边。域可以继续划分为子域，如二级域、三级域等。域名的结构是由若干分量组成的，各分量之间用点隔开：…三级域名.二级域名.顶级域名。

顶级域名就是域名系统中最重要的域值，称为 DNS 的顶层（top-level）。表 7.6 给出了美国国内常用顶级域名。对于国家代码代表主机所在的国家或地区，由 Internet 国际特别委员会制定。例如，上面电子工业出版社的域名中的 cn 代表中国。此外，jp 代表日本，uk 代表英国，ru 代表俄罗斯，us 代表美国等。由于美国是 Internet 的发源地，所以美国的主机域名中的国家代码常常被省略，并且 DNS 中不区分域名中的大小写。

表 7.6　美国国内常用顶级域名

域　　名	归　属　于	域　　名	归　属　于
com	商业组织	org	非营利性组织
edu	教育组织	arpa	临时 ARPA 域（仍使用）
gov	政府组织	int	国际性组织
mil	军事组织	web	与 WWW 相关实体
net	网络服务机构	国家代码	国家

中国在国际互联网络信息中心正式注册并运行的顶级域名是 cn。中国 Internet 的二级域名分为"类别域名"和"行政域名"两类。

类别域名有 6 个，分别为：ac——适用于科研机构；com——适用于工、商、金融机构；edu——适用于教育机构；gov——适用于政府部门；net——适用于互联网络、接入网络的信息中心和运行中心；org——适用于各种非营利性组织。

行政区域名有 34 个，适用于中国的各省、自治区、直辖市。

这样就可以看出 www.phei.com.cn 这个域名中，顶级域名是 cn，com 是下一个层次的域名，表明是商业性机构，phei 是最低层次的域名，表明机器放在电子工业出版社，www 是主机名。

DNS 包括有域名空间、域名服务器和地址转换请求程序。

2．用域名服务器进行域名转换

每一个域名服务器不但能够进行一些域名到 IP 地址的转换（这种转换常被称为地址解析），而且还必须具有连向其他域名服务器的信息，当自己不能进行域名到 IP 地址的转换时，就应该知道到什么地方去找别的域名服务器。互联网上的域名服务器系统也是按照域名的层次来安排的。每一个域名服务器都只对域名体系中的一部分进行管辖。现在共有 3 种不同类型的域名服务器。

（1）本地域名服务器（Local Name Server）。每一个 ISP 或一个大学，甚至于一个大学里的系，都可以拥有一个本地域名服务器，它有时也称为默认域名服务器。当一个主机发出DNS 查询报文时，这个查询报文就首先被送往该主机的本地域名服务器。在操作系统的"控制面板"→"网络"→"配置"→"TCP/IP"中的属性项中可以看到"DNS 配置"。其中的 DNS 服务器就是这里所说的本地域名服务器。本地域名服务器离用户较近，一般不超过几个路由器的距离。当所要查询的主机也属于同一个本地 ISP 时，该本地域名服务器立即就能将所查询的主机名转换为它的 IP 地址，而不需要再去询问其他的域名服务器。

（2）根域名服务器（Root Name Server）。目前，在互联网上有十几个根域名服务器，大部分都在北美。当一个本地域名服务器不能立即回答某个主机的查询时（因为它没有保存被查询主机的信息），该本地域名服务器就以 DNS 客户的身份向某一个根域名服务器查询。若根域名服务器有被查询主机的信息，就发送 DNS 回答报文给本地域名服务器，然后本地域名服务器再回答发起查询的主机。但当根域名服务器没有被查询主机的信息时，它就一定知道某个保存有被查询主机名字映射的授权域名服务器的 IP 地址。通常，根域名服务器用来管辖顶级域。根域名服务器并不直接对顶级域下面所属的所有的域名进行转换，但它一定能够找到下面的所有二级域名的域名服务器。

（3）授权域名服务器（Authoritative Name Server）。每一个主机都必须在授权域名服务器处注册登记。通常，一个主机的授权域名服务器就是它的本地 ISP 的一个域名服务器。实际上，为了更加可靠地工作，一个主机最好有至少两个授权域名服务器。许多域名服务器同时充当本地域名服务器和授权域名服务器。授权域名服务器总是能够将其管辖的主机名转换为该主机的IP 地址。

7.3　Internet 应用和工具

7.3.1　WWW 服务

万维网（World Wide Web，WWW），也称为环球信息网，是一种特殊的信息结构框架。它是一个大规模的、联机式的信息储藏所，其目的是为了访问遍布在互联网上数以千计的机器上的链接文件。万维网是现在最流行的互联网应用，它之所以如此流行是因为它有一个生动丰富的多媒体界面，初学者很容易使用，并且还提供了大量的信息资源，几乎涉及人们所能想象的所有主题。也正是万维网的出现，才使互联网在最近的几年在全世界范围得到空前的普及。

万维网是欧洲粒子物理研究室 CERN 于 1989 年提出并设计的，其目的是为了使分布在多个国家的科学家们能更方便地协同工作，如报告各自的工作进展情况，交换各种报告、图形、照片和其他文献。

通过浏览 Web，用户可以做各种各样不同的事情，包括所有下面这些内容。

（1）访问公司、政府部门、博物馆、学校……目前，较大的组织都有自己的 Web 站点。许多小公司也有自己的站点，或者在其他站点上有一些网页。可以通过访问这些站点来了解想要购买的产品信息、学校和政府机关等。

（2）阅读新闻。许多新闻媒体都有自己的站点，报刊也有自己的 Web 站点，还会看到大量的新闻站点并没有相应的印刷出版物或广播，它们是 Web 上独有的。无论想要获得什么样的信息，都可以在 Web 上找到。通常，网上新闻比任何印刷出版物上的新闻更新，因为与广播新闻不同，用户可以在任何方便的时候查看它，如图 7.4 所示。

图 7.4　网上新闻

（3）使用图书馆。无论是大图书馆还是小图书馆，都在渐渐地把其图书目录公布在网上。这就是说，可以从众多图书馆中找到拥有所需要的图书的那一家，而不必花一整天时间跑遍每一家图书馆。某些图书馆甚至允许联机借阅。国内的超星数字图书馆是一个家喻户晓的站点，如图 7.5 所示，读者可以在上面通过注册等方式阅读大量的数字图书。

图 7.5　超星数字图书馆 Web 站点

（4）阅读。网上发布的书籍中，既有古典的著作（如莎士比亚、狄更斯的作品），也有新出版的著作。用户可以在屏幕上阅读，或者打印出来以便以后在公共汽车上阅读。在 Web 上，已经大量出现网络小说作品，产生了不少网络作家。

（5）获取软件。因为计算机软件可以通过 Internet 传送，所以用户可以从 Web 获取软件，然后在个人计算机上使用。某些软件是免费的，而另一些是需要付费或注册的。但是它们都在 Internet 上，无论何时需要都能获得。通过 Internet 获取软件不再需要包装盒和光盘。

（6）网上购物。增长最快、最有争议的 Web 活动就是网上购物，如图 7.6 所示。在Web 上，可以浏览联机商品目录、选择商品、输入信用卡号码和送货地址。几天之后，就可以收到所要的商品了，当然要付邮资。除了商品之外，还可以在 Web 上购买几乎任何其他东西：股票、法律服务等。对网上购物的争论源于这样一个事实：通过 Internet 发送信用卡号码和其他私有信息，会被高明的人从拥挤的 Web 通信中获取并滥用。但是，随着 Web不断提高安全性，这种危险的因素正在不断减小。

图 7.6 网上购物站点

（7）看电视、听 CD 品质的音乐和电台广播。通过 Internet 连接，用户可以真正观看实况电视转播和收听电台节目。虽然声音和图像的质量没有真的电视机和收音机那么好，但是Internet 提供了在电视机和收音机上无法获得的节目。可以通过 Internet 复制 CD 品质的音乐文件，然后在任何时候（甚至在离开 Internet 后）听。

（8）休闲娱乐。例如玩网上游戏。

下面进一步介绍在万维网上冲浪时，底层发生的动作。万维网是一个分布式的超媒体（Hypermedia）系统，它是超文本（Hypertext）系统的扩充。一个超文本是由多个信息源链接成的，而这些信息源的数目实际上是不受限制的。从用户的角度来看，万维网由庞大的、世界范围的文档集合而成，在用户的计算机上显示的万维网文档称为页面（Page），每一页面可以包含世界上任何地方的其他相关页面的链接。利用一个链接，用户可以先找到一个文档，然后再链接到其他文档上，无限重复。这样，就可以浏览数以百计的相互链接的页面。指向其他页面的页称为使用了超文本。

页面可以通过浏览器按指定位置取来所需的其他页面，解释该页面所包含的文本和格式化命令，并以适当的形式把该页面显示在屏幕上，页面通常由一个标题开始，以页面维护者的电子邮件地址结束，中间包括一些信息。链接到其他页面的文本串叫超链接（Hyperlink），以突出的形式显示，既可以带下画线，也可以显示成另外一种颜色，或者两者皆用。在页面上，既有普通文本和超文本，也包括图标、图形和图像，还可以包括声音、视频和动画等媒体，这种由其他媒体混合而成的页面就叫超媒体。常见的浏览器是 Netscape 和 Internet Explorer。

万维网以浏览器/服务器（Browser/Server）方式工作，浏览器就是在用户计算机上工作的客户程序，万维网的文档所驻留的计算机就是服务器，称为 Web 服务器，它运行的是服务器程序。每个服务器站点都有一个服务器程序监听 TCP 的 80 端口，等待客户端（浏览器）发过来的连接。在建立好连接后，每当客户发出一个请求时，服务器就发回一个应答，然后释放连接，在浏览器与 Web 服务器之间的请求与应答用的协议叫超文本传输协议（Hypertext Transfer Protocol，HTTP）。

HTTP 是万维网可靠地传送文本、声音、图像等各种多媒体文件所使用的协议。HTTP 是 Web 操作的基础，它是一个使信息能通过 Web 交换的浏览器/服务器协议。HTTP 定义了浏览器能提出的类型以及服务器返回的响应类型。通过 HTTP，用户可以从远程服务器中获取网页，或如果用户具有权限，就可以将网页存储在服务器中。HTTP 还提供向网页上添加新信息或全部删除它们的能力。如图 7.7 所示为 Web 的概观。从中可以简单看出 HTTP 的工作方式。

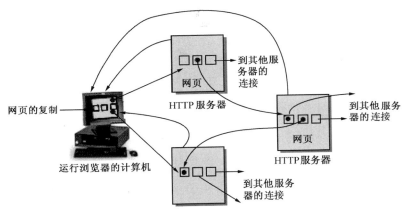

图 7.7　Web 的概观

浏览器如何知道到何处去寻找被请求的网页？对应这个问题，通过 Web 能访问的每个网页必须被唯一地命名，以避免混淆。要做到这点，有 3 件事是必要的：网页位置、该位置的唯一名称以及访问网页所需的协议。这 3 个要素就共同定义了统一资源定位符（Uniform Resource Locator，URL）。在万维网上使用 URL 来标识各种文档，并且使每一个文档在整个互联网范围内具有唯一的标识符 URL。

URL 是对互联网上资源的位置和访问方法的一种简捷的表示。URL 给网上资源的位置提供一种抽象的识别方法，并用这种方法来给资源定位。只要能够对资源定位，就可以对资源进行各种操作，如存取、更新、替换和查找其属性等。这里的"资源"就是指在互联网上可以被访问的任何对象，包括文本、文档、图像、声音以及与互联网相连的任何形式的数据信息。

URL 的格式如下（URL 中的字母不区别大小写）：
<URL 的访问方法>://<主机>:<端口>/<路径>

<URL 的访问方式>表示要用来访问一个对象的方法名（一般是协议名），<主机>一项是必需的，<端口>和<路径>有时可省略。常用的 URL 访问方法如表 7.7 所示。例如，使用

FTP 的 URL 的一般形式为：

$$ftp://<host>:<port>$$

使用 HTTP 的 URL 一般形式为：

$$http://<host>:<port>/<path>$$

HTTP 的默认端口号为 80，通常可以省略。host 表示页面所在计算机主机的名字，即 DNS 名字，path 则指出该页面所在路径和文件名。如果省略 path，则 URL 就指到了该机器的主页（Home Page）上，它是一个万维网服务器的最高级别的页面，包括了某一个组织或部门的一个特殊制作的页面或目录。从主页可以链接到与本组织或部门有关的其他站点或文件。例如，查电子工业出版社的信息可先进入其主页，该主页的 URL 为：http://www.phei.com.cn/，显示出主页后，可以从主页的超链接找到所要查的相关信息。

表 7.7　常用的 URL 访问方法

URL 方法	说　　明
ftp	文件传输协议（FTP）
http	超文本传输协议（HTTP）
gopher	Gopher 协议
mailto	电子邮件地址
news	USENET 新闻
nntp	使用网络新闻传输协议（NNTP）访问的 USENET 新闻
telnet	远程登录
wais	广域信息服务系统
file	主机专用的文件名

7.3.2　电子邮件服务

1. 电子邮件服务的工作原理

网络的最普遍用途之一就是电子邮件——将报文或文件传送给本地或远程站点中的用户。通常，传送信息时要指明接收方的 E-mail 地址。普通地址格式是：用户名@主机文本地址。信息被缓存于目的站点中，只有预期用户才能访问它。

它与后面将提到的文件传输协议相似。例如，它们都使用一个用户和服务器来协商数据的传输，但是 E-mail 通常将文件传送给指定的用户，信息被缓存在他的账户中。另外，E-mail 客户和服务器在后台工作。使用 E-mail 发送或接收一个文件，当客户和服务器在后台执行邮件递送时可以进行其他任务。在接收邮件时，甚至不必在登录状态。在下次登录时，系统会通知用户有新邮件到达。

TCP/IP 族中的标准邮件协议是简单邮件传输协议（Simple Mail Transfer Protocol，SMTP）。它在 TCP/IP 和任何本地邮件服务之下运行。它的首要职责是确保邮件在不同主机间传输。相比之下，本地服务负责将邮件分发给指定的接收者。

如图 7.8 所示显示了 SMTP 与本地邮件和 TCP 的交互。当用户发送邮件时，本地邮件设施确定地址是本地的还是需要与远程站点连接。在后一种情况下，本地邮件设施将文件存储起来（就像将信放在信箱里一样），等待客户 SMTP。当客户 SMTP 投递邮件时，它首先调用 TCP 与远程站点建立一个连接。连接成功后，客户和服务器 SMTP 交换分组，最终递送邮件。在远程端，本地邮件设施收到邮件，并将它递送给指定的接收者。

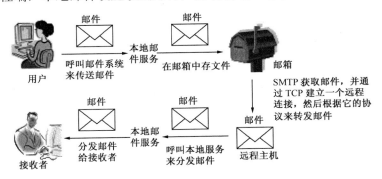

图 7.8　SMTP 与本地邮件和 TCP 的交互

如图 7.9 所示显示了客户和服务器间的分组交换。此分组也称为 SMTP 协议数据单元（Protocol Data Unit，PDU）或简单地称为命令。建立了 TCP 连接后，服务器发送一个 220PDU，指出它已准备好接收邮件。编号 220 用来表示分组类型。而后，客户和服务器交换各自站点的身份，接着，客户发送一个 MAIL FROM PDU，指出有邮件并识别发送者。如果服务器愿意接收那个发送者的邮件，它就以 250 OK PDU 响应。

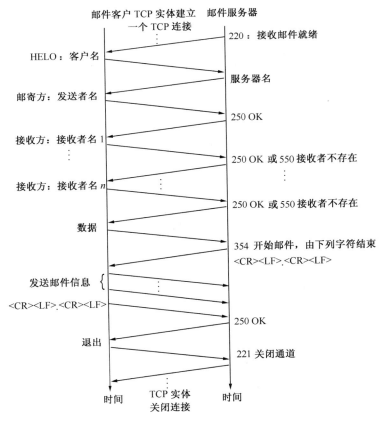

图 7.9　用 SMTP 来发送电子邮件

然后，在发送邮件前，客户发送一个或多个 RCPT TO PDU 来指定接收者，并确定接收者是否在那里。服务器用一个 250 OK PDU（接收者存在）或 550 接收者不在这里 PDU 响应。等所有的接收者都经过鉴定后，客户就发送一个 DATA PDU，指出它将开始邮件传输。服务器的响应是一个 354start mail PDU，这表示可以开始发送，并指定客户应当用一个序列标记邮件末尾。在本例中，序列是<CR><LF>.<CR><LF>（<CR>表示回车，<LF>表示换行）。客户在固定大小的 PDU 中发送邮件，并将这个序列放在邮件的末尾。服务器收到最后一个 PDU 时，它用另一个 240 OK PDU 来确认收到的邮件。最后，客户和服务器交换PDU，指示它们结束邮件投递，TCP 连接释放。

SMTP 并不是唯一的电子邮件协议。ITU-T 开发的完整标准系列描述了邮件的传输和递送。如图 7.10 所示显示了从用户的角度来看电子邮件是如何工作的。电子邮件服务是一个与用户交互的应用。发送邮件意味着与一个电子邮件应用的交互，此应用接收邮件并将它储存在指定接收者附近的局部存储器中。然后，接收者就可以在方便时显示报文。

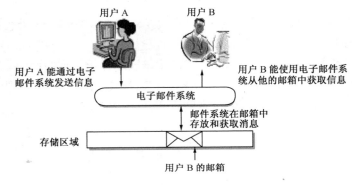

图 7.10　电子邮件的工作流程

2．电子邮件内容的格式

电子邮件内容的格式有 2 种：基本 ASCII 电子邮件和多用途互联网邮件扩展。

（1）基本 ASCII 电子邮件。它的电子邮件内容格式由一个基本信封、一个邮件头部和邮件主体组成，邮件头部与邮件主体由一个空行分隔。协议规定了电子邮件头部，而邮件的主体部分则让用户自己撰写。用户写好后，电子邮件系统将自动地将信封上所需的信息从头部提取出来并写在信封上，不需要用户填写电子邮件信封上的信息。

邮件内容的头部包括一些由关键词加冒号以及关键词所需的值组成的 ASCII 文本行。表 7.8 列出了邮件头所用的一些关键词及其含义，其中最重要的 2 个关键词是 To 和 Subject。

表 7.8　邮件头所用的一些关键词及其含义

关　键　词	含　　义
To	第一收信人的电子邮件地址
Cc	第二收信人的电子邮件地址
From	撰写邮件的个人或多人名字
Sender	实际发信人的电子邮件地址
Date	发送邮件的日期和时间

关 键 词	含 义
Reply-To	回信应送达的电子邮件地址
Subject	用于在一行中显示一个邮件的简短摘要
Keywords	用户选择的关键词
Bcc	盲抄送的电子邮件地址

- To 后面给出第一收信人的电子邮件地址，允许填入多个收信人的地址。
- Subject 后面是邮件的主题，反映了邮件的主要内容，用于显示邮件的摘要，便于用户查看。
- Cc 表示应给某人发送一个邮件副本。
- Bcc 使发信人能将邮件的副本送给某人，但不希望收信人知道。

（2）多用途互联网邮件扩展（MIME）。基于 ASCII 的电子邮件只包含用英文书写的以 ASCII 码表示的文本信息。这样，要在互联网上传送邮件时就会出现以下问题：

- 不能传送和接收非字母语言的邮件（如中文）。
- 不能传送和接收非拉丁字母语言的邮件（如俄文）和有重音语言的邮件（如法文和德文）。
- 不能传送和接收声音和图像邮件。

为此提出了一种称为多用途互联网邮件扩展（Multipurpose Internet Mail Extensions，MIME）的解决方案。它的基本思想是在 ASCII 的电子邮件类型基础上，增加了邮件主体的结构，并且为传送非 ASCII 邮件定义了编码规则。也就是说，可以使用现有的电子邮件程序和协议发送 MIME 邮件，只是需修改发送和接收程序。MIME 定义了以下 4 种新的消息头部：

① MIME-Version。标识 MIME 版本。若不包括此行，则为英文文本，按普通方式处理。

② Content-Description。用户能阅读的字符串，说明邮件的内容。有了它，接收者才知道是否值得阅读该邮件。

③ Content-Transfer-Encoding。说明传送时邮件主体的编码方案。将主体包装起来，以便在只认识字母、数字和标点符号的网络上传输，有几种常用的编码方案，最简单的就是 ASCII 文本，可以用 7 比特编码，也可以用 8 比特编码，要求每行不能超过 1 000 个字符。对于绝大部分为 ASCII 字符、只有一部分为非 ASCII 字符的邮件，可以使用一种叫 Quoted-printable Encoding 的编码方案，这是一种 7 比特 ASCII 码，所有 127 以上的字符（非英文字符，例如汉字），都采用符号"="再加上 2 个十六进制数表示该字符。

④ Content-Type。说明邮件内容的类型，即邮件主体、MIME 标准规定 Content-Type 说明必须用两个标识符分别表示类型和子类型，中间用"/"分开。

MIME 标准定义了 6 种类型，每种类型都有一种或几种子类型，共 15 种子类型，除了标准的类型和子类型外，MIME 允许发信人和收信人定义专用的类型。下面进行简单说明。

- Text。Text 类型就是普通 ASCII 文本。Text/Plain 组合表示无须进行编码和其他处理。Text/RichText 组合允许文本中包含一些简单的标记符号，用于描述粗体、斜体、上标以及简单的页面。
- Image。Image 类型用来传输静态图像邮件，如照片。
- Audio & Video。Audio 和 Video 类型分别用于传送声音和运动图像。Video 只包括视频信息，没有音频信息。如果要传送一部电影，则要分别使用 Audio 和 Video 来传送声音和图像。

- Application。它是要求额外处理格式的总称。例如其子类型 PostScript 是 Adobe System 公司开发的打印机页面描述语言，使用这种语言书写的电子邮件，接收方必须有 PostScript 解释器才能显示阅读该邮件。
- Message。它允许一个邮件封装在另一个邮件之中。这对于转发电子邮件很有用。
- Multipart。这是一个很有用的类型，它允许邮件包括多个部分内容，每部分的内容都有明确的开始和结束。Mixed 子类型，允许每部分各不相同，有自己的类型和编码，相互独立，而且无须添加附加结构。使用户能够在单个邮件中附上文本、图形图像和声音等。Alternative 子类型允许每部分包含同样的内容，但以不同的媒体或编码来表达，即同一邮件内容有多种表示形式。Parallel 子类型允许单个邮件含有可同时播放的各个子部分，如电影就需要图像和声音一起播放。Digest 子类型允许单个邮件含有一组其他邮件内容。

7.3.3 文件传输服务

文件传输是最常见的网络应用之一，它有许多用途。在项目组中工作或进行相关研究的人员常常需要共享文件，访问和传输文件的能力是信息共享所必需的。例如，机票预订和电子银行等应用中，也要求至少访问和传输文件的一部分。另外，时时刻刻在网络上各种站点下载着数不清的文件。

文件传输中的逻辑至关重要。有时，一套文件可能在不同的计算机中存储和维护。这是一个分布式文件系统（Distributed File System）。而在有的情况下，所有的文件都存在一起，由一个文件服务器来管理。无论是何种情况，当用户想要传输文件时，就得向适当的应用提出请求，然后应用使用对应的网络文件传输协议。

协议首先考虑的是多变的文件结构。例如，有些文件是由字节的简单序列组成的，有些是由记录的线性序列组成的平面文件（Flat File）。分层文件（Hierarchical File）可以在树结构中组织一个关键字段的所有值。

简化不兼容系统间传输的一个方法是定义一个虚拟文件结构（Virtual File Structure），它由网络支持，用于文件传输。如图 7.11 所示显示了利用虚拟文件结构来传输文件的过程。用户 A 想要向用户 B 传输一个文件，但他们在支持不同文件系统的计算机上工作。用户 A 的文件必须被翻译成网络中有定义的结构。然后，文件传输协议进行真正的传输，文件最终被转换成用户 B 的计算机支持的结构。

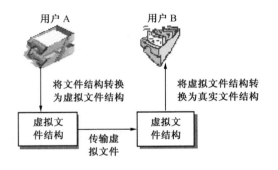

图 7.11　支持不同文件结构的计算机间的文件传输

虚拟文件必须保留文件的必要成分。例如，为了正确传输，它必须包含原文件结构中的文件名、属性和编码信息。当然，它还得包含数据。

文件传输中的另一问题是可访问性。一个文件传输系统不应允许每个请求，它必须考虑保护：是否是只读文件？用户是否可以更新文件或执行它的内容？请求者是否有权访问某功能？还必须考虑文件的多路径访问是否允许？可运用口令、锁和密码来进行对文件的保护和并行控制。

1. 文件传输协议

文件传输协议（File Transfer Protocol，FTP）是 TCP/IP 族中的另一个协议，建立在与 Telnet 相同的客户/服务器形式上，与本地 FTP 程序交互的用户和运行 FTP 的远程站点连接。完成它的第一种方法是简单地输入命令。当然，在实际应用中更通用方便的方法是采用具有 GUI 的软件来实现，以致根本不需要输入任何命令就可以进行 FTP 服务，例如 Cuteftp Pro、FlashFXP 等。在这里，从更基础的命令角度来说明它的应用。命令格式为：

ftp 文本地址

第二种方法是输入：ftp，并等待提示符 ftp>，接着用户输入：ftp>open 文本地址，于是建立起一个连接。有时，用 connect 替代 open。一旦连接，用户会被要求输入一个用户名，后跟一个口令。输入正确的用户名和口令后，用户就可以查看子目录，获得目录列表，得到文件复制。

许多站点让普通 Internet 用户访问它们的文件。这意味着，用户可以访问那台机器而不需要账号。当用户和站点连接时，只用输入“anonymous”作为用户名，而用“guest”或 E-mail 地址作为口令。后者是追踪访问的使用。此应用常称为匿名 FTP（Anonymous FTP）。

一旦 FTP 连接被建立，用户可以看见提示符 ftp>。此时，可以有许多选择。在表 7.9 中列出一些常见的 FTP 命令。用户可以通过输入“help”或一个“？”来得到命令信息。可能最常用的命令是 cd（改变远程主机中的工作目录）和 get（从远程主机复制文件到本地站点）。

表 7.9　常见的 FTP 命令

命　令	功　能
Cd	改变远程主机上的工作目录
Close	关闭 FTP 连接
dir 或 ls	显示远程目录文件和子目录列表
Get	从远程主机将指定文件复制到本地系统
glob	作为允许或禁止通配符的开关。例如，如果*是个通配符，允许使用时，mget *.txt 就会得到所有扩展名为 txt 的文件
help	显示所有客户 FTP 命令的列表
mget	从远程主机将多份文件复制至本地系统
mput	将多份文件从本地系统复制到远程系统，取决于远程主机是否允许创建新文件
put	如果远程主机允许，就从本地系统将指定文件复制到远程主机
pwd	显示远程主机上当前工作目录
quit	退出 FTP
remotehelp	显示服务器上所有的 FTP 目录列表
struct	说明文件的结构，一些选项是 unstructured 和 random access
type	允许用户指名文件类型。类型 ASCII 和二进制是最常见的

2．小文件传输协议

尽管 FTP 向 TCP/IP 族提供了大量的选项，如多文件类型、压缩和多 TCP 连接，但许多应用，如 LAN 应用，并不需要这种全套的服务。在这种情况下，一个较简单的文件传输协议——小文件传输协议（Trivial File Transfer Protocol，TFTP）就能够满足要求。FTP 和TFTP 间的一个区别是后者不使用可靠的传输服务，而是在如 UDP 这样的不可靠服务协议上运行。TFTP 使用确认和超时来确定文件的所有片段都收到了。

TFTP 主要有以下特点：

（1）TFTP 操作以一个请求文件传送的 UDP 数据报开始，每次传送的 UDP 固定 512字节长，最后一次不足 512 字节的 UDP 表示传送已完成。如果传送的文件长度是 512 的整数倍，则在文件传送完毕之后，还要传送一个只有头部而无数据的 UDP 作为传送结束的信息。

（2）每个 UDP 称为一个数据块。每个数据块按序编号，服务器等待客户收到每个数据块并做确认回答之后再发下一数据块。

（3）支持 ASCII 码和二进制文件的读和写。

（4）和其他协议一样，TFTP 定义了客户和服务器间的通信规则。它定义了 5 种分组类型来进行通信：

● 读请求。请求从服务器读取一个文件。

● 写请求。请求向服务器中写入一个文件。

● 数据。一个包含部分被传输文件的 512 字节（或少于）的块，从 1 开始编号。

当用户想要传输文件时，发送一个读请求或写请求分组，视文件传输发送的方式而定。然后，使用一个停/等协议以 512 字节片断传输文件。只有最后一个块可能包含有少于 512 字节的数据。

● 确认。确认数据分组的接收。

● 差错。传递一个差错信息。

（5）利用确认和超时重传机制来保证传输的可靠性，客户和服务器都运行超时重传机制，而且是对称重传，因此，提高了 TFTP 的健壮性。

7.3.4 远程登录服务

远程通信网络 Telnet（Telecommunications Network）是一个远程终端登录协议，它允许用户使用一台终端以 TCP 为传输协议来连接到远程的大型主机（或服务器）上，访问、使用远程大型主机的系统资源。

在图 7.12（a）中，对用户来说，远程登录与在本地计算机中登录看不出有什么不同，但图 7.12（b）确切地反映了这种情况。在计算机上工作（或连入到其他计算机）的用户运行协议连入网络。协议通过网络与一远程计算机建立连接。但用户在更高层中工作，因此这种操作完全透明，看上去更像是本地登录。唯一的区别可能是响应时的微小延迟，尤其是远程计算机很遥远，或网络交通繁忙时更明显。

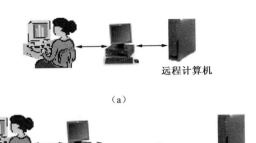

(a)

(b)

图 7.12　远程连接

如图 7.13 所示，Telnet 在客户/服务器模式中运行。也就是说，计算机在本地运行 Telnet（客户），在用户和网络协议间传输数据。它还可以格式化或发送具体命令。远程计算机（服务器）也运行它的 Telnet 版本。它执行类型的功能，在网络协议和操作系统间交换数据，以及解释用户所传输的命令。

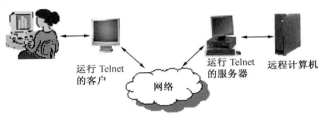

图 7.13　Telnet 客户/服务器关系

用户通常以多种方式使用 Telnet。一种是在本地计算机中登录，等待系统提示符，然后输入命令：

>Telnet　文本地址

文本地址指明了用户想要连接的主机，然后 Telnet 调用传输层与远程站点协商并建立连接。一旦连接，用户必须再使用账号和口令在远程站点中登录。另一种使用 Telnet 的方法是输入 Telnet 命令而不带文本地址。本地系统会以 Telnet 提示符（Telnet>）来响应。如果是在图形用户界面（GUI）上运行，通常可以使用一个 Telnet 图标。使用任意方法，都可以输入 Telnet 命令（或从菜单选择）。例如，可以通过输入一个 Connect 或 Open 命令（视系统不同）来指定文本地址和远程站点。

一旦连接，Telnet 在后台工作，对用户来说完全透明。但是，用户可以跳出远程登录来给 Telnet 其他命令。这通常是通过输入如 Ctrl-]的控制序列来完成的。这会返回 Telnet 提示符，但并不中断远程连接。

表 7.10 列出了一些常见的 Telnet 命令。每个命令都作为一个 8 比特来编码和发送。为了区别命令和具有相同 8 比特值的数据，每个命令都以 8 比特 IAC 代码（11111111）开头。因此，接收到这个代码就告诉 Telnet 将下一字节译为命令。如果 IAC 代码在数据中出现，Telnet 就进行字节缓冲，在流中插入一个额外的 IAC 代码，以区分数据和命令。在有些情况下，Telnet 可能发送一系列命令。此时，IAC 后跟 SB 代码（见表 7.10），然后是编码命令列表，最后是 SE 代码。换言之，SB 和 SE 定义了一个流中传输的命令列表的界限。

表 7.10　常见的 Telnet 命令

命　　令	ASCII 值	描　　述
Abort Output (AO)	245	终止在远程主机上开始的进程的输出，但允许进程继续运行，可在远程主机不认识 Ctrl+O 命令时使用
Are You There (AYT)	246	询问远程主机它是否在运行
BReaK (BRK)	243	终止远程主机上的进程
Do	253	协商的一部分，使客户和服务器能在选项或参数设置上取得一致
Don't	254	对 Will 命令的响应，指出它不会执行所申请的选项
Erase Character (EC)	247	删除最后输入远程主机的字符
Erase Line (EL)	248	删除最后输入远程主机的行
Go Ahead (GA)	249	在远程主机和用户同步交换时使用
Interpret As Command (IAC)	255	指示接收的 Telnet 将下一字节解释为命令
Interrupt Process (IP)	244	终止远程机器上的进程
Subnegotiation Begin（SB）	250	Telnet 命令序列的起始定界
Subnegotiation End (SE)	240	Telnet 命令序列的终止定界
Will	251	它表示另一站点想使用一特殊选项的申请，还可作为 Do 命令的响应，说明它会执行所申请的选项
Won't	252	对 Do 命令的响应，指出它不会执行所申请的选项

举一个例子来说明命令是如何被发送的。假定已在一远程主机中登录，并准备输入命令 dir 查看命令列表。但无意中输入了 dirr。通常的反应是用退格或删除键来删掉第二个 r。但是，如果远程主机不承认这些键呢？一种选择如下执行：

>dirr<Ctrl-]>

Telnet>send EC

按 Enter 键

得到目录列表

第一行显示了系统提示符（>），后跟输入错误的命令（dirr）。如果用户已发现了输入错误，可以输入 Ctrl-] 作为反应。这使用户跳到 Telnet，可以在那里输入 send EC（第二行）。这使得 EC 命令被发送，有效地擦除了第一行中的第二个 r。用户在第三行按了回车键，从而得到了目录列表。Telnet 的选项很多，常与运行的软件和硬件有关，可借助于帮助机制来获取信息。

7.3.5　网络新闻和 BBS

网络新闻传输协议（Network News Transport Protocol，NNTP）是 Internet 上的一个标准协议，用于分发、查询、检索和张贴新闻文章。NNTP 支持阅读新闻组消息，粘贴新消息，以及在新闻服务器间传输新闻文件。

网络新闻（USENET）是 NNTP 的一种流行的应用。它提供了公告牌、聊天室和网络新闻等。网络新闻是一个巨大的系统，具有大量的新闻组，一天 24 小时，一年 365 天不停地进行。为访问这些新闻组，可从 Internet 上下载一个允许参加任何新闻组的特殊程序。许多商业浏览器，包括 IE 内置了这种功能。可以订购感兴趣的新闻组，通过与电子邮件类型的消息系统通信。网络新闻上的对话在称为新闻组的公共场合进行。

新闻组类似于电子邮件，原因是两者都提供信息传递功能。两者的主要差别是：新闻组服务可以把信息同时发送给多个用户，而电子邮件主要用于一对一的用户通信。

新闻组需要新闻服务器，并且在客户端，用户也应该安装可以读取新闻组的电子邮件程序或安装特殊的新闻组阅读软件。像电子邮件系统一样，新闻组消息也是借助于 NNTP 传送的，而不是使用 SMTP。

新闻组中讨论的话题很多，比如政治、专业、兴趣和体育等。如想加入新闻组，用户只需向驻留该新闻组的服务器预订即可。在预订之后，该用户就会收到其他新闻组成员粘贴的所有信息，自己也可以把新闻组列表作为邮寄地址，写上点消息发送给其他成员。

与电子邮件相比，网络新闻的通信通常是非正式的，对内容没有多少过滤。然而，一些新闻组是有人监控的，可能禁止粘贴被认为对本论坛不合适的回答。网络新闻的操作速度很快，粘贴在快速又频繁地进行。组管理员可以设定某消息在从系统上被删除之前的粘贴时间。讨论组和聊天室是获取有关技术问题信息和帮助的极好场所。它们也提供有关爱好、娱乐和旅游等信息，或提供轻松的政治辩论场所，也可以有机会碰见有共同兴趣的人。

BBS 是 Bulletin Board System 的缩写，即电子公告板。BBS 就像日常生活中的黑板报一样，可以方便、迅速地使用户了解公告信息，是一种有力的信息交流工具。BBS 是 Internet 上的一种电子信息服务系统。用户使用计算机，通过连接 Internet 进入 BBS 系统中，就可以得到 BBS 系统所提供的各种服务。BBS 提供了一块公告电子白板，每个用户都可以在上面书写、发布信息或提出看法。可以方便、迅速地使各地用户了解公告信息，是一种有力的信息交流工具。大部分 BBS 是由教育机构、研究机构或商业机构创建并管理的。

各个 BBS 站的功能有所不同，但主要功能都有软件交流、信息发布以及网上游戏等。用户可以通过信件交流与网友进行通信联络与问题讨论，通过软件交流获取所需要的共享软件，通过信息发布栏寻找自己关心的信息。随着 WWW 的广泛应用，大多数 BBS 站正在向 WWW 的方式转移。

电子邮件是 BBS 系统的基本功能之一，这里的电子邮件有两方面的含义：一是收信，二是发信。BBS 系统一般为每个用户提供一个电子信箱，这个信箱中存放的是其他用户发给该用户的邮件，这种邮件可能是发自同一个 BBS 上的用户，如果 BBS 系统连入了 Internet，那么这些信件就可能是发自 Internet 上的某个结点。有的 BBS 分布在几个地方，而且相互之间通过网络进行连接，那么这些信件还可能发自网上的其他 BBS 站的用户。对发信来说，用户能够将信发给本 BBS 站上的其他用户，对已经连入 Internet 的 BBS，则可以发 Internet 电子邮件，而对已联网的 BBS，则还可以发信给网上的其他 BBS 站上的用户。

在国内高校中使用软件 CTerm（Clever Terminal）来访问 BBS 较为流行。CTerm 不仅能作为普通 Telnet 客户软件用于任何 Telnet 站点的登录，更是针对国内 BBS 的特点设计的一个专用上站软件。它在运行中对用户和服务器之间的信息进行了分析，知道用户在 BBS 上的当前状态，从而提供相应的服务。对于多数 BBS 而言，这些服务功能都是有效的。图 7.14 分别为运用 CTerm 进行登录时选择地址和进入水木清华 BBS 站点的情况。

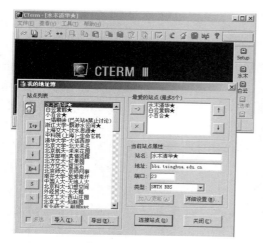

| (a) 登录时选择地址界面 | (b) 进入水木清华 BBS 站点界面 |

图 7.14　运行 CTerm

7.4　Internet 接入方式

如果用户要使用 Internet 提供的服务，则必须首先将自己的计算机接入 Internet，然后才能访问 Internet 中提供的各类服务与信息资源。

广域网互联可以解决远程的局域网和计算机之间的连接，但大多数网络都是公用网络，不可能直接接入用户的家中或办公室里。接入技术负责将用户的局域网或计算机与公用网络连接在一起。对接入的基本要求是：

● 有高的传输速率（即带宽），以便支持多媒体通信。
● 能随时接通或至少可以迅速接通。
● 价格便宜，工作可靠，随处可用。

Internet 接入方式主要有以下 9 种：拨号上网方式、使用 ISDN 专线入网、使用 ADSL 宽带入网、使用 DDN 专线入网、局域网接入、卫星接入、光纤接入、无线网接入和 Cable MODEM 接入。

1. 拨号上网方式

拨号上网方式又称为拨号 IP 方式，因为采用拨号上网方式，在上网之后会被动态地分配一个合法的 IP 地址。用拨号方式上网的投资不大，但是能使用的功能比拨号仿真终端方法连入要强得多。拨号上网就是通过电话拨号的方式接入 Internet 的，但是用户的计算机与接入设备连接时，该接入设备不是一般的主机，而是称为接入服务（Access Server）的设备，同时在用户计算机与接入设备之间的通信必须用专门的通信协议 SLIP 或 PPP。

拨号上网的特点：投资少，适合一般家庭及个人用户使用；速度慢，因为其受电话线及相关接入设备的硬件条件限制，一般在 56kb/s 左右。

2. 使用 ISDN 专线入网

ISDN 专线接入又称为一线通、窄带综合业务数字网业务（N-ISDN）。它是在现有电话网上开发的一种集语音、数据和图像通信于一体的综合业务形式。

一线通利用一对普通电话线即可得到综合电信服务：边上网边打电话、边上网边发传真、两部计算机同时上网、两部电话同时通话等。

通过 ISDN 专线上网的特点：方便，速度快，最高上网速度可达到 128kb/s。

3. 使用 ADSL 宽带入网

ADSL 即不对称数字线路技术，是一种不对称数字用户线实现宽带接入互联网的技术，其作为一种传输层的技术，利用铜线资源，在一对双绞线上提供上行 640kb/s、下行 8Mb/s 的宽带，从而实现了真正意义上的宽带接入。

ADSL 宽带入网特点：与拨号上网或 ISDN 相比，减轻了电话交换机的负载，不需要拨号，属于专线上网，不需另缴电话费。

4. 使用 DDN 专线入网

数字数据网（Digital Data Network，DDN）是利用光纤、数字微波和卫星等数字传输通道和数字交叉复用结点（简称 DDN 结点）组成的数字数据传输网。利用 DDN 专线接入，可提供点到点、一点到多点的半永久性接入。这种方式适合对带宽要求比较高的应用，如企业网站。这种线路优点很多：有固定的 IP 地址、可靠的线路运行、永久的连接等。但是，性能价格比太低，除非用户资金充足，否则不推荐使用这种方式。

5. 局域网接入

局域网连接就是把用户的计算机连接到一个与 Internet 直接相连的局域网 LAN 上，并且获得一个永久属于用户计算机的 IP 地址，不需要 MODEM 和电话线，但是需要有网卡才能与 LAN 通信。同时要求用户计算机软件的配置比较高，一般需要专业人员为用户的计算机进行配置，计算机中还应配有 TCP/IP 软件。

局域网接入的特点：传输速率高，对计算机配置要求高，需要有网卡，需要安装配有 TCP/IP 的软件。

6. 卫星接入

目前，国内一些 Internet 服务提供商开展了卫星接入 Internet 的业务，适合偏远地方又需要较高带宽的用户。卫星用户一般需要安装一个甚小口径终端（VSAT），包括天线和其他接收设备，下行数据的传输速率一般为 1Mb/s 左右，上行通过 PSTN 或者 ISDN 接入 ISP。此外，还可以利用许多低轨卫星构成的一个覆盖全球的通信网的接入方式，例如 Motorola 的铱星系统由 66 颗卫星构成，它用来支持全球移动通信漫游。近年来，由于无线应用协会 WAP 的制定，已实现了移动通信手机接入 Internet。

7. 光纤接入

在一些城市开始兴建高速城域网，主干网速率可达几十 Gb/s，并且推广宽带接入。光纤可以铺设到用户的路边或者大楼，可以以 100Mb/s 以上的速率接入，适合大型企业。

8. 无线网接入

无线网接入采用点对多点微波技术，应用高效率的调制，把数据以无线的形式传送给用户。无线网络技术使用范围广泛，既含有建立远距离无线连接的全球数据网络，也含有用于近距离无线连接的射频技术和红外线技术。

无线网接入的特点：组网灵活，传输性能好，覆盖范围广，频谱利用率高，灵活分配带宽，运营维护成本低，服务快捷。

9．Cable MODEM 接入

目前，中国有线电视网遍布全国，很多城市提供 Cable MODEM 接入 Internet 方式。Cable MODEM 利用有线电视网作为接入网。传统的有线电视网只能单向传输，即从发送端把有线电视信号传输到用户。新近的 Cable MODEM 具有双向传输数据的能力。

通常，普通的 MODEM 是点对点通信方式，Cable MODEM 实际上接近于 LAN 的工作方式，是从一个发送端引出多条总线的方式。由于它的工作方式是共享带宽，当一条电缆上的用户数增加时，它的性能会下降。

Cable MODEM 有外置式和内置式。外置式是把它做成一个独立设备，通常采用以太网接口与计算机相连；内置式通常做成一个 PCI 扩展卡插到计算机中，有的则做在电视机顶盒中，使电视机可以与 Internet 相连，进行双向通信，具有计算机的某些功能。

本 章 小 结

Internet 是由位于世界各地的成千上万的计算机相互连接在一起形成的可以相互通信的计算机网络系统。Internet 发展非常迅速，但为改善目前的 Internet，产生了 Internet2。互联网上每台主机都有一个 IP 地址。把域名翻译成 IP 地址的软件称为域名系统 DNS。Internet 可以提供 WWW、电子邮件、文件传输、远程登录等多种服务。目前有拨号上网方式、使用 ADSL 宽带入网、使用 ISDN 专线入网、局域网接入、使用 DDN 专线入网等多种 Internet 接入方式。

练 习 题

1．什么是第二代互联网？为什么会产生第二代互联网？
2．IP 地址是怎么产生的？
3．简述 IP 地址的结构。
4．为什么将 IP 地址分类？简述 IP 地址分类。
5．怎样使用点分十进制表示法？
6．应用域名系统的意义是什么？
7．什么是超文本协议？
8．什么是统一资源定位符？
9．简述电子邮件服务的基本原理。
10．基本 ASCII 电子邮件的格式是什么？
11．为什么会产生多用途互联网邮件扩展？
12．文件传输服务的工作原理是什么？
13．FTP 和 TFTP 的主要区别是什么？
14．什么是 Telnet？
15．什么是 NNTP 和 BBS？
16．Internet 接入方式有哪些？

Chapter 8

第 8 章　计算机网络安全

教学要求

　　⊠ 掌握：网络安全的概念。

　　⊠ 理解：计算机网络安全的要求，防火墙技术。

　　⊠ 了解：计算机网络的保护策略，计算机网络安全的技术措施，网络安全的防卫。

　　网络是当今最为激动人心的技术之一，它的出现和快速发展，特别是 Internet 的迅猛发展正在使世界成为一个村落。网络在迅速发展的同时也在迅速改变着人们的生活，给人们带来了新的学习、工作和娱乐方式。甚至可以说，网络正在成为一种新的生活方式。

　　网络在为人们提供更多的机会和方便，更加绚丽多彩地将世界展现在人们面前的同时也带来了一些新问题，网络犯罪的日益增多对网络安全运行和进一步发展提出了挑战。

8.1　计算机网络安全概述

　　网络安全从其本质上来讲就是网络上的信息安全。它涉及的领域相当广泛，这是因为在目前的公用通信网络中存在着各种各样的安全漏洞和威胁。

　　从用户（个人、企业等）的角度来说，他们希望涉及个人隐私或商业利益的信息在网络上传输时受到机密性、完整性和真实性的保护，避免其他人或对手利用窃听、篡改、抵赖等手段对用户的利益和隐私造成损害和侵犯，同时也希望当用户的信息保存在某个计算机系统上时，不受其他非法用户的非授权访问和破坏。

从网络运行和管理者角度来说，他们希望对本地网络信息的访问、读写等操作受到保护和控制，避免出现"陷门"、病毒、非法存取、拒绝服务、网络资源非法占用和非法控制等威胁，制止和防御网络"黑客"的攻击。

对安全保密部门来说，他们希望对非法的、有害的或涉及国家机密的信息进行过滤和防堵，避免其通过网络泄露，避免由于这类信息的泄密对社会产生危害，对国家造成巨大的经济损失。

从社会教育和意识形态角度来讲，网络上不健康的内容，会对社会的稳定和人类的发展造成阻碍，必须对其进行控制。

因此，网络安全在不同的环境和应用会得到不同的解释。从广义上来说，凡是涉及网络上信息的保密性、完整性、可用性、真实性和可控性的相关技术和理论，都是网络安全所要研究的领域。网络安全更通用的定义是：网络安全是指网络系统的硬件、软件及其系统的数据受到保护，不受偶然的或者恶意的原因而遭到破坏、更改、泄露，系统连续可靠正常地运行，网络服务不中断。

随着网络应用的发展，网络在各种信息系统中的作用变得越来越重要，人们也越来越关心网络安全和网络管理的问题。

8.2　计算机网络的安全要求

一个计算机网络通常涉及很多因素，包括人、各种设施和设备、计算机系统软件与应用软件、计算机系统内存储的数据等，而网络的运行需要依赖于所有这些因素的正常工作。因此，计算机网络安全的本质就是要保证这些因素避免各种偶然的和人为的破坏与攻击，并且要求这些资源在被攻击的状况下能够尽快恢复正常的工作，以保证系统的安全可靠性。

计算机网络安全包括以下 6 方面的内容：
- 保护系统和网络的资源免遭自然或人为的破坏。
- 明确网络系统的脆弱性和最容易受到影响或破坏的地方。
- 对计算机系统和网络的各种威胁有充分的估计。
- 要开发并实施有效的安全策略，尽可能减少可能面临的各种风险。
- 准备适当的应急计划，使网络系统在遭到破坏或攻击后能够尽快恢复正常工作。
- 定期检查各种安全管理措施的实施情况与有效性。

一般来说，计算机网络系统的安全性越高，它需要的成本也就越高，因此，系统管理员应该根据实际情况进行权衡，并灵活地采取相应的措施使被保护的信息的价值与为保护它所付出的成本能够达到一个合理的水平。

8.2.1　计算机网络安全的要求

为了保证计算机系统的安全，防止非法入侵对系统的威胁和攻击，正确地确定政策、策略和对策非常重要。要根据系统安全的需求和可能进行系统安全保密设计，在安全设计的基础上，采取适当的技术组织策略和对策。为此，首先需要明确计算机系统的安全需求。

计算机系统的安全要求就是要保证在一定的外部环境下，系统能够正常、安全地工作，也就是说，它是为保证系统资源的安全性、完整性、可靠性、保密性、有效性和合法性，为维护正当的信息活动，以及与应用发展相适应的社会公德和权利，而建立和采取的技术措施与方法的总和。

1. 保密性

广义的保密性是指保守国家机密，或是未经信息拥有者的许可，不得非法泄露该保密信息给非授权人员。狭义的保密性则是指利用密码技术对信息进行加密处理，以防止信息泄露。这就要求系统能对信息的存储、传输进行加密保护，所采用的加密算法要有足够的保密强度，并具有有效的密钥管理措施。此外，还要能防止因电磁泄漏而造成的失密。

2. 安全性

安全性标志着一个信息系统的程序和数据的安全保密程度，即防止非法使用和访问的程度。计算机网络的安全性包括内部安全和外部安全两个方面的内容。

内部安全是在计算机系统的内部实现的，它包括对用户进行识别和认证，防止非授权用户访问系统。确保系统的可靠性，以避免软件的缺陷（Bug）成为系统的入侵点；对用户实施访问控制，拒绝用户访问超出其访问权限的资源，加密传输和存储数据，防止重要信息被非法用户理解或修改；对用户的行为进行实时监控和审计，检查其是否对系统有攻击行为，并对入侵的用户进行跟踪。

外部安全包括物理（如设备、线路、网络等）安全、人事安全和过程安全 3 个方面。物理安全是指对计算机设备与设施加建防护措施，如加防护围墙、加安保人员、终端上锁、安装防电磁泄漏的屏蔽设施等；人事安全是指对有关人员参与信息系统工作和接触敏感性信息是否合适、是否值得信任的一种审查；过程安全包括某人对计算机设备进行访问处理的 I/O 操作，装入软件、连接终端用户和其他的日常管理工作等。

内部安全和外部安全是相互关联的，应该将二者有机地结合起来，以确保系统的安全性。

3. 完整性

完整性标志着程序和数据的信息完整程度，使程序和数据能满足预定要求。它是防止信息系统内程序和数据不被非法删改、复制和破坏，并保证其真实性和有效性的一种技术手段。完整性分为软件完整性和数据完整性两个方面。

（1）软件完整性。软件是计算机系统的重要组成部分，它能完成各种不同复杂程度的系统功能。软件的优点是，编程人员在开发或应用过程中可以随时对它进行更改，以使系统具有新的功能，但这种优点给系统的可靠性带来了严重的威胁。

在开发应用环境下，对软件的无意或恶意地修改已经成为对计算机系统安全的一种严重威胁。虽然目前人们把对计算机系统的讨论与研究都集中在信息的非法泄露上，但是在许多应用中，软件设计或源代码的泄露使系统面临着巨大的威胁。非法的程序员可以对软件进行修改，有时候这种修改是无法检测到的。例如，攻击者将特洛伊木马程序引入系统软件，在系统软件中为自己设置一个后门，导致机密信息的非法泄露。另外，非法的程序员还可以将一段病毒程序附加到软件中，一旦病毒感染系统，将会给系统带来严重的损失，导致系统完全瘫痪，比如臭名昭著的 CIH 病毒。因此，软件产品的完整性问题对计算机系统安全的影响越来越重要。通常，人们应该选择值得信任的系统或软件设计者，同时还要有相应的软件测试工具来检查软件的完整性，以保证软件的可靠性。

（2）数据完整性。数据完整性是指所有计算机信息系统，以数据服务于用户为首要要求，保证存储或传输的数据不被非法插入、删改、重发或意外事件的破坏，保持数据的完整和真实。

4．服务可用性

服务可用性是指无论何时，只要用户需要，系统和网络资源必须是可用的，尤其是当计算机网络系统遭到非法攻击时，它必须仍然能够为用户提供正常的系统功能或服务。目前，在很多系统软件和上层应用软件中存在着大量的问题和漏洞，造成系统很容易受到攻击，比如邮件炸弹。当系统被破坏后，会造成暂时无法响应用户请求，甚至会使系统死机，妨碍了正常用户对系统的使用，破坏了服务可用性。因此，为了保证系统和网络的可用性，必须解决网络和系统中存在的各种破坏服务可用性的问题。

5．有效性和合法性

信息接收方应能证实它所收到的信息内容和顺序都是真实的，应能检验收到的信息是否过时或为重播的信息。信息交换的双方应能对对方的身份进行鉴别，以保证收到的信息是由确认的对方发送过来的。信息传输中信息的发送方可以要求提供回执，但是不能否认从未发过任何信息并声称该信息是接收方伪造的；信息的接收方不能对收到的信息进行任何的修改和伪造，也不能抵赖收到的信息。

在信息化的全过程中，每一项操作都有相应的实体承担该项操作的一切后果和责任，而每项操作都应留有记录，以备审查，并防止操作者推卸责任。

8.2.2　计算机网络的保护策略

面对日益严峻的安全问题，如何才能保护网络呢？该问题可以分解成以下 6 个问题。

1．创建安全的网络环境

监控用户以及授权他们能在系统做什么，如使用访问控制、身份识别/授权、监视路由器、使用防火墙程序，以及其他的一些方法，如口令/指纹鉴别、确认身份等。

2．数据加密

网络的一个问题是侵入者可以介入用户的系统并偷窃数据。这不仅可以通过使用防止接入的不同媒体来防范，也可以通过对信息进行加密来防范。这样，即使数据被偷走了也很难被翻译出来。

3．调制解调器安全

当有人解开了用户的密码和口令，获得了对系统的访问权时，调制解调器就能成为进入用户系统的非法方式。可以使用一些技术阻碍非法的调制解调器访问。

4．灾难和意外

如果有灾难威胁到了网络，应如何做呢？如果在发生灾难之前，备份了方案，当灾难发生之后，有了上述方法以后从灾难中恢复数据就容易多了。安全地放置设备，使之远离火灾、水灾、电磁辐射等也不失为有效的方法。

5．将安全视为重要因素的系统计划和管理

"安全第一"说的就是这个意思，在系统计划和管理的过程中，时时强化网络安全是十分重要的思想，包括人事管理、门卫措施，恰当的计划和管理网络，这对任何不测都是最为有效的。

6．使用防火墙

与 Internet 有关的安全漏洞会让侵入者有系统地进行破坏，例如伪装和拒绝服务。使用伪装，非法者可以伪装成合法用户。这可以用许多方法进行，简单到使用偷来的口令进行登录或使用别人的 ID 卡进入计算机房，复杂到使用录音重放装置通过声音识别系统和远端操纵。

拒绝服务更为严重，因为它企图中断计算机系统或设备的操作。这会极大地减慢服务速度，严重地影响系统的操作。如 Internet 蠕虫，该程序在许多网络和系统中传输，将系统或网络减慢得像条蠕虫，从而使网络达到拒绝服务的目的。还有其他的方法可以造成拒绝服务，如重新格式化分区、切断电源、切断网线缆或删除重要文件等。

使用防火墙可以防止上述威胁。

8.2.3　计算机网络安全技术措施

有了网络安全策略对于网络安全来说只是前提，具体如何做到网络安全，必须依赖相应的安全措施技术。安全策略大体对应以下 6 种安全技术措施。

1．身份验证

上网者那么多，非法侵入者混在其中，如何在网上识别并证实用户呢？身份验证可以做到这一点。系统一般给每个用户提供唯一的用户标识符，而且提供一种验证手段，来验证登录的用户是不是真正拥有该用户标识符的合法用户，这种验证一般通过口令、卡片密钥、签名或指纹来实现的，通过身份验证确保客户机与服务器的相互身份的真实性。

口令是最常用的验证手段，一般采用加长口令字、使用较大字符集构造口令、限制用户输入口令次数以及限制用户注册时间等方法，一些安全级别较高的系统还要求验证过程中口令不得以明文方式传输，不得以明文方式存放于系统中，以及口令主流内存时间应尽可能短等。采取上述方法是为了加强口令的安全，防止入侵者盗用用户口令。

现在已经产生了很多加强口令安全性的工具，如 UNIX 系统的 Crack，通过检测系统模型中各种脆弱的地方帮助安全管理员来辨别口令，提醒用户更换新口令；而 Shadow 替代常用的密码控制机制，通过从公开可读的文件/etc/passwd 中移走加密口令，将其隐藏在一个只有该用户本身才有访问权的地方来加强安全性，防止密码被其他非授权用户获取。

2．访问授权

访问授权是指用户的身份通过认证后，确定该用户可以访问哪些资源以及可以进行何种方式的操作访问等。

大多数系统都通过在每个资源上加上 ACL（Access Control List）来处理访问的授权问题。ACL 指定哪些用户或用户组可以进行访问操作。这些访问操作包括读/写、可执行、修改 ACL、插入、删除、连接、测试等。每个目标对象都有一个 ACL，目标对象可以是文件、目录、图形或数据库记录等，以此实现细致的访问控制。

3．加/解密技术

对计算机数据的保护包括 3 个层次的内容，首先是要尽量避免非授权用户获取数据；其次要保证即使用户获取了数据，仍无法理解数据的真正意义；最后要保证用户窃取了数据后不能修改数据，或者修改了数据后也能被及时地发现。

密码学是安全领域的最基本的技术之一，它的方法和技术不仅从体制上保证了信息不被窃取和篡改，是实现数据安全的重要保障；同时，它还是其他安全技术的基础。例如，利用加密技术可以方便地实现数字签名、身份认证等技术。

加/解密的基本思想是"伪装"信息，使非授权者不能理解信息的真实含义，而授权者却能够理解"伪装"信息的真正含义。

加密算法通常分为对称密码算法和非对称密码算法两类。对称密码算法使用的加密密钥和解密密钥相同，并且从加密过程能够推导出解密过程，对称密码算法的优点是具有很高的保密强度，可以承受国家级破译力量的攻击，但它的一个缺点是拥有加密能力就可以实现加密，因此必须加强密钥的管理。使用最广泛的对称加密算法是 DES，它使用 64 位密钥加密信息。

非对称加密算法正好相反，它使用不同的密钥对数据进行加密和解密，而且从加密过程不能推导出解密过程，最著名的非对称加密算法是 RSA 加密算法。非对称加密算法的优点是适合开放的使用环境，密码管理方便，可以方便安全地实现数字签名和验证；缺点是保密强度远远不如对称加密算法。绝大多数已发明的非对称加密算法已被破译，剩下的几种也存在一些缺陷。

4．实时侵入检测技术

实时侵入检测技术在网络安全中不仅可对用户活动进行跟踪，实现侵入检测，而且可起到报警器和安全摄像机的作用。当检测到侵入时，系统便根据时间记录的文字或图像消息，通知有关的管理人员。通知的方式可以是电子邮件，对相应人员的屏幕提示，简单的事件记录，攻击情况的自动打印输出以及基于简单网络管理协议（SNMP）的网络管理系统的自动联系。

5．防火墙技术

防火墙是一种有效的网络安全机制，是保证主机和网络安全必不可少的工具。防火墙是在内部网与外部网之间实施安全防范的系统，它可以看成一种访问控制机制，用于确定哪些内部资源允许外部访问以及允许哪些内部网用户访问哪些外部资源和服务等。防火墙通常安装在被保护的内部网和外部网的连接点上，从外部网或内部网上产生的任何事件都必须经过防火墙，防火墙会判断这些事件是否符合站点的安全策略，从而确定这些事件是否可以接受。

关于防火墙的具体内容将在 8.3 节中详细介绍。

6．安全扫描

安全扫描是一种新的安全解决思路，它的基本思想是模仿黑客的攻击方法，从攻击者的角度来评估系统和网络的安全性。扫描器是实施安全扫描的工具，它通过模拟的攻击来查找目标系统和网络中存在的各种安全漏洞，并给出相应的处理方法，从而提高系统的安全性。

安全扫描这种方法能够更准确地向系统管理员指明系统中存在安全问题的地方以及应该加强管理的方向，而且还指出了具体的解决措施。对管理员来说，安全扫描的方法比其他安全方案更有指导性和针对性。也正因为如此，安全扫描目前得到了迅猛的发展，很多安全厂商，如 NAI、ISS 和 Cisco 公司等，都开发了各自的安全扫描器。扫描器作为一个非常有效的安全管理工具已经成为安全解决方案中一个重要的组成部分。

8.3　防火墙技术

防火墙（Firewall）是位于两个网络之间执行控制策略的系统，它使得内部网络与 Internet 之间，或者与其他外部网络互相隔离，从而保护内部网络的安全。简单的防火墙只用路由器就可以实现，复杂的要用主机甚至一个子网来实现。设置防火墙是为了在内部网与外部网之间设立唯一的通道，从而简化网络的安全功能。

防火墙的主要功能有：
- 过滤掉不安全的服务和非法用户。
- 控制对特殊站点的访问。
- 监视 Internet 安全和预警。

8.3.1　防火墙的种类

防火墙的实现技术可以从层次上大体划分为 2 种：报文过滤和应用层网关。

1．报文过滤

报文过滤是在网络协议的 IP 层实现的，只用路由器就可以完成。它根据报文的源 IP 地址、目的 IP 地址、源端口、目的端口及报文传递方向等报头信息来判断是否允许报文通过。报文过滤应用非常广泛，因为 CPU 用来处理报文过滤的时间可以忽略不计，而且这种防护措施对用户透明，合法用户在进出网络时，根本感觉不到它的存在，使用起来很方便。

报文过滤的主要弱点是不能在用户级别上进行过滤，即不能识别不同的用户和防止 IP 地址的盗用，如果攻击者把自己主机的 IP 地址设成一个合法主机的 IP 地址，就可以很轻易地通过报文过滤器。

2. 应用层网关

报文过滤的弱点可以通过应用层网关来克服，在网络协议的应用层实现防火墙，其方式有多种多样，下面是 7 种应用层的防火墙的设计思路。

（1）应用代理服务器。应用代理服务器在网络应用层提供授权检查及代理服务。当外部某台主机试图访问受保护的网络时，必须先在防火墙上经过身份认证，然后防火墙把外部主机与内部主机连接。防火墙可以限制用户访问的主机、访问时间及访问的方式。同样，受保护网络内部用户访问外部网时也需先登录到防火墙上，通过验证后才可访问。

（2）回路级代理服务器。套接字服务器（Sockets Server）是一种回路级代理服务器。套接字是一种网络应用层的国际标准，当受保护网络客户机需要与外部网交换信息时，在防火墙上的服务器检查客户的 User ID、IP 源地址和 IP 目的地址，经过确认后才与外部的服务器建立连接。对用户来说，受保护网与外部网的信息交换是透明的，感觉不到防火墙的存在，因为网络用户不需要登录到防火墙上，受保护网络用户访问公共网所使用的 IP 地址也是防火墙的 IP 地址。

（3）代管服务器。代管服务器技术是把不安全的服务，例如 FTP、Telnet 等放到防火墙上，使它同时充当服务器，对外部的请求做出回答。与应用层代理实现相比，代管服务器技术不必为每种服务专门写程序，而且，受保护网内部用户想对外部网访问时，也需先登录到防火墙上，再向外提出请求，这样从外部网只能看到防火墙，从而隐藏了内部地址，提高了安全性。

（4）IP 通道。如果一个大公司的两个子公司相隔较远，需要通过 Internet 进行通信，则可以采用 IP 通道来防止 Internet 上的黑客截取信息，从而在 Internet 上形成一个虚拟的企业网。

（5）网络地址转换器。一般来说，若内部网直接连到 Internet 上时，必须有一个合法的 IP 地址，若通过防火墙就不必要了。网络地址转换器（Network Address Translate）就是在防火墙上装一个合法 IP 地址集，当内部某一用户要访问 Internet 时，防火墙动态地从地址集中选一个未分配的地址分配给该用户，该用户即可使用这个合法地址进行通信。同时，对于内部的某些服务器如 Web 服务器，网络地址转换器允许为其分配一个固定的合法地址，这样外部网络的用户就可通过防火墙来访问内部的服务器，缓解 IP 地址少的矛盾，也隐藏了内部主机的 IP 地址，提高了安全性。

（6）隔离域名服务器。这种技术是通过防火墙将受保护网络的域名服务器与外部网的域名服务器隔离，使外部网的域名服务器只能看到防火墙的 IP 地址，无法了解受保护网络的具体情况，这样可以保证受保护网络的 IP 地址不被外部网络所知悉。

（7）邮件技术。当防火墙采用上面所提到的几种技术使得外部网络只知道防火墙的 IP 地址和域名时，从外部网络发来的邮件，就只能送到防火墙上。这时防火墙对邮件进行检查，若发送邮件的源主机是被允许通过的，防火墙才对邮件的目的地址进行转换，送到内部的邮件服务器，由其进行转发。

8.3.2　防火墙的构建

一般来说，防火墙可以有以下 4 种基本结构。

1．屏蔽路由器（Screening Router）

这是防火墙最基本的构件，它可以由厂家专门生产的路由器来实现，也可以用主机来实现。屏蔽路由器作为内外连接的唯一通道，要求所有的报文都必须在此通过检查。路由器上可以安装基于 IP 层的报文过滤软件，实现报文过滤功能，许多路由器本身也带有报文过滤配置选项，但一般比较简单。

单纯由屏蔽路由器构成的防火墙的危险带包括路由器本身及路由器允许访问的主机，它的缺点是一旦被攻陷后很难发现，而且不能识别不同的用户。

2．双穴主机网关（Dual Homed Gateway）

双穴主机网关是用一台装有两块网卡的堡垒主机做防火墙，两块网卡各自与受保护网和外部网相连，堡垒主机上运行着防火墙软件，可以转发应用程序、提供服务等。它的系统软件可用于维护系统日志、硬件复制日志或远程日志，便于日后检查，这是它比屏蔽路由器好的地方。

双穴主机网关的一个致命弱点是，一旦入侵者侵入堡垒主机并使其具有路由功能，则任何网上用户均可以随便访问内部网。

3．屏蔽主机网关（Screened Host Gateway）

屏蔽主机网关技术易于实现也很安全，因此应用广泛。例如，一个分组过滤路由器连接外部网络，同时一个堡垒主机安装在内部网络上，通常在路由器上设立过滤规则，并使这个堡垒主机成为外部网络唯一可直接到达的主机，这确保了内部网络不受未被授权的外部用户的攻击。

如果受保护网是一个虚拟扩展的本地网，即没有子网和路由器，那么内部网的变化不影响堡垒主机和屏蔽路由器的配置。这时，危险带限制在堡垒主机和屏蔽路由器，网关的基本控制策略由安装在上面的软件决定，如果攻击者设法登录到它上面，内部网中的其余主机就会受到很大威胁。

4．屏蔽子网（Screened Subnet）

在内部网络和外部网络之间建立一个被隔离的子网，用两台分组过滤路由器将这个子网分别与内部网络和外部网络分开。在实现中，两个分组过滤路由器放在子网的两端，有的屏蔽子网中还设有一堡垒主机作为唯一可访问点，支持终端交互或作为应用网关代理。这种配置的危险带仅包括堡垒主机、子网主机及所有连接内部网、外部网和屏蔽子网的路由器。

8.3.3 防火墙的局限性

目前的防火墙还存在着许多不能防范的安全威胁。例如，Internet 防火墙还不能防范不经过防火墙产生的攻击，比如，如果允许内部网络的用户通过调制解调器不受限制地向外拨号，就可以形成与 Internet 直接的 SLIP 或 PPP 连接，由于这个连接绕开了防火墙，直接连接到外部网络（Internet），就有可能成为一个潜在的后门攻击渠道。因此，必须使用户知道，绝对不能允许这类连接成为一个机构整体安全结构的一部分。

防火墙不能防范由于内部用户不注意所造成的威胁，此外，它也不能防止内部网络用户将重要的数据复制到软盘或光盘上，并将这些数据带到外边。对于上述问题，只能通过对内部用户进行安全教育，了解各种攻击类型以及防护的必要性。

另外，防火墙很难防止受到病毒感染的软件或文件在网络上传输。因为现在存在的各类病毒、操作系统以及加密和压缩文件的种类非常多，不能期望防火墙对文件逐个扫描查找病毒。因此，内部网中的每台计算机设备都应该安装反病毒软件，以防止病毒从软盘或其他渠道流入。

最后说明一点，防火墙很难防止数据驱动式攻击。当有些表面看来无害的数据被邮寄或复制到 Internet 主机上并被执行发起攻击时，就会发生数据驱动攻击。例如，一种数据驱动的攻击可以造成一台主机与安全有关的文件被修改，从而使入侵者下一次更容易入侵该系统。

8.4　网络安全的防卫

对于网络上的普通用户，自己的计算机连入诸如 Internet 之类的网络，本身并没有那么多的秘密资源及核心数据，网络安全与自己关系似乎不大。的确，普通用户不会有那么严重的安全问题，但以下 4 个方面的问题要引起关注。

1. 防备来自网络的病毒

网络病毒使人具有防不胜防的感觉，以下是 4 类网络病毒：

（1）电子邮件病毒。有毒的通常不是邮件本身，而是其所夹带的附件，例如附件扩展名为 exe 的可执行程序，或者是 Word、Excel 等宏文件。

（2）Java 程序含毒。Java 因为具有良好的安全性和跨平台执行的能力，成为网页上最流行的程序语言，用 Java 写的程序称为 Java Applet，由于它可以跨平台执行，因此不论是 Windows 9x/NT 还是 UNIX 工作站，都可以被 Java 病毒所感染。

（3）ActiveX 病毒。ActiveX 是由微软针对 Internet 环境所提出来的程序，扮演的角色与 Java 颇为类似，都是让浏览器实现互动程序。当使用者浏览含有病毒的网站时，就可能通过 ActiveX 控件将病毒下载至计算机上。

（4）网页也能传染病毒。上面介绍的 Java 和 ActiveX 病毒，它们大部分都保存在网页中，所以网页当然也能传染病毒。这种类型的计算机病毒，并不会因为用户浏览含有病毒程序的网页而受到感染，而是在用户将该网页储存在磁盘上面，在使用浏览器去开启时才有可能被感染。

这些形形色色通过网络传播的大都有害或小部分无意义的计算机程序，使个人计算机乃至大型网络染上瘟疫。

对于计算机病毒，一般的杀病毒软件就能较好地解决。不过，由于病毒不断有新品种出现，因此杀毒软件也要时常更新版本。

2．不运行来历不明的软件

在网上除了病毒之外，还有许多黑客程序，它们企图通过网络攻击，破坏或操纵用户的计算机。从黑客程序的运行原理来看，黑客的服务程序必须在客户的正常程序下被启动，才能生效。而运行来历不明的或盗版的软件，就极可能激活它。所以，用户不要随便在 Internet 上下载软件，尤其是那些莫名其妙的 FTP 站点。现在的黑客程序可以轻易地捆绑在任何 exe 文件上，而用通常的手法又不能发现它，用户一旦运行它，就会成为它的受害者。

另外，用户要时时提高警惕，对于电子邮件附件，打开前应该检查是否有黑客程序，以绝后患。不要将用户浏览器的数据传输警告窗关闭，不要随意回答一些主页上提出的关于用户个人的问题。尽可能把用户浏览器的"接收 Cookie"复选框关闭，因为很难说别人加在用户 Cookie 里的字节是些什么东西。

任何黑客的入侵都是有一定现象的，所以积极学习如何识别系统的异常现象、如何追踪入侵者、掌握正确的上网知识是很有必要的。在做加密或数据备份时，最好以离线方式去做。

3．加强计算机密码管理

一般用户的计算机安全是通过设置密码实现的。因此要加强对密码的管理，特别是在不久的将来，计算机的功能将比现在强大得多，网上购物、网上现金转账等都是和钱打交道，稍有不慎，丢失密码或被他人盗取，都会造成损失。为此，需注意如下 4 点：

（1）不要将密码写在纸上。

（2）不要在进行某个重要的程序并进行处理的过程中（比如账户查询或订购商品）离开计算机，必须退出相关程序才能离开。

（3）存密钥的磁盘要妥善保管。因为有许多应用，比如联机购物、电子转账等，都用密钥盘加以管理。

（4）密码不要太容易被猜出，比如不要用生日或年龄等数字，好的密码不但有字符，还有数字、标点符号、控制字符和空格，这样不易被破解。

4．要培养网上道德

网络给许多用户提供了广阔的施展空间，许多人跃跃欲试，虽然大多数人是出于好玩或显显本事。一般来讲，要进入一个没有授权的系统是很困难的，而且在试图闯进去时往往已被监视，未伸手也许已被捉。每个网上用户都应该明白：不离开家的电子犯罪与蒙面强盗一样，擅自闯进别的系统中首先是不道德的。如果蓄意破坏，将会受到法律的制裁。

本 章 小 结

随着网络应用的发展，网络在各种信息系统中的作用变得越来越重要。对于任何一种信息系统，安全性的作用在于防止未经过授权的用户使用甚至破坏系统中的信息。可以采用的安全措施包括创建安全的网络环境、数据加密、制定应付灾难和意外的办法以及使用防火墙技术等。

练 习 题

1．什么叫网络安全？
2．对计算机网络的安全要求包括哪几方面的内容？
3．计算机网络安全的保护策略有哪些？
4．计算机网络安全技术措施有哪些？
5．防火墙的种类有哪些？各有什么特点？
6．普通用户上网时应注意的问题有哪些？

第9章 实际技能训练与实例

9.1 实训1——网络通信线的连接与制作

9.1.1 实训目的

（1）熟悉双绞线、同轴电缆的物理特性及其连接器的接口标准。

（2）学会使用剥线钳、压线钳。

（3）掌握直通线和交叉线的制作方法。

9.1.2 实训环境

硬件平台：计算机、双绞线、同轴电缆、水晶头、双绞线工具、同轴电缆工具等。

9.1.3 背景知识

1．RJ-45水晶头

制作双绞线所需要的连接器是RJ-45水晶头，它前端有8个凹槽，凹槽内的金属接点共有8个。常见的和RJ-45很相近的有RJ-11接头。

RJ-45接头（水晶头）的一侧带有一条具有弹性的卡栓，用来固定在RJ-45插槽上。翻过来相对的一面，则可看到 8 只金属接脚。将接脚朝向自己，最左边的就是第 1 脚，然后往右依次为第 2,3,…,8 脚。

2．BNC 接口

BNC 接口用来连接同轴电缆。使用同轴电缆，两头必须装上基本网络接头（BNC），然后连接在 T 形连接器两端。

3．直通双绞线

计算机等网络设备连接到 HUB 上时，用的网线为直通线，双绞线的两头连线要一一对应，且必须严格按照 EIA/TIA568B 布线标准制作，即双绞线两端的顺序从左到右都是橙白、橙、绿白、蓝、蓝白、绿、棕白、棕。此时，直通线的一端连接到 HUB 的普通口上，另一端连接到计算机网卡上。

4．交叉双绞线

在进行 HUB 级连或交换机级连时，通常需要使用交叉双绞线。这里的交叉双绞线，即在制作双绞线网线时，一端按照正常的顺序排列线缆，另一端使 1 线缆与 3 线缆交换，2 线缆与 6 线缆交换，即按如下色谱制作。

A 端：橙白、橙、绿白、蓝、蓝白、绿、棕白、棕；

B 端：绿白、绿、橙白、蓝、蓝白、橙、棕白、棕。

级连 HUB 间的网线长度不应超过 100m，HUB 的级连不应超过 4 级。因交叉线较少用到，故应做特别标记，以免日后误做直通线用，造成线路故障。

9.1.4　实训内容

（1）考察双绞线及其接口。
（2）考察同轴电缆及其接口。
（3）制作双绞线 RJ-45 接头、直通双绞线和交叉双绞线。
（4）直通双绞线的测试。
（5）制作同轴细缆 BNC 接头。

9.1.5　实训步骤

1．考察双绞线布线设备

（1）剥开双绞线，观察双绞线内部 8 根芯线的颜色、状态。
（2）观察水晶头的形状、结构。

2．制作双绞线 RJ-45 接头和直通双绞线

制作步骤如下：

（1）剥线。取双绞线一头，用卡线钳剪线刀口将双绞线断头剪齐，再将双绞线断头伸入

剥线刀口，使线头触及前挡板，然后适度握紧卡线钳，同时慢慢旋转双绞线，让刀口划开双绞线的保护胶皮，剥出保护胶皮。

注意：握卡线钳的力度不能过大，否则会剪断芯线；剥线的长度为 13～15mm，不宜太长或太短。

（2）理线。双绞线由 8 根有色导线两两绞合而成，将其整理平行，从左到右按橙白、橙、绿白、蓝、蓝白、绿、棕白、棕色平行排列，整理完毕后用剪线刀口将前端修齐；按顺时针方向排列。

（3）插线。将 8 条线并拢后用卡线钳剪齐，并留下约 12mm 的长度。一只手捏住水晶头，将水晶头有弹片的一侧向下，另一只手捏平双绞线，稍稍用力将排好的线平行插入水晶头内的线槽中，8 条导线顶端应插入线槽顶端。将并拢的双绞线插入 RJ-45 接头时，注意"橙白"线要对着 RJ-45 接头的第 1 脚。

（4）压线。确认所有导线都到位以后，将水晶头放入卡线钳夹槽中，用力捏卡线钳，压紧线头即可。

注意：压过的 RJ-45 接头的金属脚一定会比未压过的低，这样才能顺利地嵌入芯线中。

（5）将双绞线另一端按同样的方法制作了 RJ-45 水晶头后，一条直通双绞线就制作完成了。

3．制作交叉双绞线

制作步骤如下：

第（1）～（4）步与制作双绞线 RJ-45 接头相同。

（5）取双绞线另一头按照上述方法完成剥线、理线、插线、压线各步骤。

注意：在理线步骤中，双绞线 8 根有色导线从左至右的顺序是按绿白、绿、橙白、蓝、蓝白、橙、棕白、棕色顺序平行排列，其他步骤相同。

4．双绞线测试

直通双绞线制作完成，需用电缆测试仪测试双绞线。测试时将双绞线两端分别插入信号发射器和信号接收器，打开电源，同一条线的指示灯会一起亮起来，例如发射器的第一个指示灯亮时，若接收器第一个灯也亮，表示两者第 1 脚接在同一条线上；若发射器的第一个灯亮时，接收器却没有任何灯亮起，那么这只脚与另一端的任何一只脚都没有连通，可能是导线中间断了，或是两端至少有一个金属片未接触该条芯线。

5．考察同轴细缆布线设备

（1）观察同轴细缆状态、结构。

（2）观察 BNC 接头形状、结构。

6．制作同轴细缆 BNC 接头

同轴细缆两端通过 BNC 接头连接 T 形 BNC 接头，T 形 BNC 接头连接网卡，用同轴细缆组网需在同轴细缆两端制作 BNC 接头。BNC 接头有压接式、组装式和焊接式，制作压接式 BNC 接头需要专用卡线钳和电工刀。压接式 BNC 接头制作步骤如下：

（1）剥线。用小刀将同轴细缆外层保护胶皮剥去 1.5cm，小心不要割伤金属屏蔽线，再将芯线外的乳白色透明绝缘层剥去 0.6cm，使芯线裸露。

（2）连接芯线。剥好线后，将芯线插入芯线插针尾部的小孔中，用专用卡线钳前部的小槽用力夹一下，使芯线压紧在小孔中。使用电烙铁焊接芯线与芯线插针，焊接芯线插针尾部的小孔中置入一点松香粉或中性焊接剂后焊接，焊接时注意不要将焊锡流露在芯线插针外表面，否则会导致芯线插针报废。

（3）装配 BNC 接头。连接好芯线后，先将屏蔽金属套筒套入同轴细缆，再将芯线插针从 BNC 接头本体尾部孔中向前插入，使芯线插针从前端向外伸出，最后将金属套筒前推，使套筒将外层金属屏蔽线卡在 BNC 接头本体尾部的圆柱体。

（4）压线。保持套筒与金属屏蔽线接触良好，用卡线钳上的六边形卡口用力夹，使套筒形变为六边形。重复上述方法在同轴细缆另一端制作 BNC 接头即制作完成，使用前最好用万用表检查，断路和短路均会导致无法通信，还有可能损坏网卡或集线器。

（5）利用一只 BNC 接头，在 BNC 接头的芯线和外壳之间焊接一个终端电阻器，外层引出一根线作为接地线。

9.2 实训 2——无线局域网组建

9.2.1 实训目的

（1）学会无线网卡的安装。
（2）掌握无线路由器的设置方法。
（3）学会如何组建无线局域网络。

9.2.2 实训环境

任务情景：随着各种移动终端的普及，在公司里使用手机、上网本、iPad、iTouch、笔记本电脑等移动设备的人越来越多，需要组建无线局域网进行无线上网。

硬件：支持无线 WiFi 的计算机和无线路由器。

9.2.3 背景知识

相对于有线局域网，无线局域网无须穿墙布线，只需对无线设备进行简单设置即可成功连接。在工业界，基于 802.11 系列标准建立了 WiFi 联盟，WiFi（Wireless Fidelity）译成中文是无线保真，最早是 IEBE 802.11b 的别称。它定义一种短程无线传输技术。虽然在数据安全性方面，WiFi 技术比蓝牙技术要差一些，但在电波的覆盖范围方面则要略胜一等。WiFi 的覆盖范围可达 90m。随着无线技术的发展，以及 802.11a 及 802.118 等标准的出现，现在 IEEE 802.11 这个标准已经称为 WiFi。WiFi 为用户提供了无线的宽带互联网访问。同时，它也是在家里、办公室或在旅途中上网的快速、便捷的途径。能够访问 WiFi 网络的地方被称为热点。WiFi 热点是通过在互联网连接上安装访问点来创建的。这个访问点将无线信号通过短程进行传输。当一台支持 WiFi 的设备搜索到一个热点时，则可以用无线方式连接到那个网络。

大部分热点都位于供大众访问的地方，例如机场、咖啡店、旅馆、书店以及校园等，许多家庭和办公室也拥有 WiFi 网络。虽然有些热点是免费的，但是大部分稳定的公共 WiFi 网络是由私人或互联网服务提供商提供的，会采用密码保护或用户认证的方式进行连接控制。

一般地，基于基础结构的 WiFi 网络是人们生活中使用得最多的情况，这种结构的 WiFi 网络由 WiFi 的 AP 和接入终端组成。接入点具有连接固定网络能力，可以将生活中典型的固定接入（例如，ADSL、有线局域网）转化为 WiFi 无线连接。

常用的无线局域网需要中心接入点（如无线路由器）、传输介质（如红外线或无线电波）、接收器（如无线网卡）等硬件设备。

1. 无线中心接入点

无线中心接入点是无线网的中心设备. 主要负责无线信号的发射及各无线终端的互联。无线中心接入点可以是无线 AP，也可以是无线路由器。无线 AP 主要提供无线工作站对有线局域网和从有线局域网对无线工作站的访问，在访问接入点覆盖范围内的无线工作站时可以通过它进行相互通信。无线路由器是 AP 与宽带路由器的一种结合体。借助无线路由器的功能，可实现家庭无线局域网中的 Internet 连接共享、实现 ADSL 和小区宽带的无线共享接入。

2. 无线信号接收器

终端信号接收点是无线信号的接收设备，安装在用户计算机中；用于实现用户计算机之间的无线连接，并连接到无线接入点；一般分为无线局域网卡、无线上网卡和蓝牙适配器等类型。我们常见的是无线网卡。

无线网卡可以分为 PCI 插槽式网卡、PCMCIA 网卡和无线 USB 式 3 种。PCI 插槽式网卡，用于台式计算机，安装比较麻烦。PCMCIA 网卡用于笔记本电脑。台式计算机、笔记本电脑均可使用无线 USB 式网卡。一般建议使用无线 USB 网卡。它体积小巧、携带方便，安装便捷、支持热拔插。

3. 无线天线

无线局域网设备，如无线网卡、无线路由器等都自带无线天线。实际上，还有单独的无线天线。因为无线设备自带的天线都有一定的距离限制，当超出限制距离后，就需要通过外接天线来增强无线信号，达到延长传输距离的目的。

9.2.4　实训内容

（1）学习安装无线网卡。
（2）学习无线路由器的设置方法。
（3）学习如何组建无线局域网络。

9.2.5 实训步骤

1. 安装无线网卡

现在一般的移动终端都有内置的无线网卡，不需用户自己安装。一般台式计算机和老式笔记本电脑没有安装无线网卡，需要用户自己安装。在 Windows 7 系统中，安装无线网卡的过程很简单。首先将网卡插到电脑的 USB 接口上。单击"计算机"，在弹出的快捷菜单中，选择"管理"，如图 9.1 所示。进入"计算机管理"对话框，单击左侧"系统工具"下的"设备管理器"，可以看到在中间窗格的"网络适配器"栏里，已经出现无线网卡了。如果还没有安装驱动，右击选择"更新驱动程序软件"，如图 9.2 所示。然后根据向导一步一步地完成无线网卡驱动的安装。

图 9.1 选择"管理"

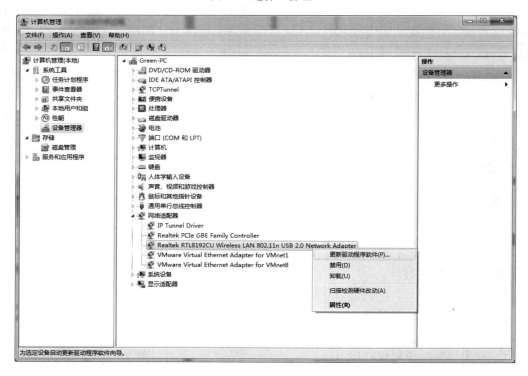

图 9.2 在"设备管理器"中更新网卡驱动

2．组建无线局域网

一般办公室的无线局域网络就像是以太网中的两台计算机通过交叉线直接相连一样，直连线在以太网中只能实现"双机"互连，而在无线局域网中可以实现多台计算机的互连。在 Windows 7 系统下，其基本操作步骤如下。

将其中一台计算机通过网线与无线路由器相连，然后在浏览器中输入路由器背面的 IP 地址，如这里的 192.168.1.1。进入页面后，输入路由器背面的用户名和密码。路由器背面的 IP 地址和账户信息如图 9.3 所示。进入路由器管理界面。首次登录路由器管理界面会自动弹出"设置向导"，如图 9.4 所示。

图 9.3　路由器背面的 IP 地址和账户信息

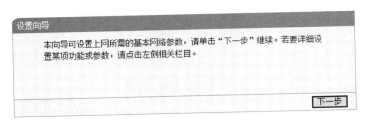

图 9.4　首次登录弹出的"设置向导"

单击"下一步"按钮，弹出"设置向导-无线设置"对话框，输入无线网络的密码，如图 9.5 所示。

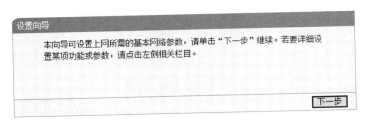

图 9.5　设置无线网络的密码

单击"下一步"按钮，弹出"设置向导-上网方式"对话框，选择"让路由器自动选择上网方式（推荐）"，在这种方式下，会自动检测网络环境，找到路由器的上网方式，如图 9.6 所示。

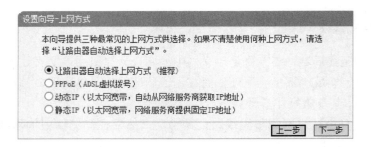

图 9.6　设置上网方式

单击"下一步"按钮。检测完成后会根据网路环境让用户填写上网方式信息。比如，本路由器是通过静态路由上网的，就需要填写静态的 IP 地址、子网掩码、网关和 DNS 地址，如图 9.7 所示。

填写完成后，单击"下一步"按钮。在弹出的对话框中，单击"完成"按钮，完成路由器的配置。

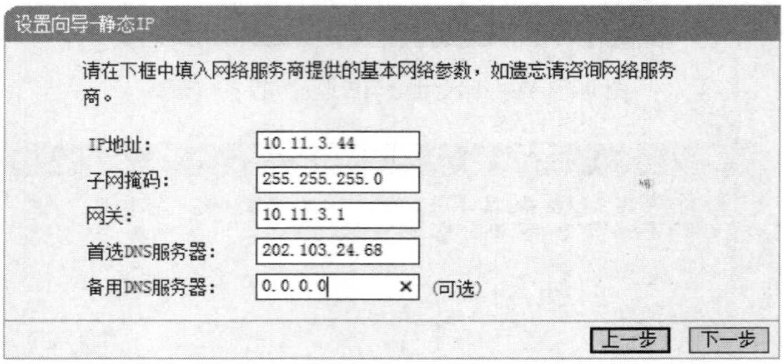

图 9.7　设置路由器上网的 IP 地址

接下来开启 DHCP 服务器，以满足无线设备的任意接入。单击"DHCP 服务器"→"DHCP 服务"，然后在"DHCP 服务器："的右侧选择"启用"，同时设置"地址池开始地址"和"地址池结束地址"。可以根据与当前路由器所连接的计算机数量进行设置，如这里设置地址池开始地址为 192.168.1.100，地址池结束地址为 192.168.1.199。这样，接入无线网络的无线网 IP 地址范围为"192.168.1.100"～"192.168.1.199"。最后单击"保存"按钮，如图 9.8 所示。

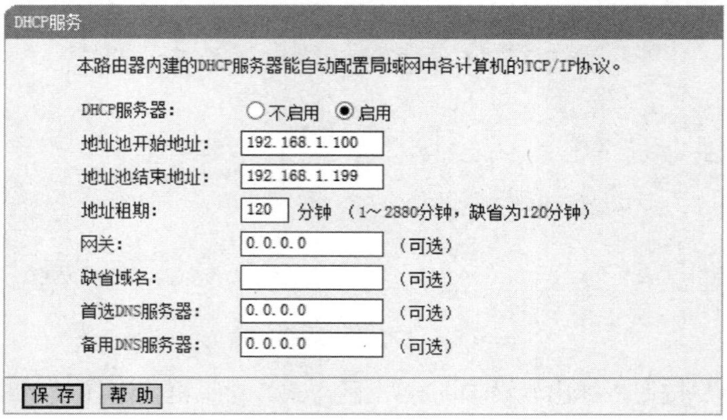

图 9.8　DHCP 服务器的配置

接下来可以将无线终端接入无线网络了。这里以一台预装了 Windows 7 的计算机为例进行网络连接设置。如果此时存在无线路由器所发出的无线热点，在计算机的右下角的任务托盘里就会搜索到该信号，并可以进行连接操作。如图 9.9 所示，可以看见本网络 TP-LINK_40A17D2。右击选择"连接"，输入密码即可登录到无线网络。

图 9.9　客户端无线路由网络信号

无线路由器配置好后，所有加入到这个路由器的无线设备就组成了无线局域网。可以设置文件的共享和访问、打印机的共享等。

9.3　实训 3——Windows Server 2008 的安装

Windows Server 2008 是 Microsoft 公司在 2008 年推出的一款操作系统。它继承了 Windows Server 2003 的优势，提供了全新改进的管理工具，更新的系统维护与配置功能，具有更好的稳定性和安全性，可为用户提供资源管理、用户管理、软件应用、Web 服务、通信等各种服务。同时，它还对基本操作系统进行了改善，提供了更具价值的新功能和更进一步的改进。新的 Web 工具、虚拟化技术、安全性的强化及管理公用程序不仅节省时间，降低成本，还为 IT 基础架构提供更好的基础，是中小型企业应用程序开发、创建 Web 服务器的理想操作系统。本实训主要针对 Windows Server 2008 Enterprise 版进行学习。

9.3.1　实训目的

（1）了解 Windows Server 2008 网络操作系统的特点。
（2）掌握 Windows Server 2008 Enterprise 版的安装方法和步骤。
（3）了解 Windows Server 2008 环境的简单配置。

9.3.2　实训环境

软件：Windows Server 2008 Enterprise 中文版硬件：未安装 Windows Server 2008 操作系

统的计算机。

9.3.3 背景知识

1. 安装 Windows Server 2008 前的准备工作

（1）安装前的硬件检查。在安装 Windows Server 2008 之前，需要了解所用计算机是否达到要求。总的来说，要在某台计算机中安装 Windows Server 2008，该计算机应满足如下要求：

① CPU 与内存。对于 x86 的计算机，建议使用主频不低于 1.0GHz 的处理器。对 x64 的计算机，建议使用主频不低于 1.4GHz 的处理器。推荐主频是 2.0GHz 或更高。安腾版则需要 Itanium 2。内存最大支持 32 位标准版 4GB、企业版和数据中心版 64GB、64 位标准版 32GB，其他版本 8GB。

② 硬盘。硬盘分区或卷应具有足够的可用空间，能够满足安装过程的要求。为了确保日后能够灵活地使用操作系统，建议保留的空间远大于运行安装程序所需的最小空间，最小为 10GB，推荐 40GB 或更多。内存大于 16GB 的系统需要更多空间用于页面、休眠和转存储文件。

③ 另外，光驱要求是 DVD-ROM。显示器要求至少为 SVGA 800×600 分辨率或更高。

对于其他硬件设备（如软驱、显示卡、显示器、网卡等），Windows Server 2008 操作系统无特殊要求。

（2）Windows Server 2008 安装过程的特点。

① Windows Server 2008 虽然是一个复杂的网络操作系统，但是安装过程却比较简单。和以前的操作系统相比，Windows Server 2008 的安装过程大大简化，安装过程不需要设置计算机名、用户账户等信息，而且全过程只需要十几分钟，大大缩短了安装所占用的时间。

② 选定和配置网络协议。可选择的网络协议有 TCP/IP、NWLink IPX/SPX 兼容传输协议和 NetBEUI 通信协议等。一般都选择 TCP/IP。随之是协议的配置，应先规划网络中的 IP 地址，然后根据规划配置计算机的 IP 地址（例如 192.168.57.8）及子网掩码（例如 255.255.255.0）。

③ 确定"域"名或"工作组"的名称。如果安装时没有已存在的"域"，则只能选择"工作组"。安装之后，可以再变成"域"。

④ Administrator 管理员账户的口令。在首次进入安装好系统的服务器或工作站时，需要输入管理员账户的密码。首次登录成功后，可对此用户的名称和密码进行修改。

2. 安装 Windows Server 2008 的主要方式

安装 Windows Server 2008 的主要方式有从光盘安装、升级安装和网络安装等。

（1）从光盘安装 Windows Server 2003 需要 5 个步骤：运行安装程序、完成安装向导、安装网络组件、配置服务器和激活产品。本实训将主要针对这种方式进行安装。

（2）升级安装。只有 Windows Server 2003 可以升级到 Windows Server 2008，之前的操作系统（例如 Windows Server 2000）不能直接升级到 Windows Server 2008，需要先升级到 Windows Server 2003。

（3）网络安装。从网络安装系统需要一块或几块与 Windows Server 2008 兼容的网卡，并将计算机通过网络连接线连在网络上，为安装程序文件提供网络访问的服务器。

9.3.4 实训内容

（1）安装 Windows Server 2008 Enterprise 版网络操作系统。
（2）配置 Windows Server 2008 的环境（配置与管理硬件、启动与故障恢复）。

9.3.5 实训步骤

1. 安装

（1）用光盘启动系统。重新启动系统并把光驱设为第一启动盘，保存设置并重启。将 Windows Server 2008 安装光盘放入光驱，启动计算机。如图 9.10 所示，系统正在加载文件。

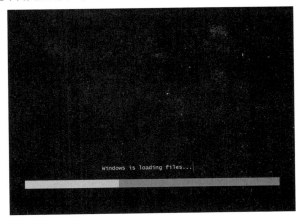

图 9.10　系统正在加载文件

（2）文件加载完毕后，如图 9.11 所示，分别设置"要安装的语言"、"时间和货币格式"、

图 9.11　选择语言、时间和键盘输入方法

"键盘和输入方法"。设置完毕后，单击"下一步"按钮。

（3）弹出如图 9.12 所示的界面，单击"现在安装"右边的按钮。

图 9.12　开始安装

（4）出现如图 9.13 所示的"选择要安装的操作系统"对话框，这里选择"Windows Server 2008 Enterprise 版（完全安装）"，然后单击"下一步"按钮。

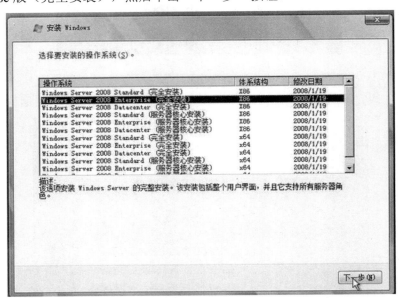

图 9.13　"选择要安装的操作系统"对话框

（5）弹出如图 9.14 所示的"请阅读许可条款"对话框，选择"我接受许可条款"，单击"下一步"按钮。

（6）弹出"您想进行何种类型的安装？"对话框，如图 9.15 所示。选择"自定义（高级）"。

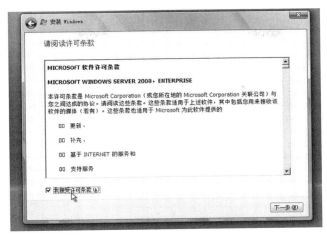

图 9.14　"请阅读许可条款"对话框

图 9.15　选择安装类型

（7）选择安装位置，如图 9.16 所示，选择要安装的位置。需要对硬盘重新创建分区，如图 9.17 所示，然后单击"下一步"按钮。

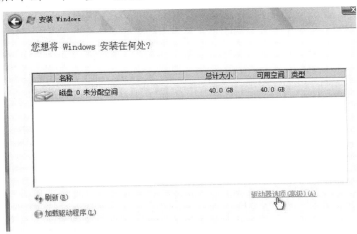

图 9.16　选择安装的位置

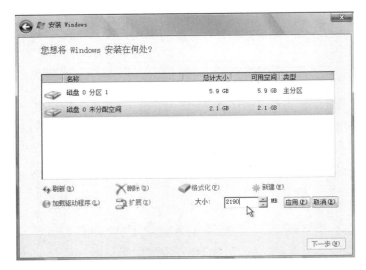

图 9.17　重新创建分区

（8）出现如图 9.18 所示的界面，系统开始安装了。系统安装的过程分为 5 个步骤：复制文件、展开文件、安装功能、安装更新和完成安装。屏幕下方的安装进度条提示安装进度。

图 9.18　安装操作系统

（9）安装完操作系统后将重启，弹出如图 9.19 所示的界面，提示"用户首次登录之前必

图 9.19　提示"用户首次登录之前必须更改密码"

须更改密码"，单击"确定"按钮。弹出如图 9.20 所示的界面，设置管理员密码。密码必须含有数字和字母或者其他字符，否则不符合要求。密码输入正确后，会提示密码已更改，如图 9.21 所示。单击"确定"按钮，进入登录界面。正确输入账户信息后，操作系统会正常启动。第一次启动，系统将根据自带的驱动对硬件进行识别和进行最佳配置，如图 9.22 所示。

图 9.20 设置管理员密码

图 9.21 提示密码已更改

图 9.22 启动进入界面

2. 配置 Windows Server 2008

在完成安装并进入系统后，可通过如图 9.24 所示的窗口进行服务器的基本配置。该窗口关闭后，可以通过其他路径找到相关设置界面。

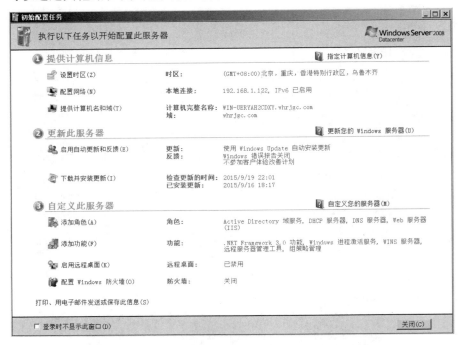

图 9.23　首次登录成功后默认打开的"初始配置任务"窗口

（1）配置网络：单击"配置网络"打开网卡列表窗口，选择一个网卡配置合理的 IP 信息。例如在本实验中，可以选择本地连接的网卡，右击选择"属性"。弹出"本地连接属性"对话框，在"此连接使用下列项目"下选择"Internet 协议版本 4（TCP/IP）"，如图 9.24 所示。

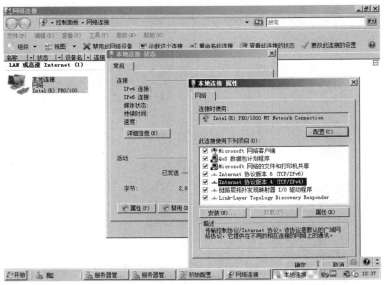

图 9.24　网络属性设置

单击"属性"按钮，弹出"Internet 协议版本 4（TCP/IP）属性"对话框，在这里设置网络连接的静态 IP 地址，如图 9.25 所示。

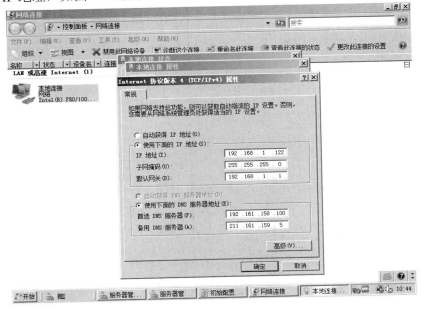

图 9.25　网络 IP 地址设置

（2）配置主机名称：在"初始配置任务"窗口中，单击"提供计算机名和域"，打开"系统属性"窗口，更改计算机名称，如图 9.26 所示。

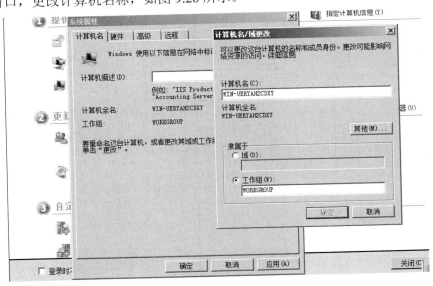

图 9.26　计算机名称修改

（3）启动和故障恢复：在"启动和故障恢复"选项中可以选择默认的操作系统，并在系统意外停止时恢复系统。

选择"高级"→"启动和故障恢复"选项，单击"设置"按钮，从打开的对话框中可以看到默认的操作系统。在多操作系统中，可以自定义采用哪种操作系统作为默认操作系统。

在启动时，系统会有一个等待时间让用户选择系统，如图 9.27 所示。另外，利用"系统失败"选项可以调整系统失败时的动作。

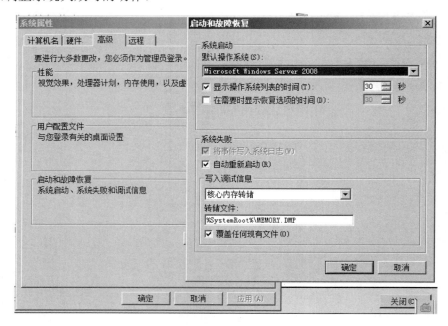

图 9.27　启动和故障恢复设置

（4）关闭防火墙：在以后的配置中，防火墙的启用可能会影响服务的调试，因此单击"配置 Windows 防火墙"打开"Windows 防火墙设置"窗口，关闭防火墙，如图 9.28 所示。

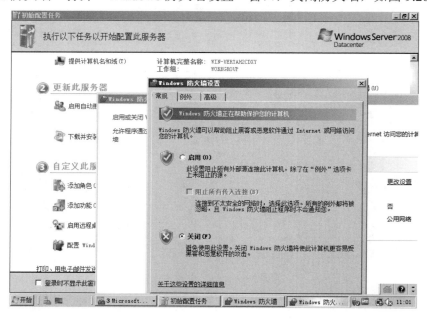

图 9.28　防火墙设置

（5）添加角色或功能：当为计算机安装需要的应用时，可以通过"添加角色"或"添加功能"完成。Windows Server 2008 明确地把应用服务分为"角色"和"功能"两类。"角色"

指服务器的用途，"功能"指角色必须或附加的某些小应用模块。这将在后面的实验中介绍。

9.4 实训4——创建 Windows Server 2008 域

9.4.1 实训目的

（1）了解域和活动目录的概念。

（2）掌握创建活动目录和域的方法。

9.4.2 实训环境

任务情景：公司有多台服务器，员工可能访问每一台服务器；在工作组环境下，管理员必须分别在每台服务器上为同一员工创建多个账号，而且员工每访问一台服务器就登录一次，由于资源分散在各个服务器上，管理起来非常不方便。为实现高效集中管理，公司决定采用域管理模式。

具体要求：构建一域控制器，把各成员服务器加入域中，把各部门的用户计算机加入域中。

环境：已安装 Windows Server 2008 操作系统的计算机，以及已联网的计算机若干。

9.4.3 背景知识

活动目录（AD）存储有关网络上各对象（如用户、组、计算机、共享资源、打印机和联系人等）的信息，并使管理员和用户更方便地查找和使用这种信息。活动目录使用"结构化的数据存储"作为目录信息的逻辑化、分层结构的基础。

1．活动目录的功能和优点

目录是存储有关网络上对象信息的层次结构，在文件系统中，目录用来存储与文件有关的信息；在分布式计算环境中（如 Windows 域），目录用来存储打印机、传真服务器、应用程序、数据库和用户、组、计算机等对象的有关信息。活动目录是基于 Windows 的目录服务，提供了用于存储目录数据并使该数据可由网络用户和管理员使用的方法，活动目录存储了有关用户账户的信息，如名称、密码、电话号码等，并允许相同网络的其他已授权用户访问该信息。

与"工作组模式"相比，使用活动目录的域模式具有以下优点：

（1）对网络资源的集中控制。

（2）集中和分散资源管理。

（3）一次登录，全局访问。

（4）在逻辑结构中安全地存储对象。

（5）优化网络流量。

2．活动目录的逻辑结构（见图9.29）

（1）域（Domain）域是活动目录逻辑结构中的核心功能单位，域提供下列三种功能：

① 对象的管理边界，除非管理员得到其他域的明确授权，否则域管理员只具有在该域内的管理权限。

② 管理共享资源安全性的方法。

③ 对象的复制单元，域内的域控制器包含活动目录的副本并参与活动目录的复制。

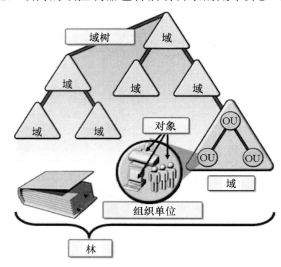

图9.29　活动目录的逻辑结构

（2）组织单位（OU）组织单位是可将用户、组、计算机和其他组织单位放人其中的活动目录容器。组织单位是包含在域中的特别有用的目录对象类型，它不能容纳来自其他域的对象。组织单位可以把对象组织到一个逻辑结构中，使其能最好地适应组织的需要。

组织单位是可以指派组策略设置或委派管理权限的最小作用域或单元。委派组织单位的管理控制权，必须把组织单位及其包含对象的具体的权限指定给一个或几个用户和组。活动目录管理有两种形式：

① 集中管理。由一位网络管理员集中管理所有网络资源，如整个Domain域的所有对象，包括其内创建的组织单位OU1和OU2都由一位网络管理员来管理，如图9.30所示。

② 分散管理。由一位高级网络管理员承担整个网络的主要管理任务，而将某些组织单位的特定网络管理员功能委派给其他管理员，如由一位高级网络管理员承担整个Domain域的主要管理任务，而将组织单位OU1、OU2和OU3的特定网络管理员功能分别委派给其他管理员Adminl、Admin2和Admin3，如图9.31所示。

③ 域树（DomainTree）以层次结构的方式组合到一起的域，子域的名称与其父域名称组合在一起，形成它自身唯一的域名系统，如图9.32所示。

④ 域林（DomainForest）林是活动目录的完整实例，其中包含一个或多个域树，如图9.33所示。林中的域共用相同的Configuration（配置）、Schema（架构）和GC（全局目录）。

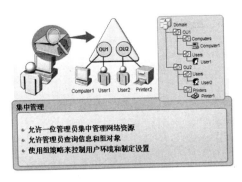

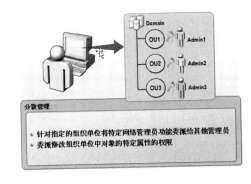

图 9.30　活动目录的集中管理　　　　　　　图 9.31　活动目录的分散管理

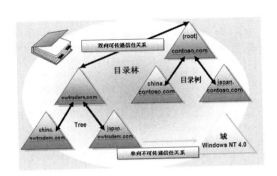

图 9.32　域树　　　　　　　　　　　图 9.33　域林

3．活动目录的物理结构（见图 9.34）

（1）域控制器（DC）。域控制器运行 Microsoft Windows Server 2008（或者 Windows 2000 Server）和 ActiveDirectory 的计算机。每台域控制器执行存储和复制功能（参与活动目录复制）。一台域控制器只能支持一个域。域控制器在域中执行单主机操作。

（2）站点（Site）站点是指在物理上有较好的线路连接并能以较快速度通信的计算机的集合，一般是指一个局域网。也可以这样理解，站点是一组有效连接的子网，是一个或多个 IP 子网的集合。站点和域不同，站点代表网络的物理结构，或称为拓扑结构，而域代表组织的逻辑结构。通过建立站点可以优化网络流量（特别是复制流量），对不同位置的域控制器之间的带宽达到最佳利用，使用户能够使用可靠、高速的连接登录到域控制器上。

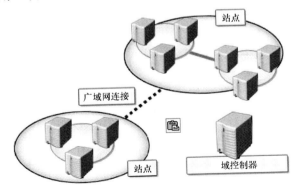

图 9.34　活动目录的物理结构

9.4.4　实训内容

（1）学会安装 Active Directory。

（2）学会删除 Active Directory。

（3）学会客户机加入域。

9.4.5　实训步骤

1．安装 Active Directory（活动目录）

准备安装 Active Directory 服务。Windows Server 2008 对于 Active Directory 服务的安装与早期版本略有不同，可以通过"服务器管理器"的角色添加来完成初始化的准备工作（如图 9.35 所示），打开"服务器管理"窗口，展开"角色"节点，在右边窗口中单击"添加角色"。

图 9.35　添加角色

弹出的对话框如图 9.36 所示，该对话框简介 Activity Directory 服务，并提出三点提示，其中最重要的是第二点，需要配置静态网络。对于第一、三点来讲，可以不按提示配置，也不影响安装，单击"下一步"按钮。

弹出如图 9.37 所示的"选择服务器角色"对话框，选择"Active Directory 域服务"后单击"下一步"按钮。

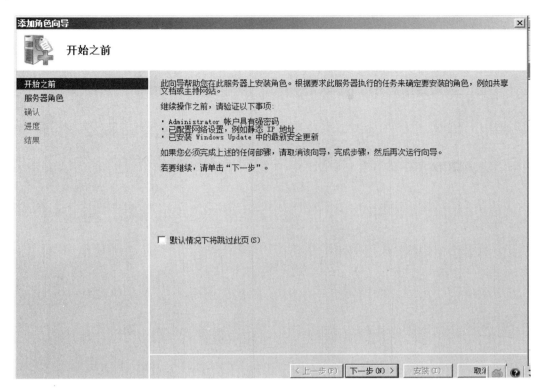

图 9.36 "添加角色向导"对话框

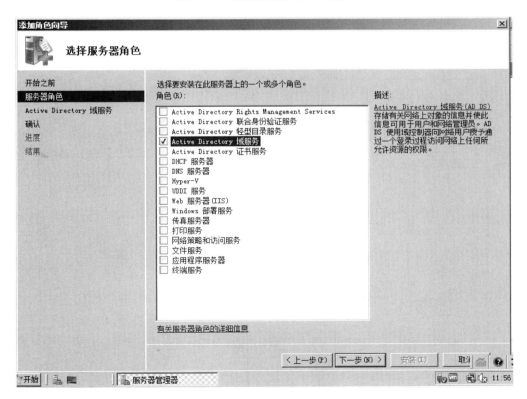

图 9.37 "选择服务器角色"对话框

在弹出的如图 9.38 所示的"Active Directory 域服务"对话框中，向导会给出四点注意事项。根据这些注意事项，可以了解到安装 AD（Active Directory）前后操作应该执行的任务和 AD 需要的服务。单击"下一步"按钮。

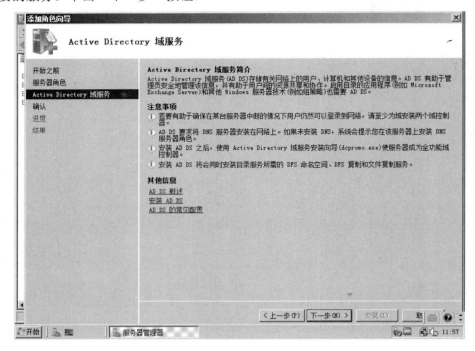

图 9.38　域服务注意事项

在弹出的如图 9.39 所示的"确认安装选择"对话框中，单击"安装"按钮。

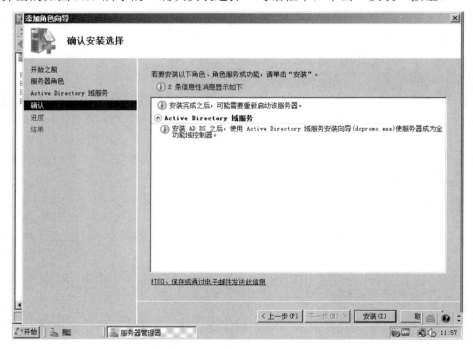

图 9.39　"确认安装选择"对话框

进入安装界面，当出现"安装结果"对话框时，如果没有错误，证明 AD 的安装准备已经完成，如图 9.40 所示。

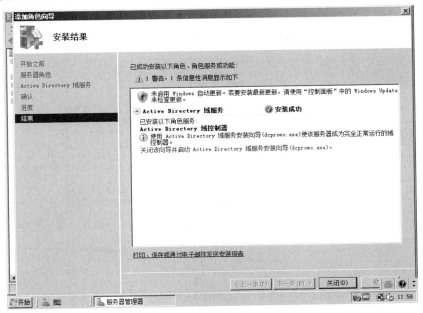

图 9.40 添加角色结果

但是，由于该台计算机还不能完全正常运行域控制器，所以提示需要启用 AD 安装向导（dcpromo.exe）来完成安装。安装和删除活动目录都要使用"Active Directory 域服务安装向导"。打开"Active Directory 域服务安装向导"的方法有两种：一是直接单击"关闭该向导并启动 Active Directory 域服务安装向导（dcpromo.exe）"进入安装向导，二是直接单击"关闭"按钮之后，手动打开 AD 安装向导。

在安装活动目录之前，应明确该新域控制器的角色。下面列出了新域控制器可能的角色。
● 新的林（同时也是新的域）。
● 现有林中的新的域树。
● 现有域树中的新的子域。
● 现有域中的其他域控制器。

在 Windows Server 2008 操作系统中，安装活动目录的操作步骤如下（假定该新域控制器的角色为"新的林"）。

（1）在如图 9.41 所示的"运行"界面中输入命令"dcpromo"，弹出"Active Directory 域服务安装向导"界面，如图 9.42 所示。

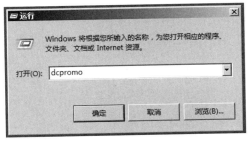

图 9.41 "运行"界面

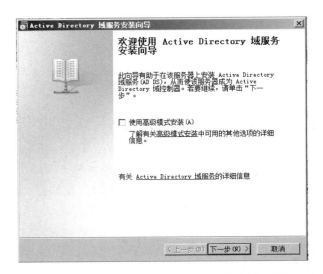

图 9.42 "Active Directory 域服务安装向导"界面

（2）单击"下一步"按钮，弹出如图 9.43 所示"操作系统兼容性"界面。单击"下一步"按钮。

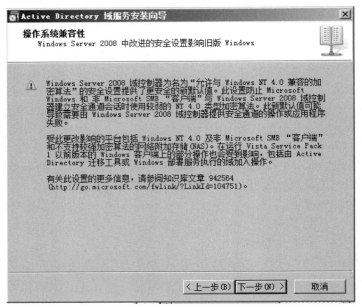

图 9.43 "操作系统兼容性"界面

（3）弹出"选择某一部署配置"对话框，如图 9.44 所示。由于目的是部署企业中的第一个 AD，所以在此选择"在新林中新建域"。因为创建新林需要管理员权限，所以必须是正在其上安装 AD 的服务器本地管理员组的成员。单击"下一步"按钮。

（4）弹出"命名林根域"对话框，对域林的根域进行命名（如图 9.45 所示）。这需要在之前对 DNS 基础结构有一个完整的计划，必须了解该林的完整 DNS 名称。我们可以在安装 AD 之前先安装 DNS 服务器服务，或者如本实例一样选择让 AD 安装向导安装 DNS 服务器服务。域控制器特别是域中的第一台域控制器最好同时为 DNS 服务器。Windows Server 2008

在安装 Active Directory 时安装 DNS 服务器。选择让 AD 向导来安装 DNS 服务器服务，将使用此处的 DNS 名称为林中的第一个域自动生成 NetBIOS 名称，如图 9.46 所示。单击"下一步"按钮，向导会验证 DNS 名称和 NetBIOS 名称在网络中的唯一性。由于使用的是高级模式，所以 NetBIOS 无论是否发生冲突，都会出现"域 NetBIOS 名称"步骤。当然，在标准模式下，只有在检查到自动生成的 NetBIOS 名称与现有网络中名称冲突时，才会出现该步骤。

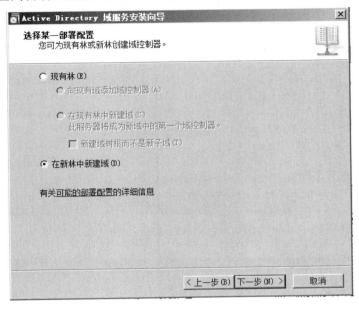

图 9.44 "部署配置"对话框

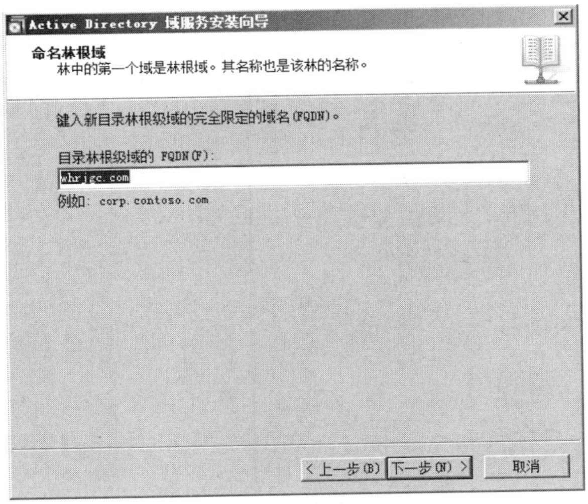

图 9.45 "命名林根域"对话框

单击"下一步"按钮，弹出"设置林功能级别"对话框（如图 9.47 所示），功能级别确定了在域或林中启用 AD 的功能，还将限制可以在域或域林的域控制器上运行的 Windows 服务器版本。但是，功能级别不会影响连接到域或域林的工作站和成员服务器上运行的操作系统。单击"下一步"，添加其他域控制器选项（如图 9.48 所示）。在 AD 安装期间，可以为域控制器选择安装 DNS 服务或将其设置成为全局编录服务器（GC）或只读域控制器（RODC）。

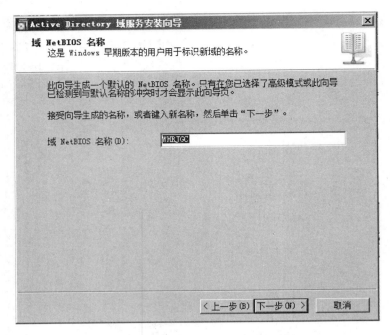

图 9.46　"域 NetBIOS 名称"对话框

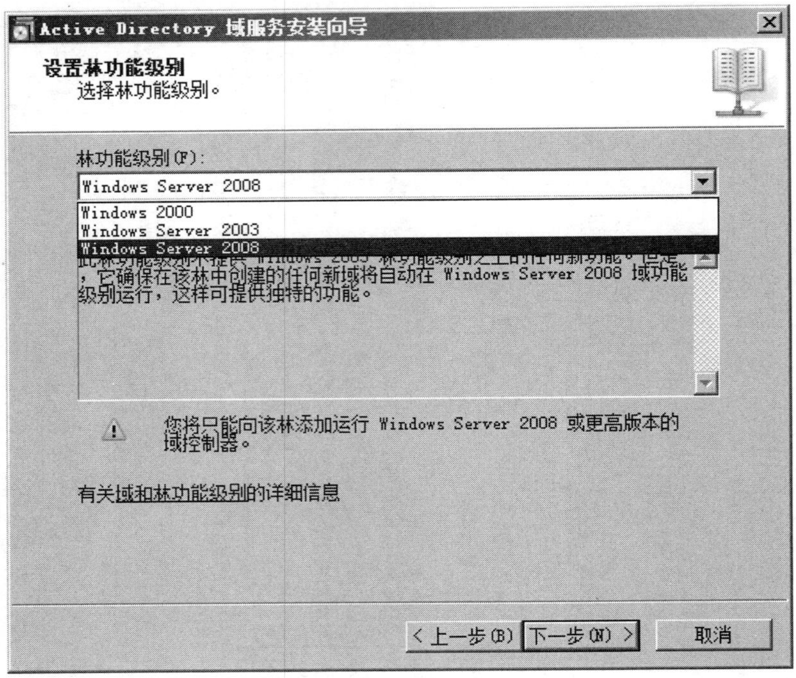

图 9.47　"设置林功能级别"对话框

（5）单击"下一步"按钮，在如图 9.49 所示的"数据库、日志文件和 SYSVOL 的位置"对话框中，指定存储"数据库"和"日志"的文件夹的位置。确定 AD 数据库、日志文件和 SYSVOL 放置的位置。数据库文件夹主要存储有关用户、计算机和网络中其他对象的信息；日志文件记录与 AD 有关的活动；SYSVOL 存储组策略对象和脚本。

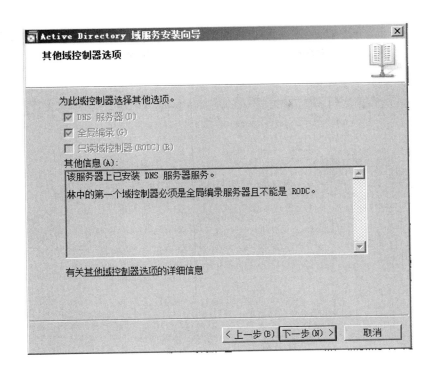

图 9.48　添加其他控制域选项

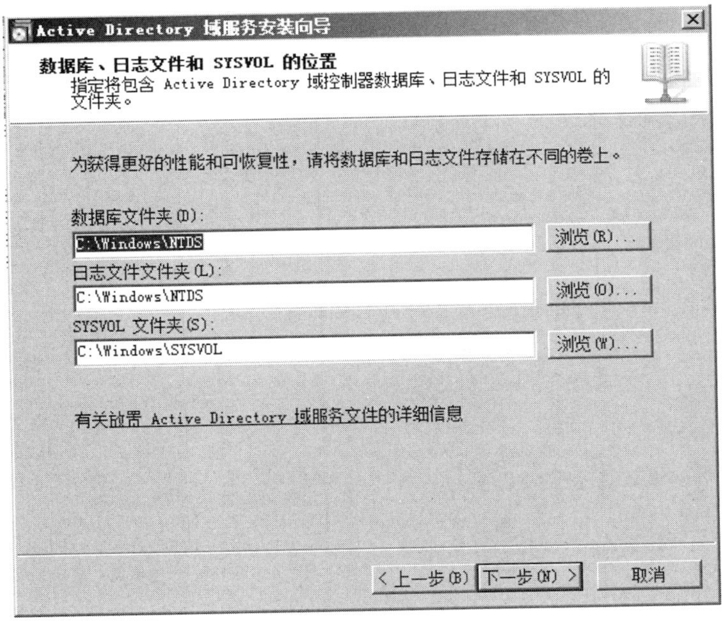

图 9.49　"数据库、日志文件和 SYSVOL 的位置"对话框

单击"下一步"按钮,弹出"目录服务还原模式的 Administrator 密码"对话框(如图 9.50 所示)。在 AD 未运行时,目录服务还原模式(DSRM)密码是登录域控制器所必需的。

应特别注意:目录服务还原模式的 Administrator 密码与域管理员账户的密码不同。当创建林中第一台 DC(域控制器)时,AD 安装向导会将本地服务器上生效的密码策略强制作用于此。对于所有的其他 DC 的安装，AD 安装向导将现有 DC 上生效的密码策略强制作用于此。这意味着，指定的 DSRM 密码必须符合包含现有 DC 所在域的最小密码长度、历史记录和复杂性要求。默认情况下，必须包含大写和小写字母组合、数字和符号的强密码。

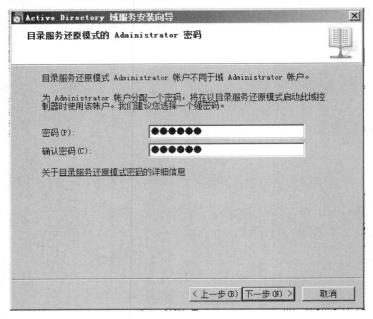

图 9.50　"目录服务还原模式的 Administrator 密码"对话框

单击"下一步"按钮，显示安装摘要（如图 9.51 所示）。可以单击"导出设置"按钮，将在此向导中指定的设置保存到一个应答文件。然后，可以使用应答文件自动执行 AD 的后续安装。

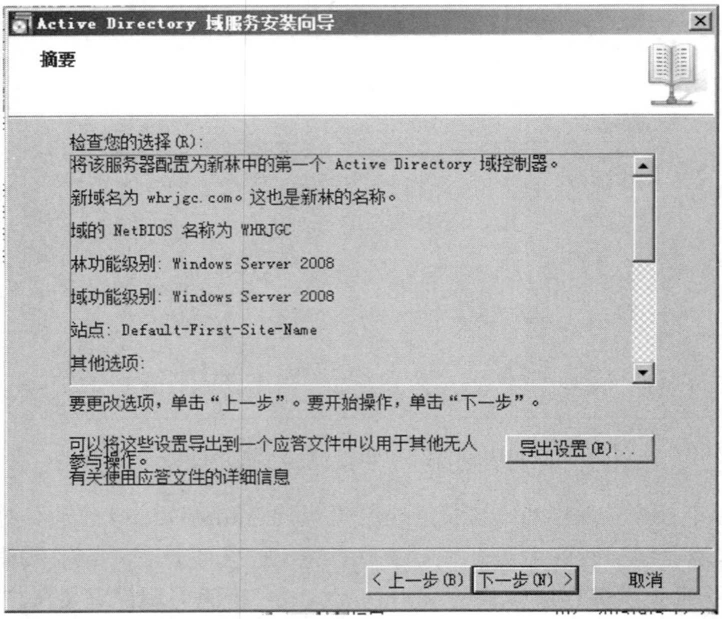

图 9.51　显示摘要

单击"下一步"按钮，安装向导执行安装操作（如图 9.52 所示）。安装完成后，会出现"完成 Active Directory 域服务安装向导"对话框（如图 9.53 所示），单击"完成"按钮。域服务器安装完成。

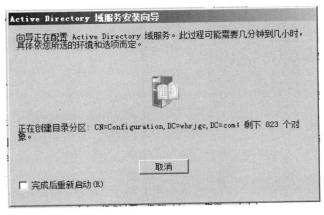

图 9.52　安装向导执行安装操作

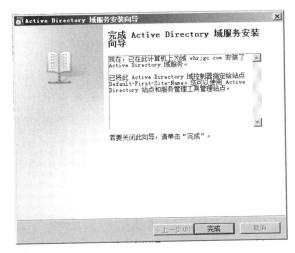

图 9.53　"完成 Active Directory 域服务安装向导"对话框

2．删除 Active Directory

删除 Active Directory 的操作和安装 Active Directory 的操作一样，需要使用 Active Directory 安装向导，操作步骤如下。

（1）在"运行"界面中输入"dcpromo"，启动"Active Directory 安装向导"，如图 9.54 所示。单击"下一步"按钮，如果是全局编录，则出现如图 9.55 所示的提示界面。

（2）单击"下一步"按钮，单击"确定"按钮，如果该服务器是域中的最后一个或唯一的域控制器，则应在"删除 Active Directory"界面中选中"这个服务器是域中的最后一个域控制器"复选框，如图 9.56 所示。

（3）单击"下一步"按钮，出现"应用程序目录分区"界面。

（4）单击"下一步"按钮，在"确认删除"界面中选中"删除这个域控制器上的所有应用程序目录分区"选项。

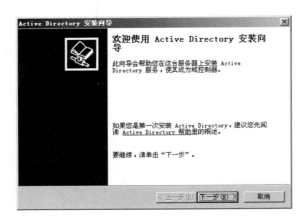

图 9.54　启动 "Active Directory 安装向导"

图 9.55　全局编录提示界面

（5）单击"下一步"按钮，在"管理员密码"界面中输入卸载"Active Directory"后登录系统时所用的系统管理员（Administrator）密码，如图 9.57 所示。输入后请务必记住。

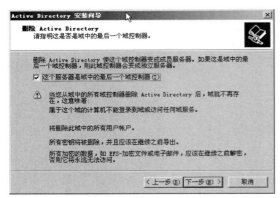

图 9.56　"删除 Active Directory"界面

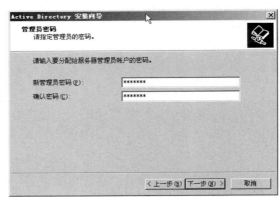

图 9.57　"管理员密码"界面

（6）单击"下一步"按钮，出现"摘要"界面，确认后单击"下一步"按钮执行删除操作。大约几分钟之后，删除操作就会完成，系统提示重新启动计算机。如果该服务是该域中的最后一个或唯一的域控制器，则在删除 Active Directory 之后，该服务器就会变成独立服务器，域也会消失且隶属于该域的计算机将无法登录域。如果该服务器不是域中的最后一个或唯一的域控制器，则删除 Active Directory 之后，该服务器将降级为域成员服务器。

3．客户机加入域

使用"Active Directory 用户和计算机"可以创建、禁用、重设以及删除用户和计算机账户，也可以在计算机加入域时创建计算机账户。创建计算机账户的操作步骤如下。

（1）打开"Active Directory 用户和计算机"，在控制台树中，右键单击要在其中添加计算机账户的文件夹（如 Computer），指向"新建"，如图 9.58 所示。然后单击"计算机"，打开"新建对象-计算机"界面，如图 9.59 所示。

图 9.58　选择新建计算机

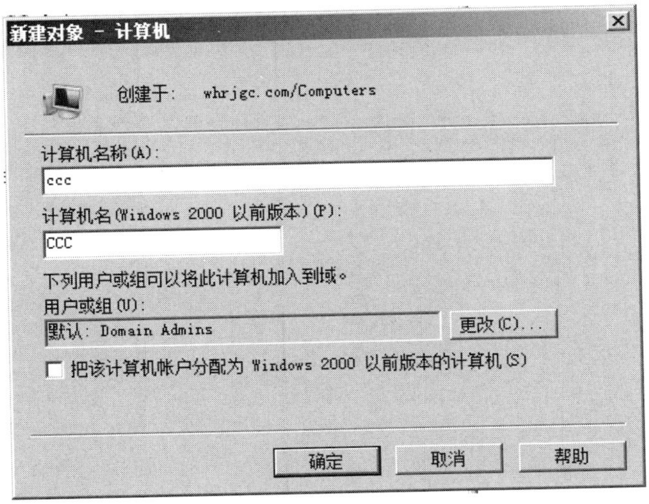

图 9.59　"新建对象-计算机"界面

（2）在"新建对象-计算机"界面中输入计算机名，一直单击"下一步"按钮，确定输入信息无误后，单击"完成"按钮。当计算机加入到域时，如果域控制器事先为该计算机创建了计算机账户，该计算机就使用该账户。如果没有事先为该计算机创建计算机账户，当计算机加入到域中后，域控制器就自动为该计算机创建一个计算机账户。将计算机加入到域中的操作步骤如下（以一台安装 Windows 2007 操作系统的计算机为例）。

右键单击"我的电脑"，选择"属性"，打开"系统属性"对话框，如图 9.60 所示。单击"更改"按钮，出现如图 9.61 所示的"计算机名/域更改"对话框。选中"域"单选钮，输入要加入域的域名（如 whrjgc.com），单击"确定"按钮。

图 9.60　"系统属性"对话框　　　　　图 9.61　"计算机名/域更改"对话框

在弹出的"Windows 安全"界面中输入有加入该域权限的账户的名称和密码（如 Administrator 账户），接受要加入该域的域控制器的审核，如图 9.62 所示。如果审核成功，会弹出"欢迎加入 whrjgc.com 域"的提示信息，如图 9.63 所示。单击"确定"按钮，弹出"要使更改生效，必须重新启动计算机"信息框，单击"确定"按钮，重新启动计算机。至此，计算机（CCC）加入到域（whrjgc.com）完成。

图 9.62　输入域的账户名和密码　　　　图 9.63　域更改成功的提示信息

9.5　实训 5——安装和配置 DNS、DHCP、WINS 服务器

9.5.1　实训目的

（1）掌握 DNS 服务的基本原理、如何架设主域名服务器、配置 DNS 客户机。

（2）学习安装 Windows Server 2008 的 WINS 服务器、配置 WINS 客户机以及配置和管理 Windows Server 2008 WINS 服务器。

（3）学习介绍 DHCP 服务的基本原理和如何架设 DHCP 服务器。

9.5.2 实训环境

任务情景：公司已经申请了域名，搭建了自己的网站，希望内部员工和 Internet 上的用户都能通过域名访问公司的网站，同时希望员工能访问 Internet 上的网站。公司需要构建一台 DNS 服务器，管理域的域名解析，为局域网中的计算机提供域名解析任务，同时为客户提供 Internet 上的主机的域名解析。并且要求为了保证可靠性（辅导 DNS 服务器），不能因为 DNS 的故障，导致网页不能访问。同时，要求搭建 DHCP 服务器，并根据企业的实际情况对此服务器进行配置和管理。

环境：已安装 Windows Server 2008 操作系统的计算机，以及已联网的计算机若干。

9.5.3 背景知识

1．DNS（域名系统）

域名系统在 TCP/IP 网络上是通过 DNS 服务器提供 DNS 服务来实现的。DNS 是一种采用客户机/服务器机制，实现名称与 IP 地址转换的系统。通过建立 DNS 数据库，记录主机名称与 IP 地址的对应关系，驻留在服务器端，为客户机端的主机提供 IP 地址解析服务。当某主机要与其他主机通信时，就可利用主机名称向 DNS 服务器查询此主机的 IP 地址。

1）域名系统的组成

整个域名系统包括以下 4 个组成部分。

- DNS 域名称空间：指定用于组织名称的域的层次结构。
- 资源记录：将 DNS 域名映射到特定类型的资源信息，以供在名称空间中注册或解析名称时使用。
- DNS 服务器：存储和应答资源记录的名称查询。
- DNS 客户机：也称解析程序，用来查询服务器，将名称解析为查询中指定的资源记录类型。

2）域名系统的结构

整个 Internet 的 DNS 域名系统的结构如同一棵倒过来的树，层次结构非常清楚。根域位于最顶部，紧接着在根的下面是几个顶级域，每个顶级域又进一步划分为不同的二级域，二级下面再划分子域，子域下面可以有主机，也可以再分子域，直到最后是主机。例如，主机 www.microsoft.com 只有 3 个层次，其中 microsoft.com 是域名，www 是主机名，表明该主机是 Web 服务器；而主机 www.abc.edu.cn 为 4 个层次，其中 abc.Edu.cn 是域名，www 是主机名。

InterNIC 负责管理世界范围的 IP 地址分配，也管理着整个域结构。整个 Internet 的域名服务都是由 DNS 来实现的。在树结构中使用的任何 DNS 域名从技术上说都是域，进一步划分子域，是为了扩充 DNS 树，增加管理层次，如将域再按部门或地理位置划分子域。例如，注册到 Microsoft（microsoft.com）的 DNS 域名称为二级域，这是因为该名称有两个部分（称为标识），这两个部分显示它比树的顶级或根低两个等级。大多数 DNS 域名有一个或多个标识，每一个都表示树中的新等级。名称中使用句点分隔标识。

在实际应用中往往把域名分成两类：一类称为国际顶级域名（简称国际域名），另一类称为国内域名。一般国际域名的最后一个后缀是"国际通用域"，如 com、net、gov、edu。国内域名的后缀通常要包括"国际通用域"和"国家域"两部分，而且要以"国家域"作为最后一个后缀。各个国家都有自己固定的国家域，如 cn 代表中国、us 代表美国、uk 代表英国等。

3）域名标识

与文件系统的结构类似，每个域都可以用相对的或绝对的名称来标识，相对于父域来表示一个域，可以用相对域名；绝对域名指完整的域名，主机名指为每台主机指定的主机名称。带有域名的主机名是全称域名。要在整个 Internet 范围内来识别特定的主机，必须用全称域名，例如 mycompany.com。Internet 的每个网络都必须有自己的域名，应向 InterNIC 注册自己的域名，这个域名对应于自己的网络，注册的域名就是网络域名。例如微软公司的域名是 microsoft.com，www 是它的一个主机。拥有注册域名后，即可在网络内为特定主机或主机的特定应用程序服务，自行指定主机名或别名，如 info、www。

当然，如果要建立 Intranet，而且不想同 Internet 相连，可不必申请域名，完全按自己的需要设置域名体系。要将域名转换成 IP 地址，TCP/IP 网络应有一台服务器，对网络的主机名进行跟踪和维护，这种服务器就是名称服务器，对于客户机的域名查询，负责返回与那个名称相对应的 IP 地址。如果请求的名称不在名称服务器内，服务器就会向其他网络的更高级别的名称服务器发出名称解析请求。

4）理解 DNS 名称解析过程

DNS 服务器为所管辖的一个或多个区域维护和管理数据，并将数据提供给查询的 DNS 客户机。具体的域名解析过程说明如下。

（1）首先使用客户端本地 DNS 解析程序缓存进行解析，如果解析成功，则返回相应的 IP 地址。否则继续下面的解析过程。

本地 DNS 解析程序的域名信息缓存有两个来源。

● 如果本地配置有 HOST 文件，则来自该文件的任何主机名称到地址的映射，在 DNS 客户服务启动时将预先加载到缓存中。HOST 文件比 DNS 先响应。

● 从以前的 DNS 查询应答的响应中获取的资源记录，将被添加至缓存并保留一段时间。

（2）客户机将名称查询递交给所设定的首选 DNS 服务器。

（3）DNS 服务器接到查询请求，搜索服务器端本地 DNS 区域数据文件。如果查到匹配信息，则做出权威性应答，返回相应的 IP 地址。

（4）如果区域数据库中没有，就查 DNS 服务器本地缓存。如果查到匹配信息，则做出肯定应答，返回相应的 IP 地址。

DNS 服务器采用递归或迭代来处理客户端查询时，将获得的大量有关 DNS 名称空间的重要信息由服务器缓存，为 DNS 解析的后续查询提供了加速性能，并大大减少了网络上与 DNS 相关的查询通信量。

（5）如果 DNS 服务器本地缓存也没有匹配的信息，那么查询过程继续进行，使用递归查询来完全解析名称，这需要其他 DNS 服务器的支持。

（6）DNS 服务器执行递归查询过程。

2．WINS

对于需要 NetBIOS 名称解析的场合，广播方式只能解析本网段的 NetBIOS 名称，LMHOSTS 可跨网段解析 NetBIOS 名称，但需要建立静态的 NetBIOS 名称和 IP 地址对照表，而 WINS 服务则可克服这两种方式的不足，是微软推荐的远程 NetBIOS 名称解析方案。WINS 将 IP 地址动态地映射到 NetBIOS 名称，保持 NetBIOS 名称和 IP 地址映射的数据库，WINS 客户用它来注册自己的 NetBIOS 服务，并查询运行在其他 WINS 客户上的服务的 IP 地址。

1）WINS 组件

- WINS 服务器：受理来自 WINS 客户端的名称注册请求，注册其名称和 IP 地址，响应客户提交的 NetBIOS 名称查询。
- WINS 客户端：查询 WINS 服务器以根据需要解析远程 NetBIOS 名称。
- WINS 代理：为其他不能直接使用 WINS 的计算机代理 WINS 服务的一种 WINS 客户端。WINS 代理仅对于只包括 NetBIOS 广播（或 B 节点）客户端的网络有用，大多数网络部署的都是启用 WINS 的客户端，不需要 WINS 代理。
- WINS 数据库：存储和复制 NetBIOS 名称到 IP 地址的映射。

2）WINS 名称解析

WINS 用于解析 NetBIOS 名称，但是为了使名称解析生效，客户端必须可以动态添加、删除或更新 WINS 中的名称。在 WINS 系统中，所有的名称都通过 WINS 服务器注册。名称存储在 WINS 服务器上的数据库中，WINS 服务器响应基于该数据库项的名称——IP 地址解析请求。WINS 客户端/服务器通信过程包括以下几个环节。

- 注册名称：WINS 客户端请求在网络上使用 NetBIOS 名称。该请求可以是一个唯一（专有）名称，也可以是一个组（共享）名。NetBIOS 应用程序还可以注册一个或多个名称。
- 更新名称：WINS 客户端计算机需要通过 WINS 服务器定期更新其 NetBIOS 名称注册。WINS 服务器处理名称更新请求与新名称注册类似。
- 释放名称：当 WINS 客户端计算机完成使用特定的名称并正常关机时，会释放其注册名称。在释放注册名称时，WINS 客户端会通知其 WINS 服务器（或网络上其他可能的计算机），将不再使用其注册名称。
- 解析名称：为网络中的所有 NetBIOS（NetBT）客户端解析 NetBIOS 名称查询。

3）WINS 工作原理

默认情况下，WINS 客户端计算机使用 H 节点作为 NetBIOS 名称注册的节点类型。对于 NetBIOS 名称查询和解析，它也使用 H 节点行为，WINS 客户端通常执行以下一系列步骤来解析名称。

（1）客户端检查查询的名称是否是它所拥有的本地 NetBIOS 计算机名称。

（2）客户端检查远程名称的本地 NetBIOS 名称缓存，如果匹配，就返回相应的 IP 地址，否则继续查询。

远程客户端的解析名称放置在该缓存中，并将保留 10min。

（3）客户将 NetBIOS 查询转发到已配置的主 WINS 服务器中。如果主 WINS 服务器应答查询失败（因为主 WINS 服务器不可用，或因为它没有名称项），则客户将按照列出和配置使用的顺序尝试与其他已配置的 WINS 服务器联系。如果没有查到，就继续下面的步骤。

（4）客户端将 NetBIOS 查询广播到本地子网。如果没有查到，就继续下面的步骤。

（5）如果配置客户端以使用 LMHOSTS 文件，则客户将检查与查询匹配的 LMHOSTS 文件。

（6）如果将其配置成单个客户端，则客户会尝试 Hosts 文件，然后尝试 DNS 服务器。

4）使用 WINS 的好处

● 保持对计算机名称注册和解析支持的动态的名称到地址的数据库。

● 名称到地址数据库的集中式管理缓解了对管理 Lmhosts 文件的需要。

● 通过许可客户查询 WINS 服务器来直接定位远程系统，减少子网上基于 NetBIOS 的广播通信。

● 对网络上早期 Windows 版本和基于 NetBIOS 客户的支持，允许这些类型的客户浏览远程 Windows 域列表，而不需要在每个子网上有本地域控制器。

当执行 WINS 查找集成时，通过让客户定位 NetBIOS 资源实现对基于 DNS 客户的支持。

3. DHCP

在 TCP/IP 网络中设置计算机的 IP 地址，可以采用两种方式：一种是手工设置，即分配静态的 IP 地址，这种方式容易出错，易造成地址冲突，适用于规模较小的网络；另一种是由 DHCP 服务器自动分配 IP 地址，适用于规模较大的网络，或者是经常变动的网络，这种方式需要用到 DHCP 服务。

1）DHCP 服务器和客户机

DHCP 基于客户机/服务器模式，DHCP 服务器为 DHCP 客户机提供自动分配 IP 地址的服务，DHCP 客户机启动时自动与 DHCP 服务器通信，并从服务器那里获得自己的 IP 地址。DHCP 服务器就是安装 DHCP 服务器软件的计算机，DHCP 客户机就是启用 DHCP 功能的计算机，运行 Windows 系统的计算机都可作为 DHCP 客户机（只需在 TCP/IP 设置中选择自动获取 IP 地址）。

通过在网络上安装和配置 DHCP 服务器，DHCP 客户机可在每次启动并加入网络时，动态地获得其 IP 地址和相关配置参数。DHCP 服务器以地址租约的形式将该配置信息提供给发出请求的客户机。租约定义了从 DHCP 服务器分配的地址可以使用的时间期限。当服务器将地址租用给客户机时，租约生效。在租约过期之前，客户机一般需要通过服务器更新租约。当租约期满或在服务器上被删除时，租约将自动失效。租约期限决定租约何时期满以及客户机需要用服务器更新的频率。

2）IP 地址的自动分配与动态分配

DHCP 服务器向 DHCP 客户机分配 IP 地址的方式有两种。

● 自动分配：DHCP 客户机一旦从 DHCP 服务器租用到 IP 地址后，这个地址就永久地给该客户机使用。这种方式也称为永久租用，适于 IP 地址较为充足的网络。

● 动态分配：DHCP 客户机第一次从 DHCP 服务器租用到 IP 地址后，这个地址归该客户机暂时使用；一旦租约到期，IP 地址归还给 DHCP 服务器，可提供给其他客户机使用。该客户机如果还需要 IP 地址，就可以向 DHCP 服务器租用另一个 IP 地址。这种方式也称限定租期，适用于 IP 地址比较紧张的网络。

3）申请新 IP 地址和续租 IP 地址

DHCP 客户机每次启动时，都要与 DHCP 服务器通信，以获取 IP 地址及有关的 TCP/IP 配置。有两种情况：一是 DHCP 客户机向 DHCP 服务器申请新的 IP 地址；二是已经获得 IP 地址的 DHCP 客户机要求更新租约，继续租用该地址。

只要符合下列情形之一，DHCP 客户机就要向 DHCP 服务器申请新的 IP 地址。

- 计算机第一次以 DHCP 客户机身份启动。从静态 IP 地址转向使用 DHCP 也属于这种情形。
- DHCP 客户机租用的 IP 地址已被 DHCP 服务器收回，并提供给其他客户机使用。
- DHCP 客户机自行释放已租用的 IP 地址，要求使用一个新地址。

如果 DHCP 客户机要延长现有 IP 地址的使用期限，则必须更新租约。当遇到以下任何一种情况时，需要续租 IP 地址。

- 不管租约是否到期，已经获取 IP 地址的 DHCP 客户机每次启动时，都将以广播方式向 DHCP 服务器发送 DHCPREQUEST 信息，请求继续租用原来的 IP 地址。即使 DHCP 服务器没有发送确认信息，只要租期未满，DHCP 客户机仍然能使用原来的 IP 地址。
- DHCP 客户机在租约期限超过一半时，自动以非广播方式向 DHCP 服务器发出续租 IP 地址的请求。

9.5.4　实训内容

（1）学会配置 DNS 服务器和客户机。
（2）学会配置 WINS 服务器和客户机。
（3）学会配置 DHCP 服务器和客户机。

9.5.5　实训步骤

1.　使用 Windows Server 2008 建立 DNS 服务

1）DNS 服务器的安装

（1）在 Windows Server 2008 计算机上安装 DNS 服务器

在 Windows 2008 Server 上安装 DNS 服务器的方法非常简单。只是要注意该服务器本身的 IP 地址应是固定的，不能是动态分配的。可以通过"添加角色向导"进行安装，具体步骤不再赘述。在 Windows 2008 Server 中，安装 Active Directory 时已经一起安装 DNS 了。安装完毕后，不必重新启动系统。管理员通过 DNS 控制台对 DNS 服务器进行配置。

（2）DNS 服务器的管理界面

DNS 服务的管理与配置比较复杂，关键是要搞清 DNS 服务器的结构。DNS 服务器是以区域而不是域为单位来管理服务的。DNS 数据库的主要内容是区域文件。一个域可以分成多个区域，每个区域可以包含子域，子域可以有自己的子域或主机。区域是从管理的角度来界定的，在具体应用时也是一个域。

具体到 Windows Server 2008 系统，DNS 服务是由 DNS 控制台来管理的。DNS 是典型的树状层次结构，在控制台可以管理多个 DNS 服务器，一个 DNS 服务器可以管理多个区域，每个区域可再管理域（子域），域（子域）再管理主机，基本上就是"服务器→区域→域→子域→主机"的层次结构。当然，一个区域也可以由多个服务器来管理。DNS 数据库包含一个或多个区域文件，每个区域文件记录的是资源记录，由资源记录来记录区域所管理的主机。DNS 控制台及整个 DNS 服务器的层次结构如图 9.64 所示。

图 9.64　DNS 控制台及整个 DNS 服务器的层次结构

2）建立和管理 DNS 区域

DNS 区域分为两类：一类是正向搜索区域，即名称到 IP 地址的数据库，用于提供将名称转换为 IP 地址服务；另一类是反向搜索区域，即 IP 地址到名称的数据库，用于提供将 IP 地址转换为名称的服务。这里先介绍正向搜索区域，新建 DNS 区域的操作步骤如下。

（1）在 DNS 控制台树中右键单击要配置的 DNS 服务器下面的"正向查找区域"节点，选择"新建区域"命令，启动新建区域向导。

（2）单击"下一步"按钮，出现如图 9.65 所示的对话框，选择区域类型。这里有 3 种区域类型，选择"主要区域"选项。

只有在运行 DNS 服务器的计算机作为域控制器时，"在 Active Directory 中存储区域（只有 DNS 服务器是可写域控制器时才可用）"选项才可选用。如果选择该项，区域数据就作为 Active Directory 数据库的组成部分存储并复制。存根区域是一个区域副本，只包含标识该区域的权威 DNS 服务器所需的这些资源记录。存根区域用来让主持父区域的 DNS 服务器知道其子区域的权威 DNS 服务器，从而保持 DNS 名称解析效率。存根区域由以下部分组成：委派区域的起始授权机构（SOA）资源记录、名称服务器（NS）资源记录和主机（A）资源记录。存根区域的主服务器是对于子区域有权威性的一个或多个 DNS 服务器，通常 DNS 服务器主持委派域名的主要区域。

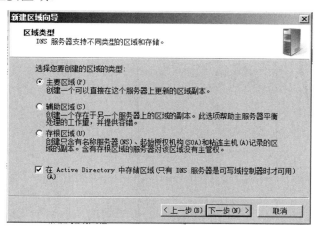

图 9.65　选择 DNS 区域类型

（3）单击"下一步"按钮，打开"Active Directory 区域传送作用域"对话框，选择"至此域中的所有 DNS 服务器：whrjgc.com"（如图 9.66 所示）。单击"下一步"按钮，进入"反向查找区域名称"对话框，选择 IPV4（如图 9.67 所示）。

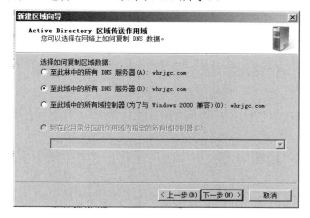

图 9.66　"Active Directory 区域传送作用域"对话框

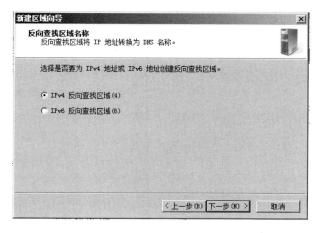

图 9.67　"反向查找区域名称"对话框

（4）单击"下一步"按钮，打开如图9.68所示的对话框，输入反向查找区域的网络ID。

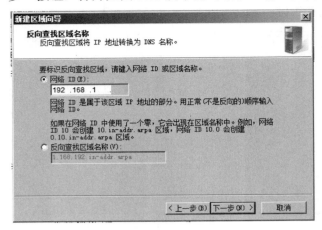

图9.68　输入反向查找区域的网络ID

（5）单击"下一步"按钮，打开"动态更新"对话框，选择默认的"只允许安全的动态更新"，如图9.69所示。

（6）单击"下一步"按钮，显示新建区域的基本信息，单击"完成"按钮，如图9.70所示。

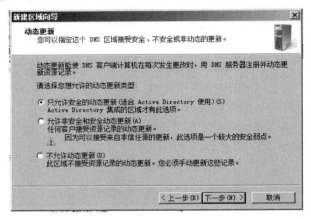

图9.69　"动态更新"对话框

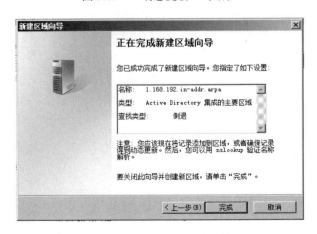

图9.70　完成新建区域文件

建立区域后，还有一个管理和配置的问题。区域在 DNS 服务的管理具有重要地位，它是 DNS 服务主要的管理单位。用户可通过"区域属性"选项卡来配置 DNS 服务。从 DNS 控制台的目录树中选择要配置的区域，打开"区域属性"选项卡，不仅可设置区域的基本属性，还可设置高级属性。

3）建立和管理 DNS 资源记录

（1）建立主机记录

在多数情况下，DNS 客户机要查询的是主机信息。用户可在区域、域或子域中建立主机，操作很简单。在 DNS 控制台树中右键单击一个区域或域（子域），选择"新建主机"命令，打开如图 9.71 所示的对话框，在"名称"框中输入主机名称（这里应输入相对名称，而不能是全称域名）；在"IP 地址"框中输入与主机对应的实际 IP 地址；如果 IP 地址与 DNS 服务器位于同一子网内，且建立了反向搜索区域，则可选择"创建相关的指针（PTR）记录"选项，这样，反向搜索区域中将自动添加一个对应的记录。单击"添加主机"按钮，完成该主机的创建。

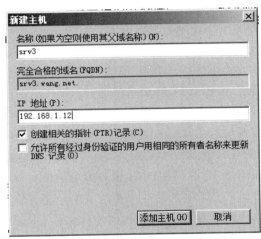

图 9.71　新建主机记录

区域内需要的大多数主机记录可以包含提供共享资源的工作站或服务器、邮件服务器和 Web 服务器以及其他 DNS 服务器等。这些资源记录由区域数据库中的大部分资源记录构成。

并非所有计算机都需要主机资源记录，但是在网络上以域名来提供共享资源的计算机需要该记录。一般为具有静态 IP 地址的服务器创建主机记录，也可为分配静态 IP 地址的客户机创建主机记录。

当 IP 配置更改时，运行 Windows 2003 及以上版本的计算机使用 DHCP 客户服务在 DNS 服务器上动态注册和更新自己的主机资源记录。

（2）建立别名记录

别名记录往往用来标识同一主机的不同用途。例如，某主机要充当 Web 服务器，可给它起个别名，便于 Web 用户使用。在 DNS 控制台树中右键单击一个区域或域（子域），选择"新建别名"命令，打开如图 9.72 所示的对话框。

图 9.72　新建别名记录

在"别名"文本框中输入别名名称，这里是相对于父域的名称，别名多用服务名称，如 www 表示充当 WWW 服务器，ftp 表示充当 FTP 服务器，news 表示充当新闻服务器，当然也可以是绰号或昵称。在"目标主机的完全合格的域名"文本框中输入该别名对应的主机的全称域名，也可单击"浏览"按钮从 DNS 记录中选择。

（3）建立邮件交换器记录

邮件交换器（MX）资源记录为电子邮件服务专用，用于电子邮件应用程序发送邮件时根据收信人的地址后缀来定位邮件服务器。具体地讲，电子邮件应用程序利用 DNS 客户，根据收信人邮件地址中的 DNS 域名，向 DNS 服务器查询邮件交换器资源记录，定位要接收邮件的邮件服务器。例如，在邮件交换器资源记录中，将邮件交换器记录所负责的域名设为 mail.abc.com，负责转发和交换的邮件服务器的域名为 nts.abc.com，则发送到"用户名@mail.abc.com"，系统将对 mail.abc.com 进行 DNS 中的 MX 记录解析。如果 MX 记录存在，系统就根据 MX 记录的优先级，将邮件转发到与该 MX 相应的邮件服务器上。

本例为 nts.mycompany.com，如果定义了多条邮件交换器记录，则按照从最低值（最高优先级）到最高值（最低优先级）的优先级顺序尝试与邮件服务器联系。

在 DNS 控制台树中右键单击一个区域或域（子域），选择"新建邮件交换器"命令，打开如图 9.73 所示的对话框，设置以下选项。

- "主机或子域"：输入此邮件交换器记录负责的域名，也就是要发送邮件的域名。电子邮件应用程序将收件人地址的域名与此域名对照，以定位邮件服务器。这里的名称是相对于父域的名称，例中的名称为"mail"，父域为"abc.com"，则邮件交换器的全称域名为"mail.abc.corn"。如果为空，则设置父域为此邮件交换器所负责的域名，即"abc.com"。
- "邮件服务器的完全合格的域名"：输入负责处理上述域（域名由"主机或子域"指定）邮件的邮件服务器的全称域名。发送或交换到邮件交换器记录所负责域中的邮件将由该邮件服务器处理。可单击"浏览"按钮从 DNS 记录中选择。

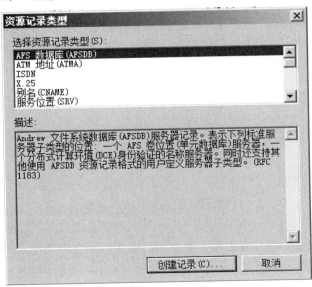

图 9.73　建立邮件交换记录

● "邮件服务器优先级"：输入一个表示优先级的数值，范围为 0～65535。

当一个区域或域中有多个邮件交换器记录时，这个数值决定邮件服务的优先级，邮件优先送到值小的邮件服务器。如果多个邮件交换器记录的优先级的值相同，则尝试随机地选择邮件服务器。

最后单击"确定"按钮，向该区域添加新记录。

（4）建立其他资源记录

Windows Server 2008 DNS 服务器还支持其他资源记录，用户可以根据需要使用 DNS 控制台添加。有关所支持的资源记录的详细信息，请参阅资源记录参考。右键单击一个区域或域（子域），选择"其他新记录"命令打开如图 9.74 所示的对话框，从中选择所要建立的资源记录类型，然后单击"创建记录"按钮，即可打开相应的定义对话框。

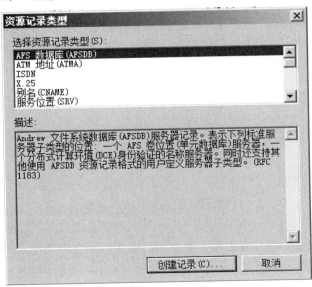

图 9.74　选择资源记录类型

在建立资源记录后，还有一个管理和修改的问题。右键单击资源记录，从快捷菜单中选择"删除"命令即可删除该记录。而选择"属性"命令，打开相应的属性选项卡，即可编辑修改该记录。

4）配置和管理 DNS 客户机

（1）在 Windows 2003/2007 中设置 DNS 客户机。对于 Windows 2003/ 2007 客户机，在配置每台计算机的 TCP/IP 属性时，需要设置多项 DNS 配置。这里以 Windows 2007 为例进行介绍。

（2）配置 DNS 服务器列表。为了使其作为 DNS 客户机查询：DNS 在处理查询和解析 DNS 名称时，必须为每台计算机配置按优先级排列的 DNS 名称服务器列表。在大多数情况下，客户机使用列在首位的首选 DNS 服务器。当首选服务器不能用时，再尝试使用备用 DNS 服务器。因此，让首选 DNS 服务器在正常情况下使用非常重要。

打开"网络连接属性"对话框，从"组件"列表中选择"Internet 协议（TCP/IP）"选项，单击"属性"按钮打开相应的对话框，可分别设置首选 DNS 服务器地址和备用 DNS 服务器地址。如果要提供更多的 DNS 列表，应单击"高级"按钮，切换到如图 9.75 所示的选项卡，在"DNS 服务器地址（按使用顺序排列）"列表中可添加和修改要查询的 DNS 服务器地址。

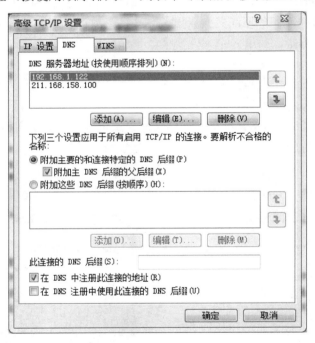

图 9.75　DNS 客户端的高级设置

（3）配置 DNS 后缀搜索列表。

对于不完整的 DNS 域名，可通过配置 DNS 域后缀搜索列表来进行扩展查询。在 DNS 后缀列表中添加其他后缀，则 DNS 客户机将该列表中的后缀名称添加到原始名称末尾，形成备用的 DNS 域名，再尝试向 DNS 服务器查询，这样可以在多个指定的 DNS 域中搜索较短的计算机名称。

打开"高级 TCP/IP 设置"对话框，切换到"DNS"选项卡，设置以下有关 DNS 后缀的选项。

- "附加主要的和连接特定的 DNS 后缀"：用于设置 DNS 客户机是否启用主 DNS 后缀（通过控制面板的"系统属性"对话框指定）和特定的 DNS 后缀。如果选中下面的"附加主 DNS 后缀的父后缀"复选框，那么在查询主机时还要搜索主 DNS 后缀的父后缀，直到二级域名，例如，主 DNS 后缀为 info.abc.com，查询主机 www 时将分别查询 www.info.abc 和 www.abc.com。
- "附加这些 DNS 后缀（按顺序）"：用于设置多个 DNS 后缀。例如，同时设置了 acompany.com 和 bcompany.com，在查询每个主机时，会依次对这两个后缀进行查询。
- "此连接的 DNS 后缀"：设置该网络连接的特定 DNS 后缀。如果这里设置了相应的后缀，就将忽略由 DHCP 服务器指定的 DNS 后缀。

（4）为启用 DHICP 的客户端启用 DNS。

要使用由 DHCP 服务器提供的动态配置 IP 地址为客户端配置 DNS，一般只需在 DHCP 服务器端设置两个基本的 DHCP 作用域选项：006（DNS 服务器）和 015（DNS 域名），如图 9.76 所示。006 选项定义供 DHCP 客户端使用的 DNS 服务器列表，015 选项为 DHCP 客户端提供在搜索中附加和使用的 DNS 后缀。如果要配置其他 DNS 后缀，需要在客户端为 DNS 手动配置 TCP/IP。

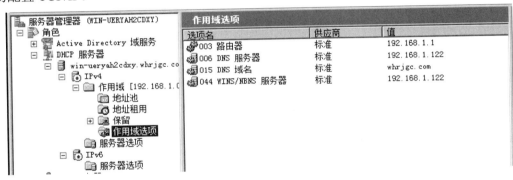

图 9.76　DNS 客户的 DHCP 作用域选项

（5）使用 ipconfig 命令管理客户端 DNS 缓存。

TCP/IP 中的 DNS 解析器可以缓存 DNS 名称查询。客户端的 DNS 查询首先响应客户端的 DNS 缓存。DNS 缓存支持未解析或无效 DNS 名称的负缓存，DNS 客户端从 DNS 服务器接收到查询名称的否定应答时，将其添加到缓存，而否定性结果会缓存一小段时间，期间不会再次被查询，再次查询可能会引起查询性能方面的问题，因此遇到 DNS 问题时，可清除缓存。在 Windows 2003/2007 计算机使用 Ipconfig 实用程序可查看并清除 DNS 缓存的内容，例如，使用命令 ipconfig/displaydns 可显示和查看；客户端解析程序缓存；使用 ipconfig/flushdns 命令可刷新和重置客户端解析程序缓存。

2. 使用 Windows Server 2008 建立 WINS 服务

1）WINS 服务器安装

在 Windows Server 2008 上安装 WINS 服务器较简单，只是要注意该服务器本身的 IP 地址应是固定的，不能是动态分配的。可以单击"开始"→"所有程序"→"管理工具"→"服务器管理器"→"功能"，右击"添加功能"，调出"添加功能向导"，通过"添加功能向导"一步一步地完成安装。安装完毕后，不必重新启动系统。管理员通过 WINS 控制台对 WINS 服务器进行配置。

选择"开始"→"所有程序"→"管理工具"→"WINS"，打开如图 9.77 所示的 WINS 控制台，对 WINS 服务器进行配置和管理。WINS 控制台可管理多个 WINS 服务器，每个 WINS 服务器可管理自己的记录。

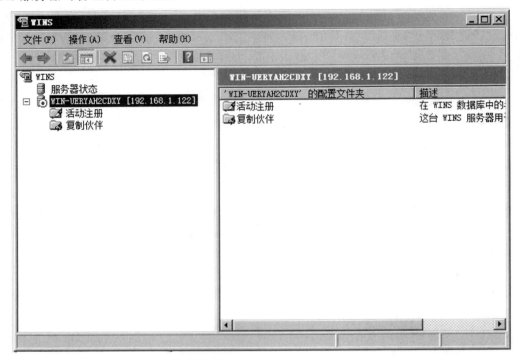

图 9.77　WIN 控制台

2）配置 WINS 客户端

（1）在 DHCP 服务器上配置 WINS 选项。

在大多数情况下，对于启用 DHCP 的 WINS 客户机，至少需要在 DHCP 服务器端设置两个基本的 DHCP 作用域选项：044（WINS / NBNS 服务器）和 046（WINS/NBT 节点类型），如图 9.78 所示。

044 选项定义供 DHCP 客户端使用的主要和辅助 WINS 服务器的 IP 地址。046 选项用于定义供 DHCP 客户端使用的首选 NetBIOS 名称解析方法，由节点类型决定，值 0x1 表示 B 结点、0x2 表示 P 节点、0x4 表示 M 节点、0x8 表示 H 节点。一般选择用于点对点和广播混合模式的 H 节点。

同时部署 DHCP 与 WINS 两种服务时，可对比 WINS 的更新间隔来指派 DHCP 的租用期限。默认情况下，DHCP 租期为 8 天，WINS 更新间隔为 6 天。如果 DHCP 的租期和 WINS 更新间隔差别很大，对网络的影响是租期管理通信增大，并可能导致 WINS 注册两种服务。

如果缩短或延长客户的 DHCP 租期，也应修改 WINS 更新间隔。

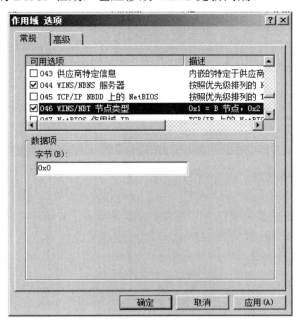

图 9.78　为 WINS 客户配置 DHCP 作用域选项

（2）手动配置 WINS 客户。

对于没有启用 DHCP 的网络客户，必须在网络连接的 TCP/IP 设置中手动添加 WINS 服务器。这里以 Windows Server 2008 平台为例，介绍手动配置 WINS 客户的操作步骤。

① 打开要配置的网络连接的 "Internet 协议（TCP/IP）属性" 对话框，单击 "高级" 按钮，切换到 "WINS" 选项卡（如图 9.79 所示），单击 "添加" 按钮。

图 9.79　手动配置 WINS 客户端

② 在"TCP/IP WINS 服务器"对话框中输入 WINS 服务器的 IP 地址，然后单击"添加"按钮．根据需要添加多个备份 WINS 服务器 IP 地址。

③ 要启用 Lmhosts 文件来解析远程 NetBIOS 名称，选中"启用 LMHOSTS 查找"复选框。默认情况下，该选项处于启用状态。单击"导入 LMHOSTS"按钮可指定要导入的 Lmhosts 文件。

④ 要启用或禁用 TCP/IP 上的 NetBIOS，应在"NetBIOS 设置"区域选择相应的选项．默认选中"默认"选项，由 DHCP 服务器决定是启用还是禁用 TCP/IP 上的 NetBIOS，如果使用静态 IP 地址或者 DHCP 服务器不提供 NetBIOS 设置，则启用 TCP/IP 上的 NetBIOS。

（3）验证客户端 NetBIOS 名称的 WINS 注册。

WINS 客户端计算机在启动或加入网络时，将尝试使用 WINS 服务器注册其名称。此后，客户端将查询 WINS 服务器来根据需要解析远程名称。在 WINS 客户端计算机上执行命令 nbtstat-n，系统将列出 WINS 客户端计算机的本地 NetBIOS 名称列表，检验每个在"Status"列标记为"Registered"的名称。

对于"Status"列标记为"Registered"或"Registering"的名称，可执行命令 nbtstat-RR 来释放并刷新本地 NetBIOS 名称注册信息。

3. 使用 Windows Server 2008 建立 DHCP 服务

1）安装 DHCP 服务器

在 Windows Server 2008 上安装 DHCP 服务器并不复杂，只是要注意 DHCP 服务器本身的 IP 地址应是固定的，不能是动态分配的。可通过服务器管理器的"角色"→"添加角色"调出的"添加角色向导"工具进行安装，安装完毕后，不必重新启动系统。管理员可通过 DHCP 控制台对 DHCP 服务器进行配置。

选择"开始"→"所有程序"→"管理工具"→"DHCP"，打开 DHCP 控制台（以前称为 DHCP 管理器），对 DHCP 服务器进行配置和管理。凡是由控制台界面来管理的服务都具有典型的树状层次结构，DHCP 也不例外。DHCP 控制台可管理多个 DHCP 服务器，每个 DHCP 服务器可管理多个作用域（又称领域），具体的配置信息都是以作用域为单位来管理的，每个作用域拥有特定的 IP 地址范围。典型的 DHCP 控制台如图 9.80 所示。DHCP 服务器的管理层次为：DHCP→DHCP 服务器→超级作用域→作用域→IP 地址范围。

2）创建 DHCP 作用域

下面示范 DHCP 作用域的创建。

（1）打开 DHCP 控制台，展开目录树，右键单击相应的 DHCP 服务器，选择"新建作用域"命令，启动新建作用域向导。

（2）在"作用域名称"对话框中设置作用域的名称和说明信息，单击"下一步"按钮。

（3）出现如图 9.81 所示的"添加作用域"对话框。在"起始 IP 地址"和"结束 IP 地址"框中输入要分配的 IP 地址，以确定地址范围。在"默认网关"和"子网掩码"框中设置相应的值，以解析 IP 地址的网络和主机部分。

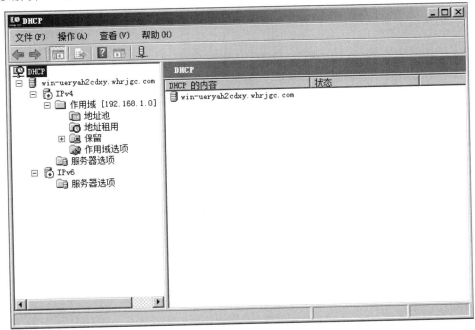

图 9.80　DHCP 控制台

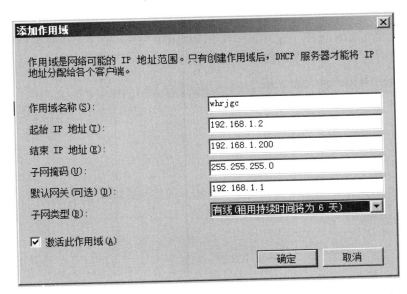

图 9.81　设置 IP 地址范围

建议使用对大多数网络有用的默认子网掩码。

（4）单击"下一步"按钮，打开如图 9.82 所示的对话框。可根据需要从 IP 地址范围中选择一段或多段要排除的 IP 地址，排除的地址不能对外出租。如果要排除单个 IP 地址，只需在"起始 IP 地址"中输入地址。

（5）单击"下一步"按钮，打开"租约期限"对话框，定义客户机从作用域租用 IP 地址的时间长短。对于经常变动的网络，租期应短一些。

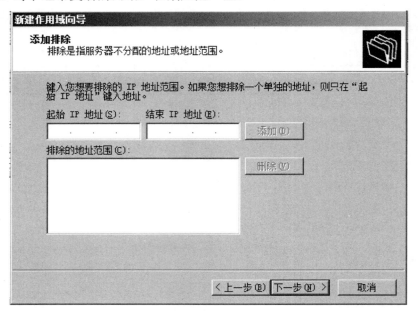

图 9.82　设置要排除的 IP 地址范围

（6）单击"下一步"按钮，打开"配置 DHCP 选项"对话框，选择是否为此作用域配置
DHCP 选项。这里选择"是"选项，否则将跳到第（10）步。

（7）单击"下一步"按钮，打开如图 9.83 所示的"路由器（默认网关）"对话框。设置
此作用域发送给客户端使用的路由器或默认网关的 IP 地址。

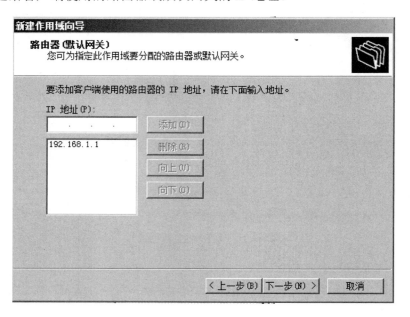

图 9.83　设置路由器（默认网关）选项

（8）单击"下一步"按钮，打开如图 9.84 所示的"域名称和 DNS 服务器"对话框。如

果要为客户机设置 DNS 服务器，应在"父域"文本框中输入用来进行 DNS 名称解析的父域名，在"IP 地址"列表中添加 DNS 服务器地址，可通过在"服务器名称"中输入服务器名称，单击"解析"按钮来查询 IP 地址。

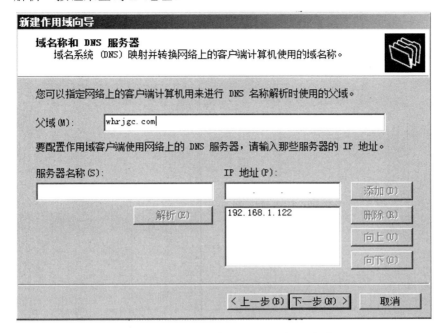

图 9.84 设置域名称和 DNS 服务器选项

（9）单击"下一步"按钮，打开"WINS 服务器"对话框，设置客户端要使用的 WINS 服务器。一般不需要配置，直接单击"下一步"按钮。

（10）打开"激活作用域"对话框，选择是否激活该作用域。如果激活，该作用域就可提供 DHCP 服务了。

（11）单击"下一步"按钮，完成作用域的创建。

在创建作用域的过程中，根据向导提示，可以很方便地设置作用域的主要属性，包括 IP 地址的范围、子网掩码和租约期限等，还可定义作用域选项。管理员也可根据需要进一步实现更灵活的配置。

3）配置 Windows DHCP 客户机

任何运行 Windows 的计算机都可作为 DHCP 客户机运行。与 DHCP 服务器比起来，DHCP 客户机的安装和配置就更加简单了。例如，在 Windows7 中。安装 TCP/IP 时，就已安装了 DHCP 客户程序。要配置 DHCP 客户机，应选择"开始"→"控制面板"→"网络和共享中心"→"本地连接"→"属性"，打开"TCP/IP 属性"对话框，切换到如图 9.85 所示的"常规"选项卡，选择"自动获取 IP 地址"单选钮即可。需要注意的是，只有启用 DHCP 的客户机才能从 DHCP 服务器租用 IP 地址，否则必须手工设定 IP 地址。

运行 Windows XP/Windows Server 2003/Windows 7 的客户机还增加了 DHCP 客户端备用配置如图 9.86 所示，便于用户在两个或多个网络之间轻松地转移计算机，而不需重新配置 IP 地址、默认网关和 DNS 服务器等网络参数。例如，便携式计算机在网络之间迁移，使用这种方法就特别方便。

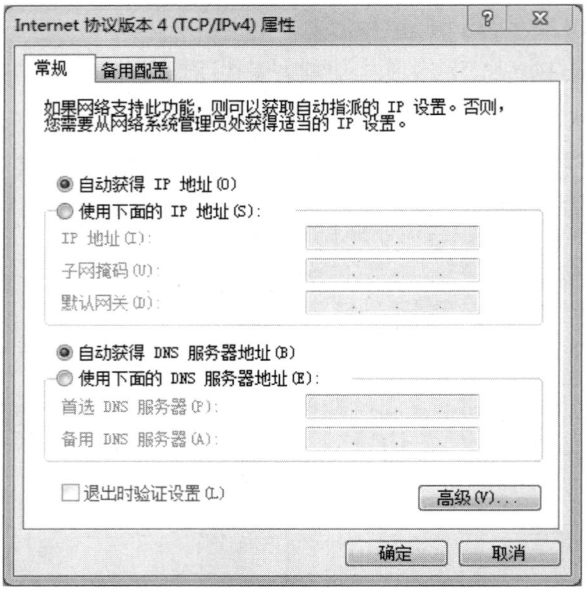

图 9.85　设置常规选项

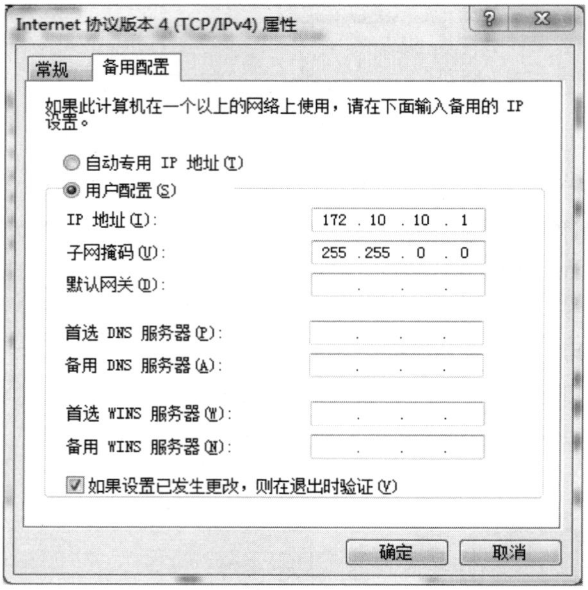

图 9.86　设置备用配置

9.6　实训 6——Web 服务

9.6.1　实训目的

（1）介绍如何构建 Web 服务，并且对 Web 的原理以及如何设计 Web 服务解决方案进行介绍。

（2）介绍如何利用 IIS 7.0 建立基于 ASP 技术的 Web 站点、Web 网站的配置等。

9.6.2　实训环境

任务情景：某公司为了宣传以及企业内部的办公需要，因此要构建自己的 Web 服务器。企业内部有多个系统，需要实现虚拟主机方便管理。为了财务、销售系统的安全，需要实施 Web 服务器的安全访问。

软件：IE8.0。

硬件：已安装 Windows Server 2008 操作系统的计算机（可以连接 Internet）。

9.6.3　背景知识

Web 服务是通过客户端的 HTTP 请求连接到提供 Web 服务的网站上，由 Web 服务组件处理 HTTP 请求并配置和管理 Web 应用程序。

1．Web 的工作原理

Web 服务是一个软件系统，用以支持网络间不同机器的互动操作。网络服务通常是许多应用程序接口（API）所组成的，它们透过网络，例如国际互联网（Internet）的远程服务器端，执行客户所提交服务的请求。

在 Web 应用环境中，有两种角色：一种是 Web 客户机，另一种是 Web 服务器。我们经常使用的 IE 浏览器就是一种 Web 客户机软件。而一个一个的网站对应的就是一个一个的 Web 服务器，但用户需要了解从输入一个网址到 We 服务器传送回需要 Web 页面中间的原理和过程。

1）标准的通信协议

这是因为 Web 客户机和 Web 服务器都遵循标准的通信协议 HTTP。通信协议是网络上计算机之间能够进行通信的规则的集合。

HTTP（超文本传输协议）是一个基于请求与响应模式的、无状态的、应用层的协议，常基于 TCP 的连接方式，HTTP1.1 版本中给出一种持续连接的机制，绝大多数的 Web 开发都是构建在 HTTP 协议之上的 Web 应用。

对 HTTP 协议的细节不必过多深究，只需明白只要是使用相同的 HTTP 协议，不管计算机的操作系统是什么、浏览器是什么、服务器软件是什么，都能够进行 Web 网站的访问。

2）浏览器的结构

Web 浏览器实际上是由 HTML 解析器（负责解析 Web 页面中的文字）、图片解析器（负责解析 Web 页面中的图片）、声音播放器（负责播放声音）和视频播放器（负责播放视频）等构成的总体，如图 9.87 所示。由于版本的原因，有的浏览器版本可能不支持最新的一些数据格式，所以就会出现无法正常解析 Web 页面内容的情况。用户可以在了解清楚 Web 页面使用的声音或者视频的格式后，通过下载专门的浏览器插件来扩展浏览器的功能。

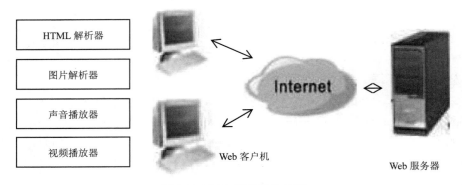

図 9.87　Web 浏览器的结构

3）Web 访问的过程

一次在客户机和服务器之间进行的完整的 Web 访问过程包括的步骤，如图 9.88 所示。客户机通过浏览器向 Web 服务器发出连接请求，在得到响应后请求 Web 服务器将资源传递到浏览器的页面上，这样就可以看到完整的页面。

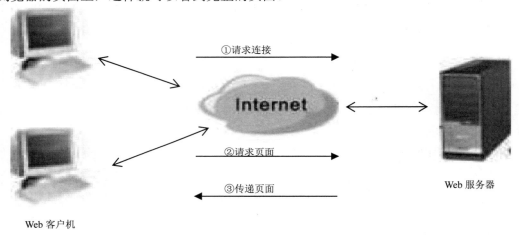

图 9.88　Web 客户机和浏览器访问过程

2．Web 服务解决方案的设计

在建立自己的 Web 服务器站点时，应该从以下几方面考虑。

1）考虑站点的规模和用途

要建立的 Web 站点肯定有某种特定的用途，比如说信息的简单发布、基于 Web 的电子商务或者电子政务等，这些用途应该成为采用什么样的 Web 服务解决方案的首选要素。其次，应考虑站点的访问规模，要在对每天可能的访问流量做出正确的评估后进行综合考虑。

2）考虑数据库系统需求

现在，很少有 Web 服务器站点不提供对数据库的访问。因此，后台采用什么数据库，对 Web 服务的解决方案也有直接的影响。比如采用 Foxpro、Access 数据库就决定了只能采用 Windows 操作系统，只能用于安全性要求不高的 Web 服务站点。而 SQL Server、Oracle 数据库主要用于大型的、安全性要求高的 Web 服务器站点。

3）考虑操作系统平台

目前，主流的网络操作系统如下。

- UNIX 系列：UNIX 操作系统的安全性较好，但可操作性差，Web 服务器的配置和管理都比较烦琐。
- Windows 系列：Windows 网络操作系统包括 2000 Server、Server 2003 和 Server 2008 系列，可操作性好，具有广泛的用户群，而且由于 Windows 2003、Windows 7 操作系统的广泛使用，可以很容易地构建 Windows 网络。但 Windows 系统经常暴露出来的漏洞又使其容易成为被黑客攻击的目标。
- Linux 系列：Linux 操作系统最大的特点是开放和免费，但开放又带来了脆弱的安全，在构建大规模的商业运行的 Web 站点时不应该成为首选。

3. 考虑数据库访问技术

Web 服务器提供的 Web 页面文件有两种。

- 以 .htm、.html 为后缀的静态页面：静态页面是用 HTML（超文本标记语言）编写的，不具备和数据库交互的功能，不能连接数据库并动态生成结果，其作用就是在浏览器上"打印"文档。"打印"的是什么，看到的就是什么。
- 以 .aspx、.jsp、.php 为后缀的动态的页面文件：动态页面并不仅仅是指在页面上加上动画文件，比如 Flash 动画等，这里指的是它能够与后台数据库产生交互，既能动态查询后台数据，又能够完成数据处理功能。早期的 Web 服务器软件仅能解释执行静态的页面，为了能够访问数据库需要额外安装或开发一个在 Web 服务器和数据库服务器之间的中间件，这就是曾经风靡一时的 CGI 技术。CGI 技术解决了对后台数据库访问的难题，曾经风光无限；但由于需要掌握很专业的程序开发语言，由用户来开发这个中间件，因此又阻碍了它的流行。随着以微软的 IIS 4.0（Internet Information Server，互联网信息服务器）为代表的 Web 服务器的推出，在 Web 服务器软件上集成了对数据库的支持功能，用户只需要按照一定的规范调用数据库接口程序，进行简单的二次开发就可以完成与数据库的交互功能，这就是 ASP 脚本语言技术。目前还有一些 Web 服务器软件推出了另外两种标准的脚本动态页面文件规范 PHP 和 JSP。

此外，还需要考虑是使用免费的共享软件还是使用商业软件来构建 Web 站点等，最后得到适合自己需求的方案。

4. 典型的 Web 服务解决方案

1）IIS 服务器+ASP 技术

IIS 是 Internet Information Server 的英文简称，译为 Internet 信息服务器，是由微软公司发布的，主要用于 Windows 系列操作系统的 Web 服务器软件。IIS 提供了 WWW 服务器、FTP 服务器和 Gopher 服务器，这里主要是利用它的 WWW 服务器功能。

IIS 家族包括 Windows 98 下使用的 PWS（Personal Web Server，个人 Web 服务器）、Windows NT 4.0 下使用的 IIS 4.0、Windows 2000 Server 下使用的 IIS 5.0、Windows Server 2003 下使用的 IIS 6.0 和 Windows Server 2008 下使用的 IIS 7.0。IIS 家族支持利用 ASP 技术来开发 Web 数据库应用。

ASP 是 Active Server Pages 的英文简称，译为动态服务器页面，是由微软公司发布的、在用标准的 HTML 语言编写的 Web 页面中嵌入 VBScript、JavaScript 脚本语言代码调用 IIS 集成的服务器功能组件（也叫对象）的技术。VBScript 是遵循 Visual Basic 标准的一种脚本语言，脚本语言是一种解释执行的编程技术，比较简单，容易上手。JavaScript 是遵循 Java 标准的一种脚本语言。

IIS 内集成了 ADO（ActiveX Data Objects）、ActiveX 数据对象。这些数据对象提供了后台数据库访问接口。

注意：归纳 ASP 开发技术方案的主要特点是，与微软公司的系列数据库产品的集成性好、适合 Windows 系列操作系统、通过脚本语言调用 IIS 内置 ADO 对象访问数据库，简单易行。

2）Apache 服务器系列+PHP 技术

Apache 是目前 Internet 上比较流行的 Web 服务器软件，它是完全免费的。Apache 系列先后有支持 Windows NT、UNIX、Linux 的版本。Apache 是与操作系统分离的软件。另外，它的一些配置需要用户自己修改。Apache 家族支持利用 PHP 技术来开发 Web 数据库应用。

PHP（Professional Hypertext Pages）是一种服务器端的动态脚本编程语言，遵循 PHP 语法格式的页面文件被 PHP 安装在服务器上的解释执行模块解释执行，将结果送回浏览器。PHP 的最大优势在于免费和源代码公开。要运行 PHP，用户必须在服务器上安装 PHP 的最新解析器软件。

注意：PHP 开发技术方案的主要特点是，适合多种操作系统、需要安装解析器、免费资源丰富。

3）Tomcat 服务器系列+JSP

Tomcat 系列，包括 JSWDK、Tomcat 和 Resin 等，都是目前 Internet 上比较流行的 Web 服务器软件，它是完全免费的。Tomcat 系列也是与操作系统分离的软件。另外，它的一些配置也需要用户自己修改。Tomcat 家族支持利用 JSP 技术来开发 Web 数据库应用。JSP（Java Server Pages）是一种服务器端的基于 Java 技术的动态脚本编程语言，遵循 JSP 语法格式的页面文件被安装在服务器上的 JSP 引擎解释执行，将结果送回浏览器。JSP 使用的是类似于 HTML 的标记语言和 Java 代码片断，JSP 引擎将 Java 代码片断编译成虚拟的字节码 Servlets，与具体的服务器运行平台无关，只与浏览器是否支持 Java 虚拟机技术有关，因此兼容性和可靠性好。要运行 JSP，用户必须在服务器上安装 JSP 的最新的引擎软件，如 Tomcat 等。

注意：JSP 开发技术方案的主要特点是，适合多种操作系统、需要安装引擎、与台无关、兼容性好、安全性高、代码可移植性好。

以上介绍了各种实现方案，读者可以根据自己的实际情况选择适合自己的 Web 站点方案。下面介绍典型的建站方案的实现。

9.6.4　实训内容

（1）学会安装 IIS 6.0。
（2）学会配置应用程序池。
（3）熟练掌握网站的配置。

9.6.5 实训步骤

1. 安装 IIS 7.0

由于 IIS 7.0 是集成在应用程序服务器中的，因此安装应用程序服务器就会默认安装 IIS 7.0。下面介绍安装的过程。

（1）在"服务器管理器"窗口中单击"角色"，添加角色。进入"添加角色向导"对话框，如图 9.89 所示。单击"下一步"按钮。

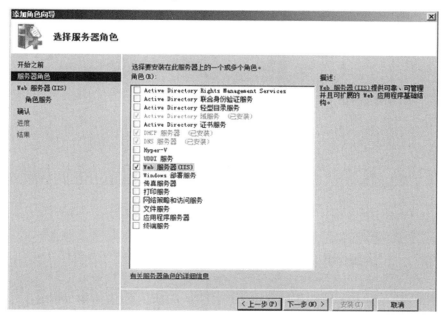

图 9.89　选择要添加的服务器角色

（2）勾选"Web 服务器（IIS）"，弹出如图 9.90 所示的"是否添加 Web 服务器（IIS）所需的功能？"对话框。单击"添加必需的功能"回到"添加角色向导"对话框。

图 9.90　"是否添加 Web 服务器（IIS）所需的功能？"对话框

（3）出现如图 9.91 所示的对话框。除了默认选择项之外，通过拖动选项框右侧的滚动条，找到 ftp 发布服务、应用程序开发的 ASP.NET 并选中，并在弹出的"是否添加 FTP 发布服务所需的角色服务？"对话框和"是否添加 ASP.NET 所需的角色服务和功能？"对话框中选择添加必需的功能，如图9.92和图9.93所示。完成配置后单击"下一步"按钮。出现如图9.94所示的"确认安装选择"界面，提示了本次安装中的选项。单击"安装"按钮。

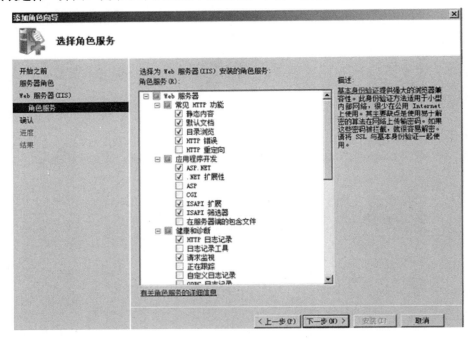

图9.91 选择角色服务

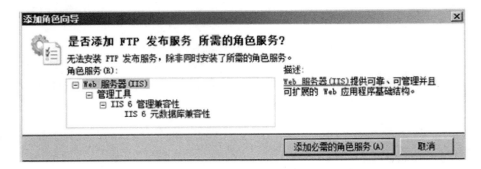

图9.92 "是否添加FTP发布服务所需的角色服务？"对话框

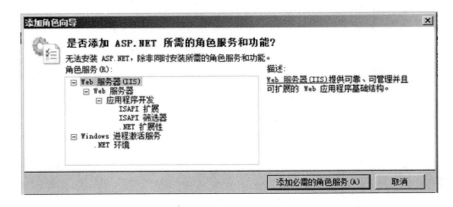

图9.93 "是否添加ASP.NET所需的角色服务和功能"对话框

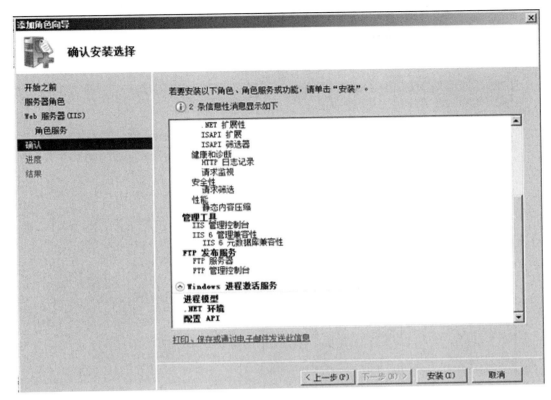

图 9.94 "确认安装选择"界面

（4）配置程序将自动按照"确认安装选择"界面中的选项进行安装和配置。

2．应用程序池的配置

应用程序池是应用程序服务器目前采用的一种进程管理技术。利用 IIS 7.0 可以在同一台计算机上通过不同的 TCP 端口提供多个 Web 站点，每个网站由于应用的目的不同，对系统资源和进程的管理要求不同，因此，IIS 7.0 默认在工作进程隔离状态下，各个站点的应用进程和系统的 Web 核心服务的运行环境是隔离的，这样可以提高可靠性。

下面介绍对应用程序池的配置操作。

（1）在安装应用程序服务器的计算机上单击"开始"→"管理工具"→"Internet 信息服务（IIS）管理器"，出现如图 9.95 所示的应用程序服务器界面。

（2）选择"Internet 信息服务（IIS）管理器"→"WIN-UERTAH2CDXY（本地计算机）"选项，出现 3 个选项。

● "FTP 站点"：用于对利用 IIS 7.0 建立的 FTP 站点进行配置和管理。

● "应用程序池"：用于建立应用程序池、对应用程序池进行配置和管理。

● "网站"：对网站进行配置、新建站点、新建虚拟目录等。

（3）选中"应用程序池"选项，从图 9.95 可以看出目前共有三个应用程序池。下面以对"DefaultAPPPool"应用程序池进行配置为例，介绍如何配置应用程序池。

（4）在名为"DefaultAPPPool"的应用程序池上单击鼠标右键，出现如图 9.96 所示的操作窗格。操作窗格的元素有：

　　"添加应用程序池"：打开"添加应用程序池"对话框，可以在其中向 Web 服务器添加应用程序池。

图 9.95　应用程序服务器界面

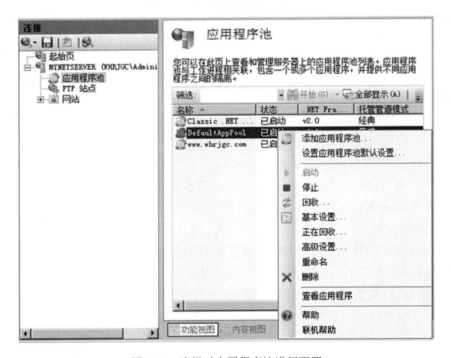

图 9.96　选择对应用程序池进行配置

"应用程序池默认设置"：打开"应用程序池默认设置"对话框，从该对话框中，可以设置适用于添加到 Web 服务器的所有应用程序池的默认值。

"启动"：启动选定的应用程序池。

"停止"：停止选定的应用程序池。这将使 Windows Process Activation Service（WAS）关闭为该应用程序池提供服务的所有正在运行的工作进程。管理员必须重新启动已停止的应用程序池，否则，向该应用程序池中的应用程序发出的请求将收到"HTTP 503-服务不可用"错误。

"回收"：先停止，然后再重新启动选定的应用程序池。重新启动应用程序池将会使应用程序池暂时不可用，直至重新启动完成为止。

"基本设置"：打开"编辑应用程序池"对话框，可以在其中编辑创建该应用程序池时指定的设置。只有从功能页上的列表中选择项目后才可以进行此操作。

"正在回收"：打开"编辑应用程序池回收设置"向导，可以通过该向导指定回收应用程序池的条件，并可以配置回收事件的记录方式。

"高级设置"：打开"高级设置"对话框，可以在其中配置选定应用程序池的高级设置。

"重命名"：启用选定应用程序池的"名称"字段，以便用户能够重命名应用程序池。

"删除"：删除从功能页上的列表中选择的项目。

注意：无法删除包含应用程序的应用程序池。必须先移出应用程序池中的任何应用程序，然后才可以删除该应用程序池。

"查看应用程序"：打开"应用程序"功能页，用户可以从中查看属于选定应用程序池的应用程序。

下面主要设置应用程序池的默认设置。

单击"应用程序池默认设置"，弹出如图 9.97 所示的"应用程序池默认设置"对话框，应用程序池默认设置共有常规、CPU、回收、进程孤立、进程模型和快速故障防护。下面分别加以介绍。

① "回收"选项：在工作进程隔离模式中，管理员可以将 IIS 7.0 配置成定期重新启动应用程序池中的工作进程，从而更好地管理那些有错误的工作进程，确保应用程序池中的指定应用程序可以正常运行，并且可以恢复系统资源。可以设置的参数如下。

- "固定时间间隔（min）"：选中该复选框表明在特定的不活动时间间隔后回收工作进程，默认为 1740（min）。

- "超出请求限制"：应用程序在回收之前可以处理的最大请求数，默认为 0，表示对应用程序可处理的请求数没有限制。可以设一个上限，如 35000。

- "特定时间"：用于指定当网站消耗太多内存时回收工作进程，有两种控制网站消耗太多内存的方法。一是工作进程使用的系统的普通虚拟内存的最大量达到在"虚拟内存限制"复选框后的文本框中设置的值回收进程。二是工作进程使用的专门分配的系统物理内存达到在"专用内存限制"复选框后的文本框中设置的值时回收内存。

② "进程模型"选项，使用该选项可以配置 Internet 信息服务（IIS）关闭空闲工作进

程、等待处理的请求数以及 Web 园中的进程数的方法。可以设置的参数如下（如图 9.98 所示）。

- "Ping 间隔（秒）"：两次为此应用程序池服务的工作进程发送健康状况监视 Ping 所间隔的时间。

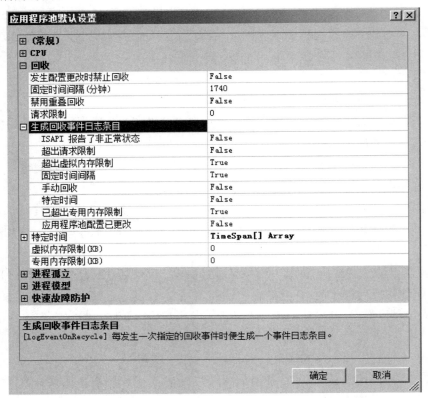

图 9.97　DefaultAppPool 的"应用程序池默认设置"对话框的"回收"选项

- "Ping 最大相应时间（秒）"：为工作进程指定的、响应健康状况监视的 Ping 的最长时间（以秒为单位）。如果工作进程不响应，将被停止。
- "标识"：配置应用程序以作为内置账户或特定的用户标志运行，内置的账户也就是"网络服务"推荐、"本地系统"、"本地服务"。
- "关闭时间限制（秒）"：为工作进程指定的、完成处理请求并关闭的时间。如果工作进程超过关闭时间，将被终止。
- "启用 Ping"：系统将定期对为此应用程序池提供服务的工作进程执行 Ping 操作，以确保这些工作进程仍及时响应。这是一个健康状况监视过程。
- "闲置超时（分钟）"：表明在特定的不活动时间段后终止任何空闲的工作进程，在后面的文本框中设置终止空闲工作进程前的时间（以分钟为单位）。空闲超时限制了通过在指定的空闲时间段后，适度地关闭空闲进程来终止不使用的工作进程，以帮助保存系统资源。当处理负载繁重、标识的应用程序不断进入空闲状态，或新的处理空间不可用时，该选项允许管理员更好地管理特定计算机上的资源。

● "最大工作进程数"：Web 园是使用多个工作进程的应用程序池。在"最大工作进程数"文本框中设置应用程序池允许的最大工作进程数。

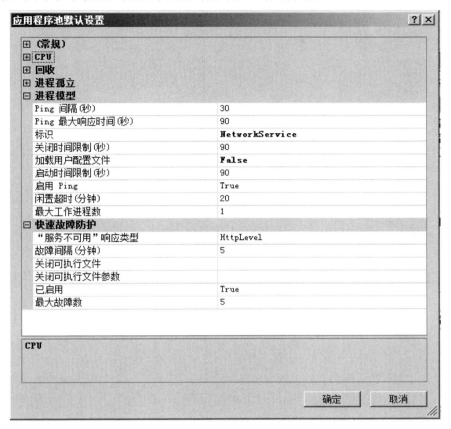

图 9.98 "进程模型"选项

③ "CPU"选项：选中该复选框将 IIS 配置成根据 CPU 的使用情况来跟踪和终止工作进程，如图 9.99 所示。可以设置的参数如下。

"限制"：可设置允许应用程序池工作进程在"CPU 限制间隔"属性指示的时间段内使用的 CPU 时间的最大百分比。如果超过"CPU 限制间隔"设置的限制，系统将向事件日志写一个事件，并且可能触发一组可选事件。该属性设为 0 则禁止将工作进程限制为 CPU 时间百分比。

"限制间隔（分钟）"：制定用于应用程序池的 CPU 监视和限制的重设期限（以分钟为单位）。如果自上次进程记账重设以来所经过的分钟数等于此属性指定的分钟数，IIS 将重设日志和限制间隔的 CPU 计时器。此值为 0 将禁用 CPU 监视。

"限制操作"：如果设为"NoAction"，将生成一个时间日志条目。如果设置为"KillW3WP"，则将在重设间隔期间关闭应用程序池并生成一个事件日志条目。

④ "快速故障防护"选项如图 9.99 所示。可以设置的参数如下。

"'服务不可用'响应类型"：如果设为 HttpLevel，那么当应用程序池停止时，HTTP.sys 将返回 HTTP 503 错误。如果设为 TcpLevel，HTTP.sys 将重置连接。如果负载平衡器识别其中的一种响应类型，并随后重定向该类型，则此设置非常有用。

"最大故障数"：设置意外程序终止的数字限制。该选项必须与"故障间隔（分钟）"文本框一起设置。

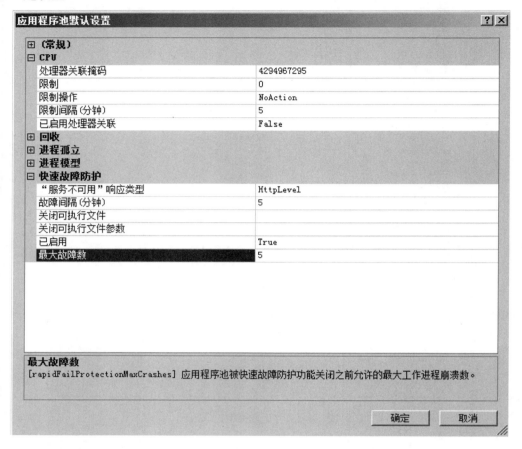

图 9.99 "CPU"选项和"快速故障防护"选项

"故障间隔（分钟）"：应用程序池发生指定数量的工作进程崩溃（最大故障数）的最短时间间隔。如果低于此间隔，应用程序池将被快速故障防护功能关闭。

3．网站的配置

IIS 7.0 在安装时，自动建立了两个网站。在应用程序服务器界面的"管理目标导航树"下选择"应用程序服务器"→"WIN-UERTAH2CDXY（本地计算机）"→"网站"选项，出现名为"Default Web Site"和"www.whrjgc.com"的两个网站。下面以对"Default Web Site"进行配置为例加以介绍。选中"Default Web Site"网站，"Internet 信息服务（IIS）管理器"的界面如图 9.100 所示。左边是管理目录，中间是选中的主页的功能视图或内容视图窗格，右侧为操作窗格。在功能视图中主要包括两大功能区域：ASP.NET 和 IIS，我们主要是针对IIS 区域进行配置。在操作窗格中，主要是对选中项目的相关操作。

在"Default Web Site"上单击鼠标右键，出现如图 9.101 所示的"操作"菜单，其主要的选项如下。

图 9.100 "Internet 信息服务（IIS）管理器"的界面

"浏览"：以资源管理器的形式浏览网站目录和文件。

"编辑权限"：设置用户对网站主目录的访问权限。

"添加应用程序"：向网站应用程序池添加程序。

"添加虚拟目录"：添加网站的虚拟目录。

"编辑绑定"：配置站点的 IP 地址和 TCP 端口。

"管理网站"：建立新的网站或者虚拟目录。

"刷新"：刷新网站。

"删除"：删除已经停止服务的网站。

"重命名"：重命名网站。

"切换到内容视图"/"切换到功能视图"：功能视图和内容视图的切换。

选中需要配置的网站，通过"操作"菜单、中间的功能视图和右侧的操作窗格，就可以对选定网站进行详细的配置。下面介绍如何配置各项功能。

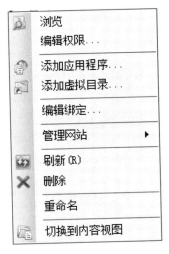

图 9.101　网站的"操作"菜单

1）配置站点的 IP 地址和 TCP 端口

要建立一个 Web 站点，首先需要配置站点的 IP 地址和 TCP 端口。右击"Default Web Site"站点，从弹出的快捷菜单中选择"编辑绑定"。在弹出的"网站绑定"对话框中，单击"编辑"按钮。在"添加网站绑定"对话框中，可以看见 IP 地址为"全部未分配"，在这里也可以指定一个固定的 IP 地址，单击下拉列表框选择，或者直接输入 IP 地址。

2）配置站点的物理路径和连接限制

右击"Default Web Site"站点，选择"管理网站"→"高级设置"命令，如图 9.103 所示。

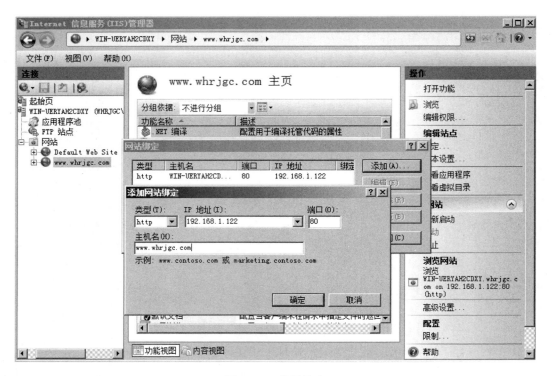

图 9.102　编辑绑定

图 9.103　网站管理的高级设置选项

　　在"高级设置"对话框中，设置站点的物理路径、连接超时（秒）、最大并发连数、最大宽带（字节/秒），如图 9.104 所示。

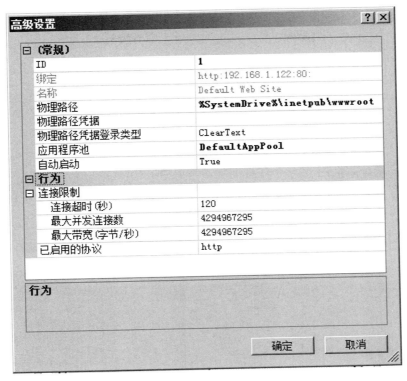

图 9.104 "高级设置"对话框

3）设置用户对网站的访问权限

右击"Default Web Site"站点，选择"管理网站"→"编辑权限"命令。在弹出的对话框中，选中"安全"选项卡，可以添加和删除用户和组，并编辑用户的权限，如图 9.105 所示。

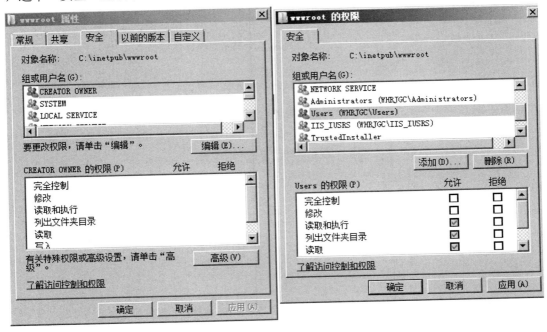

图 9.105 编辑网站的权限

般默认管理员拥有完全控制、修改、读取和执行、列出文件夹目录、读取、写入等所有权限，而用户只拥有读取和执行、列出文件夹目录和读取权限，可以通过编辑权限加以修改。

4）默认文档设置

默认文档一般设置为网站的首页。设置方法如下：在"Internet 信息服务器管理器"的左侧窗口中单击目标站点，在右侧的功能视图中找到"默认文档"，如图 9.106 所示。双击"默认文档"，弹出"默认文档"视图，如图 9.107 所示。

图 9.106　网站功能视图的默认文档

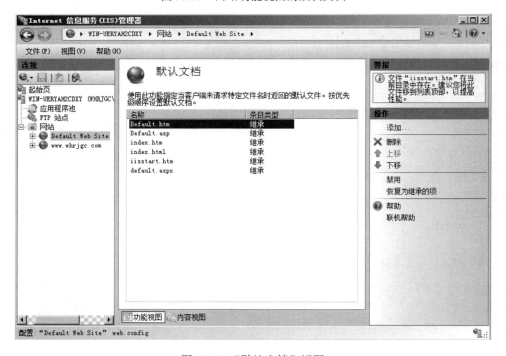

图 9.107　"默认文档"视图

通过右侧操作窗口的"添加"、"删除"、"上移"、"下移"按钮，可以添加新的默认文档，也可以调整现有文档的使用顺序，或者删除不用的默认文档。

5）配置身份验证

在"功能视图"中，双击"身份验证"。弹出如图 9.108 所示的"身份验证"界面。在"身份验证"界面中可以配置身份验证方法，客户端可以使用这些方法来获取对内容的访问权限。身份验证访问类型有如下几种。

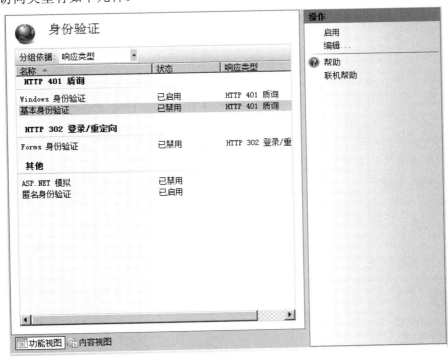

图 9.108 "身份验证"界面

匿名身份验证：允许任何用户访问任何公共内容，而不要求提供用户名和密码。默认情况下，匿名身份验证在 IIS 7.0 中处于启用状态。如果希望访问的网站的所有客户端都可以查看网站内容，则使用匿名身份验证。

基本身份验证：基本身份验证要求用户提供有效的用户名和密码才能访问内容。所有主要的浏览器都支持该身份验证方法，它可以跨防火墙和代理服务器工作。基本身份验证的缺点是，它使用弱加密方式在网络中传输密码。只有知道客户端与服务器之间的连接是安全连接时，才能使用基本身份验证。如果使用基本身份验证，就需禁用匿名身份验证。所有浏览器向服务器发送的第一个请求都是要匿名访问服务器内容。如果不禁用匿名身份验证，则用户可以匿名方式访问服务器上的所有内容，包括受限制的内容。

Windows 身份验证：Windows 身份验证最适用于 Intranet 环境。Windows 身份验证不适合在 Internet 上使用，因为该环境不需要用户凭据，也不对用户凭据进行加密。此身份验证能够在 Windows 域上使用身份验证来对客户端连接进行身份验证。

Forms 身份验证：对公共服务器上的高流量网站或应用程序提供身份验证。使用该身份验证模式能够在应用程序级别管理客户端注册，而不需依赖操作系统提供的身份验证机制。

ASP.NET 模拟：ASP.NET 模拟允许用户在默认 ASP.NET 账户以外的上下文中运行

ASP.NET 应用程序。可以将模拟与其他 IIS 身份验证方法结合使用或设置任意用户账户。如果要在非默认安全上下文中运行 ASP.NET 应用程序,则需使用 ASP.NET 模拟身份验证。如果用户对某个 ASP.NET 应用程序启用了模拟,那么该应用程序可以运行在以下两种不同的上下文中:作为通过 IIS 身份验证的用户或作为设置的任意账户。例如,如果用户使用的是匿名身份验证,并选择作为已通过身份验证的用户运行 ASP.NET 应用程序,那么该应用程序将在为匿名用户设置的账户(通常为 IUSR)下运行。同样,如果用户选择在任意账户下运行应用程序,则它将运行在为该账户设置的任意安全上下文中。

如果想启用或编辑某种身份验证,只需单击右键,在弹出的快捷菜单中选择"启用"或"编辑",也可以在右侧的操作窗格中选择。

例如想选择基本身份验证:在"身份验证"界面中,选择"基本身份验证"。在"操作"窗格中,单击"启用",以便以默认设置使用基本身份验证。也可以在"操作"窗格中单击"编辑",以输入默认域和领域。在"编辑基本身份验证设置"对话框中的"默认域"文本框中,输入一个默认域或将其留空。将依据此域对登录到你的站点时未提供域的用户进行身份验证。在"领域"文本框中,输入一个领域或将其留空。一般而言,对于领域名,可以使用与用于默认域的值相同的值。

6)配置

使用"日志"功能页可以配置 IIS 记录向 Web 服务器发出的请求的方式以及创建新日志文件的时间。在该功能页中双击日志进入"日志配置"界面,如图 9.109 所示。对日志文件,可以选择日志的格式。

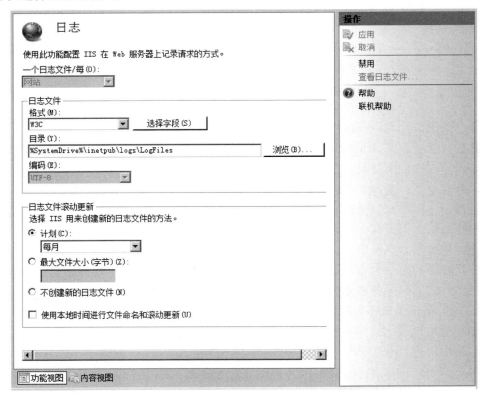

图 9.109　"日志配置"界面

二进制：将 IIS 配置为使用二进制集中式日志记录格式。通过使用此格式，IIS 会为 Web 服务器上的所有网站创建一个日志文件。每个网站都将请求命中日志信息作为未格式化的二进制数据写入到此日志文件中。因为这种日志可节约宝贵的内存和 CPU 资源，因此它适用于 Web 服务器可以承载多个网站的 ISP 环境，或者适用于任何高流量情况。

注意：要从此日志文件格式中提取数据，必须使用工具，例如 LogParser 2.2。

W3C：将 IIS 配置为使用集中 W3C 日志文件格式来记录有关服务器上的所有网站的信息。这种格式由 HTTP.sys 进行处理，并且是可自定义的基于 ASCII 文本的格式，这意味着用户可以指定记录的字段。通过单击"日志配置"界面上的"选择字段"来指定在"W3C 日志记录字段"对话框中记录的字段。字段由空格分隔，记录的时间采用协调世界时间（UTC）格式。一般默认是 W3C 格式，也推荐使用 W3C 格式。

还可以设置日志的目录和编码。

在"日志文件滚动更新"选项区中，可以设置日志更新的频率，设置日志文件的大小。

7）HTTP 响应标头

在功能页中双击 HTTP 响应标头进入"HTTP 响应标头"界面，如图 9.110 所示。使用"HTTP 响应标头"界面，可以管理包含有关请求页面的信息的名称和值对列表，以及配置常用的 HTTP 响应标头。

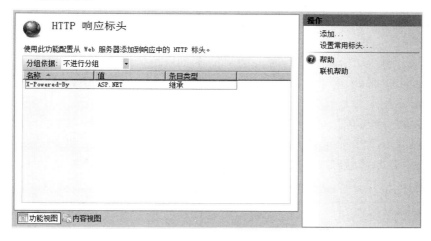

图 9.110 "HTTP 响应标头"界面

单击某个功能页列标题可以对列表进行排序，也可以从"分组依据"下拉列表中选择一个值以将类似项目归为一组。

在"操作"窗格可以添加、编辑和设置常用响应标头。

使用"添加自定义 HTTP 响应标头"和"编辑自定义 HTTP 响应标头"对话框可以添加或编辑包含所请求页面相关信息的名称和值对。例如，可以创建一个名为"作者"的自定义标头，该标头包含网站内容作者的名称。

打开"设置常用 HTTP 响应标头"对话框，可以在其中配置能够使 HTTP 保持连接并指定 Web 内容何时过期的标头，如图 9.111 所示。保持 HTTP 连接选项可以在处理发送给服务器的多个请求时，使客户端/服务器连接保持打开状态。当客户端发出多个网页请求时，打开的连接将可以提高性能，因为服务器可以更快地为每个请求返回内容。需要注意的是，如果使用集成安全性或基于连接的身份验证服务（如集成 Windows 身份验证），则必须选中"保持 HTTP 连接"。

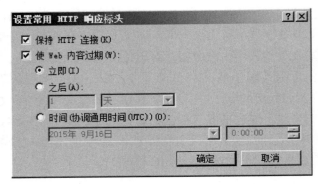

图 9.111　设置常用 HTTP 响应标头

"使 Web 内容过期"选项可以配置 Web 内容的过期方式。Web 服务器在 HTML 文件标头中将此标头值返回到客户端浏览器。浏览器将该值与当前日期进行比较，以确定是显示客户端计算机上的缓存页面，还是从服务器请求更新的页。然后，选择下列选项之一以指定使内容何时过期。立即：使内容在传送后立即过期。对于包含用户不想放入缓存或频繁更新的敏感信息的内容，此设置最为适合。之后：设置内容在过期之前经过的时间。对于定期更新的内容（如每日或每周更新的内容），此设置最为适合。在对应的框中输入值并从列表中选择下列值之一："秒"、"分钟"、"小时"、"天"。时间（协调通用时间（UTC））：设置内容过期时的准确日期和时间。对于不希望频繁更改的内容，此设置最为适合。

8）配置"ISAPI 筛选器"

使用"ISAPI 筛选器"功能页可以管理 .dll 文件列表，此类文件可以更改或增强 IIS 提供的功能。例如，ISAPI 筛选器可以控制将哪些文件映射到 URL，可以修改服务器发送的响应或执行其他操作来修改服务器的行为。双击功能页面"SAPI 筛选器"，进入"ISAPI 筛选器"界面，如图 9.112 所示。"操作"窗格的选项如下。

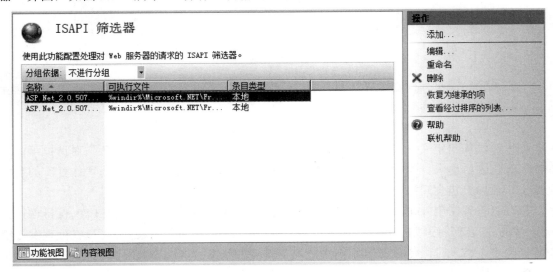

图 9.112　"ISAPI 筛选器"界面

添加：打开"添加 ISAPI 筛选器"对话框，可以在其中添加 ISAPI 筛选器。

编辑：打开"编辑 ISAPI 筛选器"对话框，可以在其中编辑选定的 ISAPI 筛选器。

重命名：启用选定的 ISAPI 筛选器的"名称"字段，以便用户能够重命名该筛选器。

删除：删除从功能页上的列表中选择的项目。注意，如果要在服务器级别删除 ISAPI 筛选器，则必须重新启动 WWW 服务（W3SVC）以使更改生效。

恢复为继承的项：恢复功能以从父配置中继承设置。这将为此功能删除本地配置设置（包括列表中的项目）。此操作在服务器级别不可用。

查看经过排序的列表：按配置的顺序显示列表。如果选择经过排序的列表格式，则只能在列表中将项目上移和下移。"操作"窗格中的其他操作将不会出现，直至用户选择未经排序的列表格式为止。

上移：在列表中将选定项目向上移动。只有在查看经过排序的列表格式的列表项目时，此操作才可用。注意，在子级别对列表中的项目进行重新排序后，子项在列表重新排序后将不再从父级别（包括在父级别添加到列表或从列表中删除的任何项目）继承设置。如果要从父级别继承设置，您必须通过使用"操作"窗格中的"恢复为继承的项"操作在子级别恢复所有更改。

下移：在列表中将选定项目向下移动。只有在查看经过排序的列表格式的列表项目时，此操作才可用。注意，在子级别对列表中的项目进行重新排序后，子项在列表重新排序后将不再从父级别（包括在父级别添加到列表或从列表中删除的任何项目）继承设置。如果要从父级别继承设置，您必须通过使用"操作"窗格中的"恢复为继承的项"操作在子级别恢复所有更改。

查看未经排序的列表：采用未经排序的格式显示列表。如果选择未经排序的列表格式，您可以在列表中对项目进行排序和分组，并执行"操作"窗格中的操作。

9）MIME 类型

可以管理多用途 Internet 邮件扩展（MIME）类型列表，以便能够识别可从 Web 服务器向浏览器或邮件客户端提供的内容的类型。在网站的功能视图双击"MIME 类型"，弹出如图 9.113 所示的"MIME 类型"界面。该界面显示 MIME 类型的扩展名、MIME 类型和条目

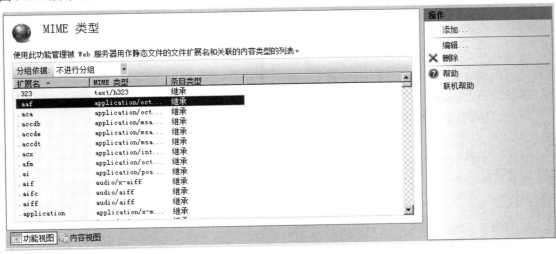

图 9.113 "MIME 类型"界面

类型。扩展名：显示文件扩展名，例如 .chm。MIME 类型：显示 MIME 类型，例如，application/octet-stream。条目类型：显示项目是本地项目还是继承的项目。本地项目是从当前配置文件中读取的，而继承的项目是从父配置文件中读取的。

"操作"窗格的选项有添加、编辑和删除等。添加：打开"添加 MIME 类型"对话框，用户可以在此对话框中添加 MIME 类型。编辑：打开"编辑 MIME 类型"对话框，用户可以在此对话框中编辑选定的 MIME 类型。删除：删除从功能页上的列表中选择的项目。

10）错误页

使用"错误页"功能页可以管理自定义 HTTP 错误消息列表。在如图 9.114 所示的界面中可以查看的错误页项目有状态代码、路径、类型和条目类型。状态代码：显示错误页适用的 HTTP 状态代码。路径：如果选择"文件"路径类型，则显示错误页的路径；如果使用"执行 URL"或"重定向"路径类型，则显示自定义错误页的 URL。类型：显示错误页的路径类型，有文件、执行 URL 或重定向 URL。条目类型：显示项目是本地项目还是继承的项目。

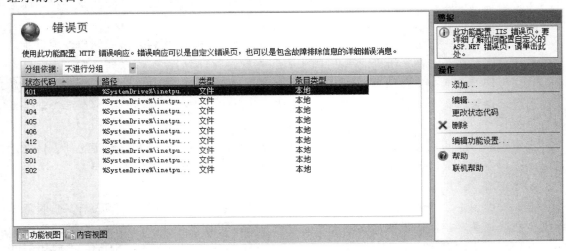

图 9.114　"错误页"界面

"操作"窗格的选项如下。

添加：打开"添加自定义错误页"对话框，在该对话框中，可以向 HTTP 错误列表中添加自定义的错误。

编辑：打开"编辑自定义错误页"对话框，可以在其中编辑选定的自定义错误。

更改状态代码：启用选定列表项目的"状态代码"字段，以便能够更改错误页适用的状态代码。

删除：删除从功能页上的列表中选择的项目。

编辑功能设置：打开"编辑错误页设置"对话框，可以在其中配置适用于整个"错误页"功能的设置。

11）SSL 设置

使用"SSL 设置"功能页可以管理服务器与客户端之间的传输的数据加密。另外，通过选择"忽略"、"接受"或"必需"证书，可以要求在获得内容访问权限之前先识别客户端。

12）处理程序映射

使用"处理程序映射"功能页可以管理用于处理特定文件类型请求的处理程序的列表。

13）模块

使用"模块"功能页可以管理用来执行请求处理管道中特定任务（如身份验证或压缩）的本机代码模块和托管代码模块的列表。

14）目录浏览

使用"目录浏览"功能页可以修改用于在 Web 服务器上浏览目录的内容设置。配置目录浏览时，所有子目录都使用相同的设置，除非是在较低级别覆盖了这些设置。

15）输出缓存

使用"输出缓存"功能页可以配置输出缓存设置，并对控制所提供内容的缓存的规则进行配置。

16）压缩

使用"压缩"功能页可以更快地在 IIS 与启用了压缩的浏览器之间进行传输。如果网站使用很高的带宽，或者用户要更有效地使用带宽，则压缩非常有用。如果网络带宽有限（例如移动电话客户端），则采用压缩可以提高性能。压缩还有助于提高数据中心环境的性能。

9.7　实训 7——电子邮件服务

9.7.1　实训目的

（1）了解 E-mail 传输信息的方法。
（2）掌握电子邮件的收发过程。

9.7.2　实训环境

任务情景：由于工作需要，公司要搭建一台邮件服务器，统一为员工设置企业邮箱。企业注册的域名为 whrjgc.com，邮件服务器的 IP 地址为 192.168.1.122，客户端通过这台服务器来实现收发企业内部邮件。

软件：Foxmail 7.2；Winmail mail Server；已申请 E-mail 地址。

硬件：已安装 Windows Server 2008 操作系统的计算机（可以连接 Internet）。

9.7.3　背景知识

E-mail（电子邮件）是模拟传统邮件的收发方式，在 Internet/Intranet 上收发的邮件。邮件服务器的配置同样是企业网络管理中经常要进行的任务之一。

1．邮件服务的原理

传统的邮件需要在邮件上写上收信人的邮政编码、地址和姓名，中间邮局的工作人员正是通过查看这些地址信息层层转发，最后将邮件送达收信人的。电子邮件的发送和接收的原理也是如此。

首先，需要在 Internet/Intranet 上建立若干个电子邮局，称为电子邮件服务器。大家所熟知的 Sina、163、Sohu 等都是提供免费电子邮件服务的 ISP（服务提供商），这些电子邮局将自动负责完成邮件的转发任务。

其次，要为需要在 Internet/Intranet 上使用电子邮件的用户编制唯一的地址信息，这就是电子邮件地址，电子邮件地址又称为电子信箱，即用户能够在 Internet 上进行电子邮件收发的地址信息。比如，笔者的电子邮件地址为 whsvcluli76@sina.com，地址中的特殊的标记符 @（读音"at"，而不是"圈 a"）将位址分为两部分。一部分是 sina.com，这是 Internet 上唯一的电子邮局的标志符；另外一部分是 whsvcluli76，这是在该电子邮局上唯一的用户名，这样就构成了一个 Internet 上唯一的电子信箱。

传统邮局的地址信息是根据用户的居住地来决定的，是与居住地对应的。而电子邮件地址不需与任何居住信息绑定。只要你愿意，你完全可以在全球范围内提供电子邮件服务的服务商那里申请自己唯一的电子邮箱。

2．电子邮件收发的过程

下面以 Internet 上电子邮件的收发过程为例，帮助读者更好地理解电子邮件的收发机制。在如图 9.115 所示的电子邮件收发过程中有两种角色：一种是电子邮件客户机，另一种是电子邮件服务器。

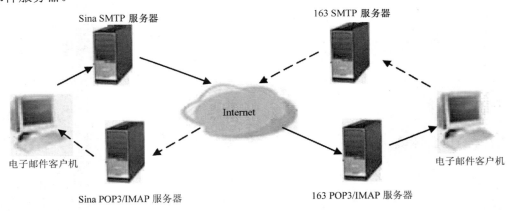

图 9.115　电子邮件收发过程

1）电子邮件客户机

电子邮件客户机是安装了电子邮件客户机软件的计算机。用户就是在这些电子邮件客户机软件上撰写电子邮件，然后上网通过这些电子邮件客户机软件来发送和接收电子邮件的。

2）电子邮件服务器

电子邮件服务器实际上是软件的概念，由于 SMTP、POP3 和 IMAP4 邮件服务器工作在不同的 TCP 端口，既可以安装在物理上的同一台计算机上，也可以安装在不同的计算机上。

3）电子邮件收发过程

下面介绍完整的电子邮件发送过程。

（1）客户机使用电子邮件客户机软件撰写邮件，根据需要填写收件人地址、主题、正文，添加附件，客户机软件将自动将这些信息转换成标准的电子邮件头（相当在传统邮件上填写信封），然后上网将这些信息提交给发送方的 SMTP 服务器。

（2）发送方的 SMTP 服务器根据路由设置的情况转发电子邮件到中继 SMTP 服务器，每经过一个中继 SMTP 服务器，就会在信件头上添加上中继服务器的标志符。

（3）电子邮件被送达到接收方的 POP3 或者 IMAP4 服务器上，保存在硬盘上的某个特定的区域内。

（4）接收方上网查询是否有自己的电子邮件，使用客户机软件接收电子邮件。

9.7.4　实训内容

（1）学会安装和配置 Foxmail 客户机。
（2）熟练运用 Winmail Server 搭建邮件服务器。

9.7.5　实训步骤

本实训的前提是已经安装了 Foxmail。

1．Foxmail 客户机的配置及使用

要能够正确收发电子邮件，首先必须在客户机上安装客户机软件。Windows 系列操作系统中的 Outlook 系列就是一个可以收发电子邮件的客户机软件，但操作比较烦琐。在很多软件下载站点上也提供了许多优秀的电子邮件客户机软件，其中比较著名和使用简便的是国产的 Foxmail，推荐读者使用。

1）建立新账户

Foxmail 的最新版本为 7.27，文件名为 fm727chb21_build_setup.exe，大小为 32.17MB，下载网址：http://www.foxmail.com/，该软件的安装很简单，下面介绍如何建立新账户。

（1）启动 Foxmail，如果是第一次启动，默认是新建邮箱账户，如图 9.116 所示。输入已经注册的电子邮件的地址和密码，单击"创建"按钮。

图 9.116　新建邮箱账户

（2）如果邮箱的账户和密码正确，则出现如图 9.117 所示的"设置成功"窗口。单击"完成"按钮进入邮箱管理界面。

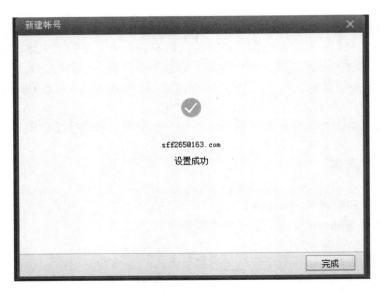

图 9.117 "设置成功"窗口

在邮箱管理界面中可以进行邮件的查看和收发等管理，如图 9.118 所示。

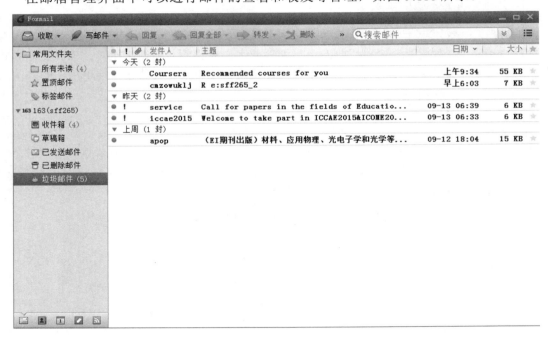

图 9.118 邮箱管理界面

2）Winmail 搭建邮件服务器

Winmail Server 是一款安全、易用、全功能的邮件服务器软件，不仅支持 SMTP/POP3/IMAP/Webmail/LDAP（公共地址簿）/多域/发信认证/反垃圾邮件/邮件过滤/邮件组/公共邮件夹等标准邮件功能，还具有提供邮件签核/邮件杀毒/邮件监控/支持 IIS、Apache 和 PWS/短信提醒/邮件备份/SSL 安全传输协议/邮件网关/动态域名支持/远程管理/Web 管理/独立域管理员/在线注册/二次开发接口特色功能。它既可以作为局域网邮件服务器、互联网邮件服务器，也可以作为拨号 ISDN、ADSL 宽带、FTTB、有线通信（Cable MODEM）等接入方式的邮件服务器和邮件网关。

可以在http://www.magicwinmail.com 下载最新的安装程序在安装系统，Winmail Server 可以安装在 Windows 2000、XP、2003、Vista、2008、Windows7 等 Windows32/64 操作系统中。

Winmail Server 安装过程和一般的软件类似，下面只给一些要注意的步骤，如安装组件、安装目录，以及设置管理员的登录密码等。

（1）开始安装，进入"欢迎使用 Winmail Mail Server 安装向导"界面，如图 9.119 所示。

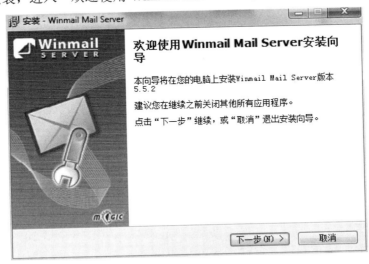

图 9.119 "欢迎使用 Winmail Mail Server 安装向导"界面

（2）单击"下一步"按钮，进入"选择安装位置"界面，这里的安装目录最好是英文目录，如图 9.120 所示。

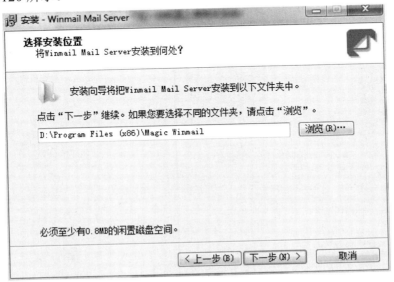

图 9.120 "选择安装位置"界面

（3）单击"下一步"按钮，进入"许可协议"对话框，选中"我接受协议"，如图 9.121 所示。

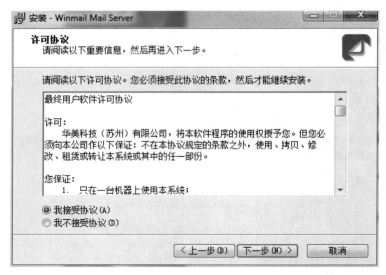

图 9.121 "许可协议"对话框

（4）单击"下一步"按钮，进入"选择组件"对话框，选择需要安装的组件，一般默认都选中，选择"完全能安装"，如图 9.122 所示。Winmail Server 主要的组件有服务器程序和管理工具两部分。服务器程序主要是完成 SMTP、POP3、ADMIN、HTTP 等服务功能；管理工具主要是负责设置邮件系统，如设置系统参数、管理用户、管理域等。

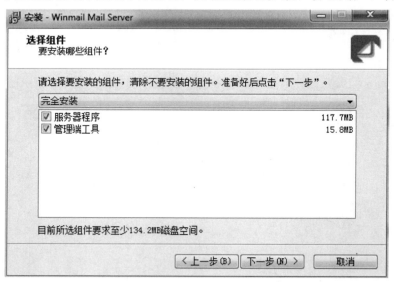

图 9.122 "选择组件"对话框

（5）单击"下一步"按钮，进入"选择开始菜单文件夹"对话框，选定在"开始"菜单中以快捷方式存放的文件夹名称，一般选择默认，如图 9.123 所示。

（6）单击"下一步"按钮，进入"选择附加任务"对话框，如图 9.124 所示。

（7）点击"下一步"按钮，进入"密码设置"对话框，设置管理工具的登录密码，如

图 9.125 所示。

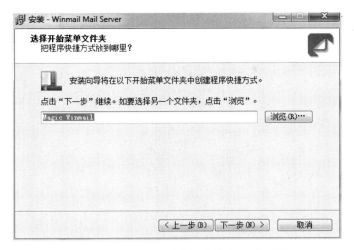

图 9.123 "选择开始菜单文件夹"对话框

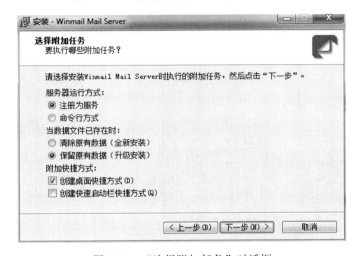

图 9.124 "选择附加任务"对话框

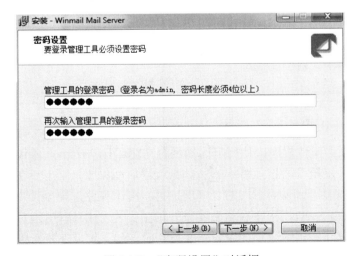

图 9.125 "密码设置"对话框

（8）单击"下一步"按钮，进入"安装准备完毕"对话框，如图 9.126 所示。单击"安装"按钮，开始安装。

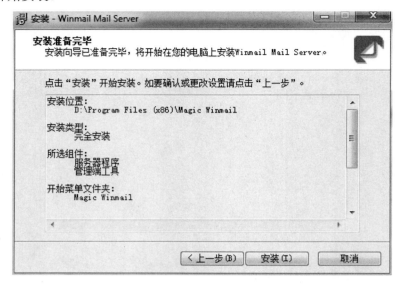

图 9.126 "安装准备完毕"对话框

（9）安装的过程中会提示服务安装成功，单击"OK"按钮。安装成功后，会弹出"Winmail Mail Server 安装完成"对话框，如图 9.127 所示。

图 9.127 "Winmail Mail Server 安装完成"对话框

系统安装成功后，安装程序会让用户选择是否立即运行 Winmail Server 程序。如果程序运行成功，将会在系统托盘区显示图标；如果程序启动失败，则用户在系统托盘区看到图标，这时可以选择 Windows 系统的"管理工具"→"事件查看器"查看系统"应用程序日志"，了解 Winmail Server 程序启动失败原因。在安装完成后，管理员必须对系统进行一些初始化设置，系统才能正常运行。服务器在启动时，如果发现还没有设置域名，则会自动运行快速设置向导，用户可以用它来简单快速地设置邮件服务器。

在如图 9.127 所示的对话框中，选中"现在就运行 Winmail Mail Server"进入"快速设置向导"对话框，如图 9.128 所示。用户输入一个要新建的邮箱地址及密码，单击"设置"按钮，设置向导会自动查找数据库是否存在要建的邮箱以及域名，如果发现不存在，设置向导会向数据库中增加新的域名和新的邮箱，同时也会测试 SMTP、POP3、ADMIN、HTTP 服务器是否启动成功。设置结束后，在"设置结果"栏中会报告设置信息及服务器测试信息，设置结果的最下面也会给出有关邮件客户端软件的设置信息。

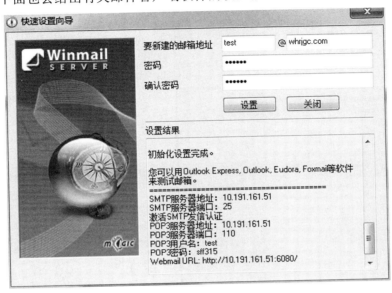

图 9.128 "快速设置向导"对话框

为了防止垃圾邮件，强烈建议启用 SMTP 发信认证。启用 SMTP 发信认证后，用户在客户端软件中增加账号时也必须设置 SMTP 发信认证。设置完成后单击"关闭"按钮。

2．使用管理工具设置

（1）登录管理端程序运行 Winmail 服务器程序或双击系统托盘区的图标，启动管理工具。在"被管理服务器"选项中，选择"本地主机"，登录用户 admin 的密码是刚刚设置的管理员密码，如图 9.129 所示。

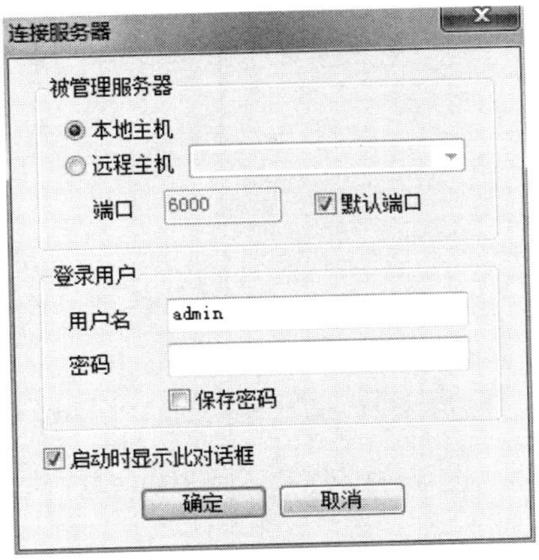

图 9.129 连接服务器

（2）检查系统运行状态。

管理工具登录成功后，选择"系统设置"→"系统服务"查看系统的 SMTP、POP3、ADMIN、HTTP、IMAP、LDAP 等服务是否正常运行，如图 9.130 所示。绿色的图标表示服务成功运行。红色的图标表示服务停止。

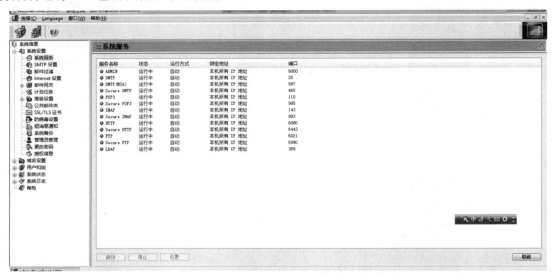

图 9.130　查看系统服务运行情况

如果发现 SMTP、POP3、ADMIN、HTTP、IMAP 或 LDAP 等服务没有启动成功，则选择"系统日志"→"SYSTEM"查看系统的启动信息，如图 9.131 所示。

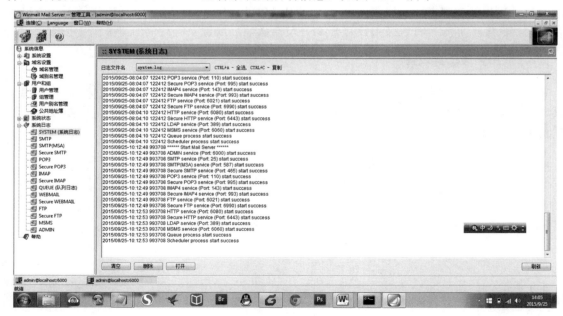

图 9.131　查看系统启动信息

如果出现启动不成功，一般情况都是因端口被占用而导致无法启动，请关闭占用程序或者更换端口再重新启动相关的服务。

（3）设置邮件域。

为邮件系统设置一个域。需选择"域名设置"→"域名管理"，如图 9.132 所示。

图 9.132　域名管理

（4）增加邮箱。

用户成功增加域后，可以选择"用户和组"→"用户管理"增加几个邮箱，如图 9.133 所示。

图 9.133　增加邮箱

邮箱增加完成之后，可以通过 Foxmail 进行邮箱的收发测试。

9.8 实训 8——FTP 服务

9.8.1 实训目的

（1）掌握如何使用 IIS 架设和管理 FTP 站点。
（2）学习利用第三方软件架设 FTP 服务器。

9.8.2 实训环境

任务情景：由于工作需要，公司要搭建一台 FTP 服务器，利用 Windows Server 系统中提供的 IIS 服务中的子组中添加文件传输协议（FTP）服务或利用第三方软件，实现员工上传和下载工作文档。FTP 服务器允许本公司内部员工下载，只允许系统管理员上传文件到 FTP 服务器，FTP 服务器不对互联网用户开放，FTP 服务器要求设置合理的权限，保障公用文件不被非法的删除和改写。

软件：Serv-U FTP Server。

硬件：已安装 Windows Server 2008 操作系统的计算机。

9.8.3 背景知识

在 Internet 上有两类 FTP 服务器。一类是普通的 FTP 服务器，连接到这种 FTP 服务器上时，用户必须具有合法的用户名和口令。另一类是匿名 FTP 服务器。所谓匿名 FTP，是指在访问远程计算机时，不需要账户或口令就能访问许多文件、信息资源。用户不需要经过注册就可以与它连接并且进行下载和上载文件的操作，通常这种访问限制在公共目录下。

FTP 提供的命令十分丰富，涉及文件传输、文件管理、目录管理、连接管理等。目前，世界上有很多文件服务系统，为用户提供公用软件、技术通报、论文研究报告等，这就使 Internet 成为目前世界上最大的软件和信息流通渠道。Internet 是个资源宝库，有很多共享软件、免费程序、学术文献、影像资料、图片、文字、动画等，它们都允许用户用 FTP 下载。人们可以直接使用 WWW 浏览器去搜索所需要的文件，然后利用 WWW 浏览器所支持的 FTP 功能下载文件。

9.8.4 实训内容

（1）学会用 IIS 中的 FTP 功能搭建一个简单的 FTP 服务器。
（2）学会用 FTP Serv-U 搭建 FTP 服务。

9.8.5　实训步骤

1. 用 IIS 中的 FTP 功能搭建一个简单的 FTP 服务器

1）安装与测试 FTP 站点

Windows Server 2008 供的 IIS 7.0 服务器中内嵌了 FTP 服务器软件，但在默认安装的情况下，FTP 服务器软件是没有安装的，需要管理员手动进行安装。在前面的 IIS 安装中，我们已经安装了 FTP 服务，这里不再赘述。安装完成后，可以通过 IIS 管理器来管理 FTP 站点。从图 9.134 中可以看出已经有一个 FTP 站点。

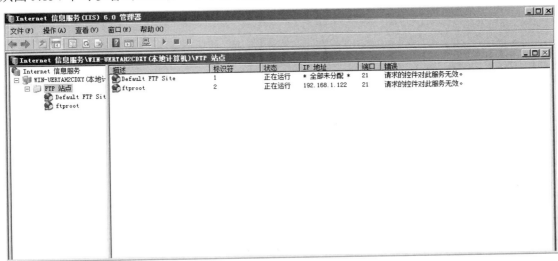

图 9.134　Default FTP Site 站点

下面测试 Default FTP Site 是否可以正常运行。在其他计算机上采用下列两种方式之一来连接 FTP 站点。

（1）FTP 程序。

操作如下：打开"命令提示符"窗口，输入 FTP 服务器名，在"User"处输入匿名账户 anonymous，在 Password 处输入电子邮件账户或直接按回车键即可。可以用"?"查看可供使用的命令。

（2）利用浏览器访问 FTP 站点

可以在浏览器地址栏中输入一个 FTP 地址（如 ftp://ftp.wang.net）进行 FTP 匿名登录。由于目前 FTP 默认站点内还没有文件，因此在窗口中看不到任何的文件。

注意： 如果无法连接到 FTP 站点，请检查 FTP 站点是否启动。

2）配置 FTP 服务器

IIS 安装完成后，系统会自动建立一个"Default FTP Site"，可以直接利用它来作为自己的 FTP 站点，或者自己新建立一个 FTP 站点。本节将利用"Default FTP Site"来说明 FTP 站点的配置。

（1）主目录与目录格式列表。

计算机上每个 FTP 站点都必须有自己的主目录，可以设定 FTP 站点的主目录。选择

"Internet 信息服务管理器"→"FTP 站点"→"Default FTP Site"选项，右击，选择"属性"选项，弹出"Default FTP Site 属性"对话框，选择"主目录"选项卡，如图 9.135 所示。

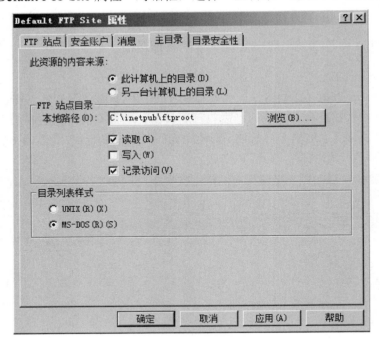

图 9.135　"主目录"选项卡

① "此资源的内容来源"区域。

该区域有两个选项。

- 此计算机上的目录：系统 Default FTP Site 的默认主目录位于 LocalDrive：\Inetpub\Ftproot。
- 另一台计算机上的目录：将主目录指定到另外一台计算机的共享文件夹，同时需单击"连接为"按钮来设置一个有权限存取此共享文件夹的用户名和密码。

② "FTP 站点目录"区域。

可以选择本地路径或者网络共享，同时可以设置用户的访问权限，共有三个复选框。

- 读取：用户可以读取主目录内的文件，例如可以下载文件。
- 写入：用户可以在主目录内添加、修改文件，例如可以上传文件。
- 记录访问：将连接到此 FTP 站点的行为记录到日志文件内。

③ "目录列表样式"区域。

该区域用来设置如何将主目录内的文件显示在用户的屏幕上，有两种选择。

- UNIX：显示格式。
- MS-DOS：默认显示格式选项。

（2）FTP 站点标识、连接限制和日志记录。

选择"Internet 信息服务管理器"→"FTP 站点"→"Default FTP Site"选项，右击，选择"属性"选项，弹出"Default FTP Site 属性"对话框，选择"FTP 站点"选项卡，如图 9.136 所示。"FTP 站点"选项卡有三个区域：FTP 站点标识、FTP 站点连接和启用日志记录。

① "FTP 站点标识"区域,该区域可为每一个站点设置不同的识别信息。

描述:可以在文本框中输入一些文字说明。

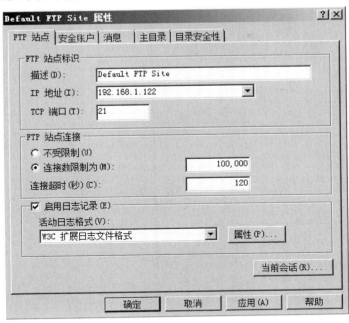

图 9.136 "FTP 站点"选项卡

- IP 地址:若此计算机内有多个 IP 地址,可以指定只有通过某个 IP 地址才可以访问 FTP 站点。
- TCP 端口:FTP 默认的端口是 21,可以修改此号码,不过修改后,用户要连接此站点时,必须输入端口号码。

② "FTP 站点连接区域"。

该区域用来限制同时最多可以有多少个连接。

③ "启用日志记录区域"。

该区域用来设置将所有连接到此 FTP 站点的记录都存储到指定的文件。

(3) FTP 站点消息设置。

设置 FTP 站点时,可以向用户 FTP 客户端发送站点的信息消息。该消息可以是用户登录时的欢迎用户到 FTP 站点的问候消息、用户注销时的退出消息、通知用户已达到最大连接数的消息或标题消息。选择"Internet 信息服务管理器"→"FTP 站点"→"Default FTP Site"选项,右击,选择"属性"选项;弹出"Default FTP Site 属性"对话框,选择"消息"选项卡,如图 9.137 所示。

- 横幅:当用户连接 FTP 站点时,首先会看到设置在"横幅"列表框中的文字。横幅消息在用户登录到站点前出现,当站点中含有敏感信息时,该消息非常有用。可以用横幅显示一些较为敏感的消息。默认情况下,这些消息是空的。
- 欢迎:当用户登录到 FTP 站点时,会看到此消息。
- 退出:当用户注销时,会看到此消息。
- 最大连接数:如果 FTP 站点有连接数目的限制,而且目前连接的数目已经达到此数目,当再有用户连接到此 FTP 站点时,会看到此消息。用户在命令提示符下进行 FTP 的连接。

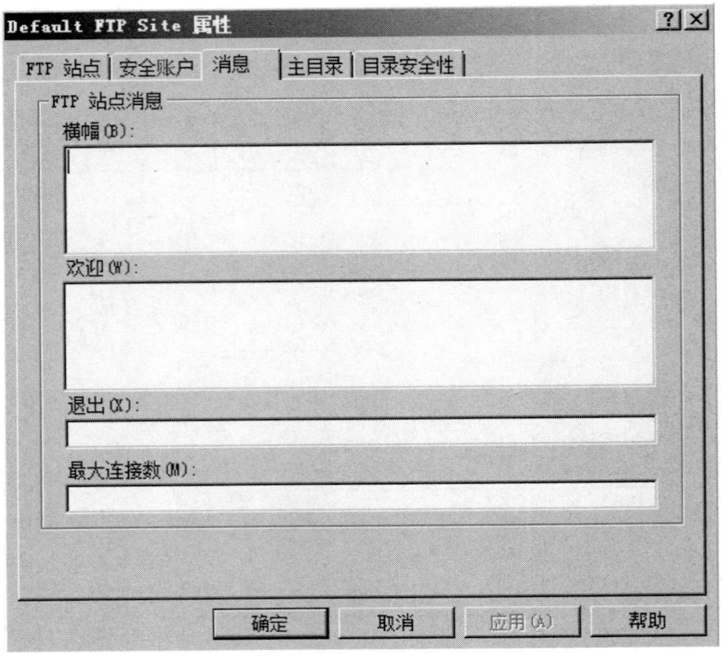

图 9.137   "消息"选项卡

如果 FTP 站点连接数目已经达到最大数目，此时再有用户连接 FTP 站点时，所显示的消息画面将如下所示。

F：\>ftp ftp.wangs.net

Connected to ftp.wangs.net

421 已经超过最大连接数，本站忙⋯⋯

Connection closed by remote host.

（4）验证用户的身份。

根据自己的安全要求，可以选择一种 IIS 验证方法对请求访问自己的 FTP 站点的用户进行验证。FTP 身份验证方法有两种：匿名 FTP 身份验证和基本 FTP 身份验证。匿名 FTP 身份验证可以配置 FTP 服务器以允许对 FTP 资源进行匿名访问。如果为资源选择了匿名 FTP 身份验证，则接受对该资源的所有请求，并且不提示用户输入用户名或密码。这是可能的，因为 IIS 将自动创建名为 IUSR_computername 的 Windows 用户账户，其中 Computername 是正在运行 IIS 的服务器的名称。这和基于 Web 的匿名身份验证非常相似。如果启用了匿名 FTP 身份验证，则 IIS 始终先使用该验证方法，即使已经启用了基本 FTP 身份验证也是如此。基本 FTP 身份验证要使用基本 FTP 身份验证与 FTP 服务器建立 FTP 连接，用户必须使用与有效 Windows 用户账户对应的用户名和密码进行登录。如果 FTP 服务器不能证实用户的身份，服务器就会返回一条错误消息。基本 FTP 身份验证只提供很低的安全性能，因为用户以不加密的形式在网络上传输用户名和密码。

选择"Internet 信息服务管理器"→"FTP 站点"→"Default FTP Site"选项，右击，选择"属性"选项；弹出"Default FTP Site 属性"对话框，选择"安全账户"选项卡，如图 9.138 所示。如果选中了"只允许匿名连接"复选框，则所有的用户都必须利用匿名账户来登录 FTP

站点，不可以利用正式的用户账户和密码。反过来说，如果取消选中"允许匿名连接"复选框，则所有的用户都必须输入正式的用户账户和密码，不可以利用匿名登录。

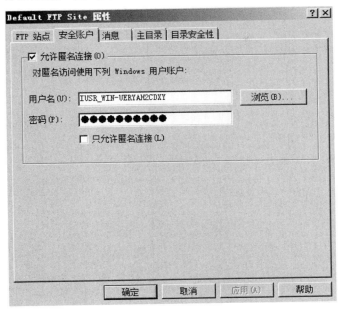

图 9.138　"安全账户"选项卡

（5）通过 IP 地址来限制 FTP 连接。

可以配置 FTP 站点，以允许或拒绝特定计算机、计算机组或域访问 FTP 站点。选择"Internet 信息服务管理器"→"FTP 站点"→"Default FTP Site"选项，右击，选择"属性"选项；弹出"Default FTP Site 属性"对话框，选择"目录安全性"选项卡，如图 9.139 所示。其设置方法与网站类似。

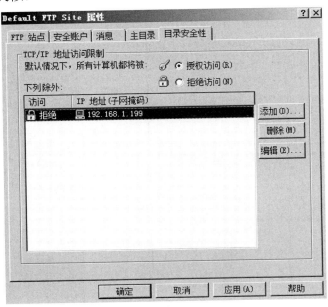

图 9.139　"目录安全性"选项卡

2．用 FTP Serv-U 搭建 FTP 服务

Serv-U FTP Server 是一款共享软件，它是专业的 FTP 服务器软件，使用它完全可以搭建一个专业的 FTP 服务器。通过使用 Serv-U，用户能够将任何一台 PC 设置成一个 FTP 服务器，这样，用户或其他使用者就能够使用 FTP 协议，通过在同一网络上的任何一台 PC 与 FTP 服务器连接，进行文件或目录的复制，移动，创建，和删除等。

（1）Serv-U FTP Server 的安装。

从 http://www.serv-u.com.cn 处下载最新 FTP Serv-U Server（下文简称 Serv-U），然后把它安装到计算机，操作步骤如下。

① 双击 ServUSetup.exe，运行 Serv-U 安装程序，弹出如图 9.140 所示的"选择安装语言"对话框，选择"中文（简体）"，单击"确定"按钮。弹出"安装向导欢迎"界面，单击"下一步"按钮。

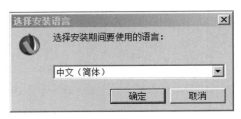

图 9.140 "选择安装语言"对话框

② 弹出有关 Serv-U 的一些信息介绍，单击"下一步"按钮继续，弹出"协议"对话框，与大多数软件一样，安装之前必须同意他们的协议，选中"我接受协议"，单击"下一步"按钮。

③ 在"选择目标位置"对话框中，单击"浏览"按钮，选择所需安装 FTP Serv-U 的路径，如图 9.141 所示，默认安装路径为%systemroot%/Program files/Serv-U，建议不要安装到系统盘，修改安装路径后，单击"下一步"按钮。

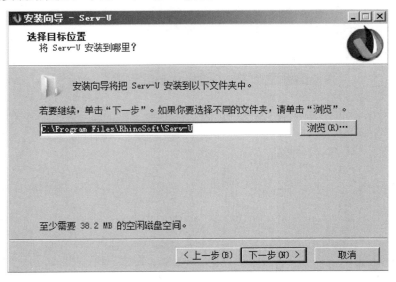

图 9.141 更改 Serv-U 安装路径

④ 选择所需的程序组件，勾选"创建桌面图标"、"创建快速启动栏图标"与"将 Server-U 作为系统服务安装"，如图 9.142 所示。单击"下一步"按钮，弹出"选择开始菜单文件夹"对话框，选择放置快捷菜单的位置，选择默认位置，单击"下一步"按钮。显示安装的准备信息界面，继续单击"安装"按钮，等待程序安装完毕。安装完毕后，显示 Server-U 管理控制台。

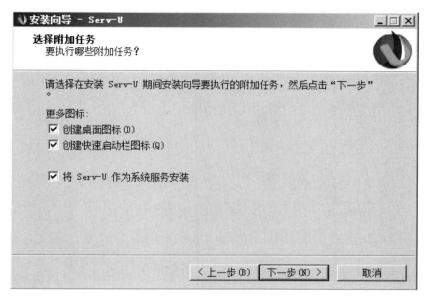

图 9.142　选择安装附加任务

（2）设置 Serv-U 的域名与 IP 地址。

安装完 Serv-U 以后，需要对此进行设置，才能正式投入使用，首先对域名与 IP 地址进行设置，操作步骤如下。

① 单击"开始"菜单→"程序"→"Serv-U"启动 Serv-U 的管理程序，第一次启动该程序时，会询问是否要定义新域，如图 9.143 所示。单击"是"按钮。弹出"域向导"对话框，如图 9.144 所示，输入域名，然后单击"下一步"按钮。弹出"选择服务器和相应的端口号"界面，选择默认即可，单击"下一步"按钮。

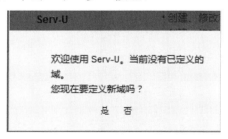

图 9.143　询问是否要定义新域

② Serv-U 要求输入 FTP 主机 IP 地址，在"IPv4 地址"和"IPv6 地址"文本输入框中输入本机的 IP 地址，单击"下一步"按钮，如图 9.145 所示。IP 地址可为空，含义是本机所包含的所有的 IP 地址，这在使用两块甚至三块网卡时很有用，用户可以通过任一块网卡的 IP 地址访问到 Serv-U 服务器，如指定了 IP 地址，则只能通过指定 IP 地址访问 Serv-U 服务器。

同时，如果读者的 IP 地址是动态分配的，建议此项保持为空。

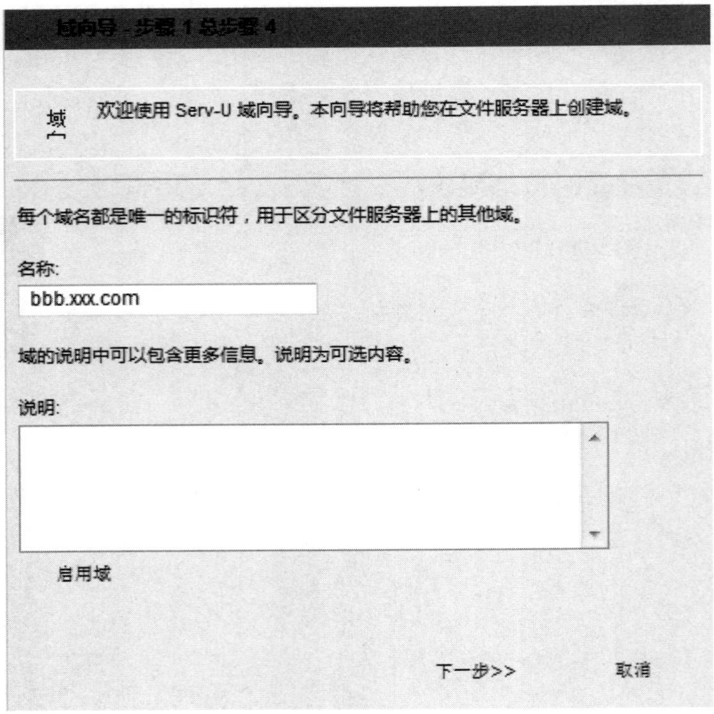

图 9.144　输入 FTP 服务器的域名

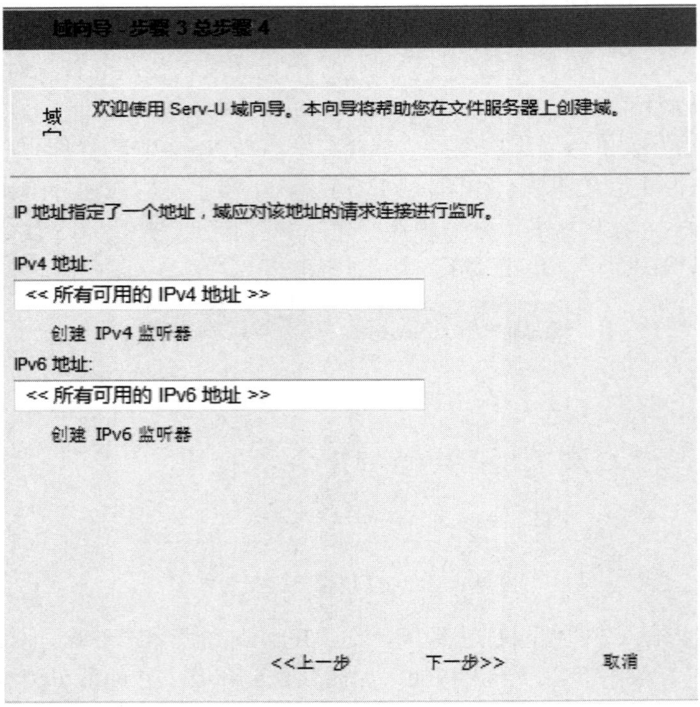

图 9.145　域对请求连接进行监听的 IP 地址

③ 弹出如图9.146所示的"密码加密模式选择"对话框，这里选择默认的选项，单击"完成"按钮，一个域就创建完成了。

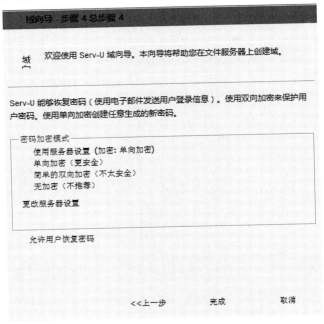

图9.146 选择加密模式

（3）创建新账户。

Serv-U域创建完成之后，自动提示是否为新建的域创建用户账户，如图9.147所示。单击"是"按钮。弹出"您要使用向导创建用户吗？"对话框，单击"是"按钮。

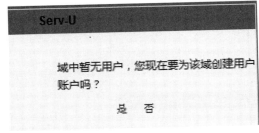 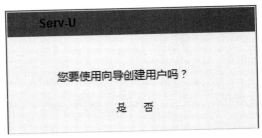

图9.147 选择是否为新建的域创建用户账号　　　　图9.148 选择是否使用向导创建用户

① 进入"用户向导"对话框，在"登录ID"文本框中输入所要设置的账户名称myftp，然后单击"下一步"按钮，如图9.149所示。

② 在"密码"文本框中输入所需的密码，此时密码为明文显示，且只需要输入一次（如图9.150所示），单击"下一步"按钮继续；然后要求设置该账户的主目录，在"主目录"文本框中输入该账户的主目录c:\myftp（如图9.151所示）。

③ 单击"下一步"按钮，弹出如图9.152所示的界面，要求设置该账户的管理权限，建议选择"只读访问"，从安全角度考虑只给账户赋予最普通的权限，能够访问即可，单击"完成"按钮确认操作。

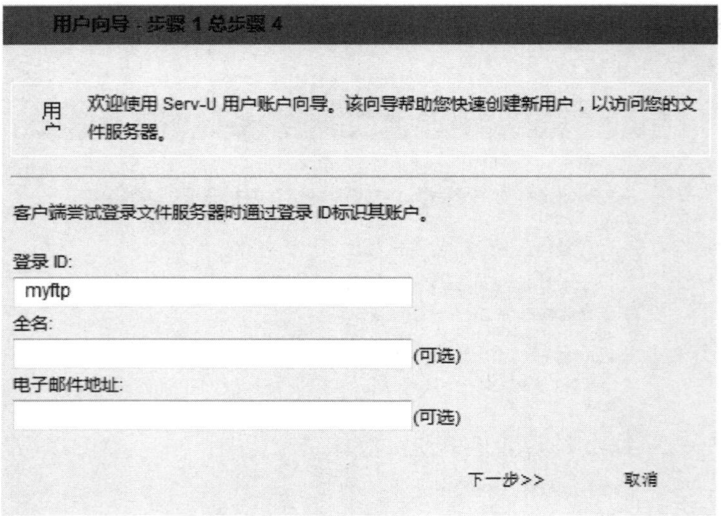

图 9.149　输入该账号的名称

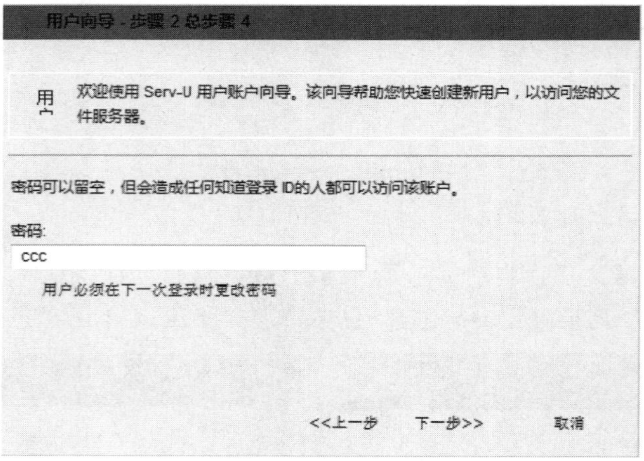

图 9.150　输入该账号的密码

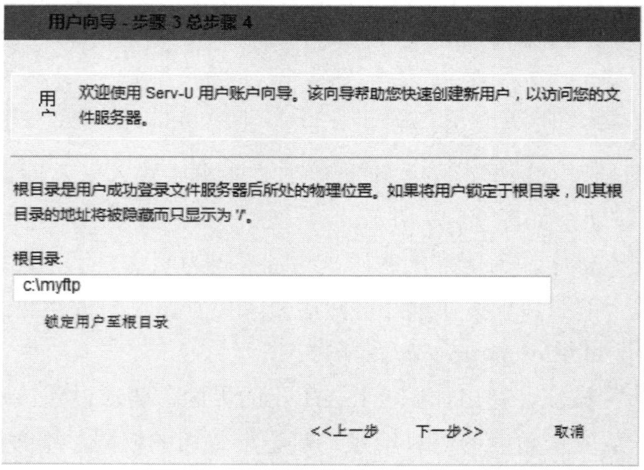

图 9.151　输入该账号的主目录

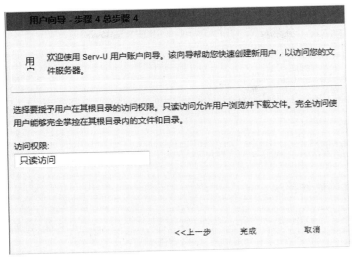

图 9.152　设置账户的管理权限

　　以上设置结束后，用 Serv-U 建立的 FTP 服务器即可正常投入使用，建议在使用前对 FTP 服务器进行测试。测试一般分本地测试或远程测试，本地测试指在自己计算机上进行测试，远程测试指在网络上的其他计算机上进行测试，打开 IE，在地址栏中输入 ftp://用户名：密码@IP 地址，确认后看是否能访问到 f:\myftp 目录下的文件（如图 9.153 所示），另外也可使用专业的 FTP 客端软件。

图 9.153　访问 ftp 资源

9.9　实训 9——Linux 网络操作系统的安装

9.9.1　实训目的

（1）了解 Linux 的安装环境、安装方法和注意事项。

（2）理解 Linux 系统磁盘分区的概念。

（3）学会安装 Linux 系统。

（4）熟练使用 Linux 系统登录、创建用户账号、注销、关机等基本操作。

9.9.2 实训环境

软件平台：Red Hat Linux 9 软件包。

硬件平台：计算机（内部配置注意符合安装 Linux 系统的要求）。

9.9.3 背景知识

1．安装 Linux 的硬件要求

（1）处理器 CPU。目前市场上常见的微处理器大都可以在 Linux 下使用，需要注意的是与主板的兼容程度。下面列出支持 x86 体系的 CPU 包括。

Intel：386，486，Celeron，Pentinum，（PⅡ，PⅢ，PⅣ）系列等。

AMD：K5，K6，K6-2，Athlon 和 Duron 等。

VIA Cyrix：5x86，6x86，MⅡ等。

（2）内存。Linux 可以在很少的内存下使用。通常，只要是主板能够支持，内存就可以被 Linux 使用。推荐使用 32MB 或更高的内存。

（3）硬盘。Linux 支持几乎所有的 MFM 和 IDE 驱动器及大多数的 RLL 和 ESDI 驱动器。也可以使用 SCSI 控制器。一般来说，只要不是专用的硬盘控制器，Linux 都会支持。有一点需要注意，如果是大的硬盘，最好将 Linux 安装得靠前一些，因为有的主板 BIOS 限制超过 1 023 柱面的内容。如果主板没有这个限制就无所谓，20GB 以内的硬盘安装都没有问题。

（4）光驱。现在的光驱大多为 ATAPI 型的，能被 Linux 支持。

（5）显示系统。如果仅用于文本模式，Linux 支持所有的显示器，显卡也不成问题。如果是彩显，就能在 Linux 下看到彩色的目录列表。现在 Linux 支持的显卡已经非常丰富，主流的显卡一般会被支持。

（6）声卡。主流的声卡都会被支持。如果不能确定，可以从网上查看硬件是否被支持。

（7）网络。Linux 支持的网络设备主要有网卡和调制解调器。网卡包括令牌环网卡、FDDI 光纤网卡、以太网卡等。支持的以太网卡有 3Com、Novell、Western Digital、HP 等。

（8）鼠标。支持的鼠标有很多种，主要有串口鼠标、PS/2、Logitech 等。需要说明的是，对罗技生产的鼠标一定要选 Logitech，这里用户选择的是鼠标的协议而不是厂商。

2．硬盘分区及文件系统类型

为了让数据能够分类存放，需将一个硬盘分成多个区域，每个分隔出来的区域被称为一个"分区"。将硬盘分为多个区域的操作，称为硬盘分区。

Linux 没有磁盘代号的概念，每个分区用分区名称来表示，如/dev/hda1 表示 IDE1 第 1 个硬盘（/dev/hda）的第 1 个主分区，/dev/hdb2 表示 IDE1 第 2 个硬盘（/dev/hda）的第 2 个主分区。

Linux 需要特有的文件格式——Linux ext2FS 作为安装 Linux 的主分区，Linux Swap 文件格式作为 Linux 的交换（Swap）分区。Windows 9x 的 FAT 和 Windows NT 的 NTFS 文件格式不能用于安装 Linux，故而要对硬盘重新分区，划分出安装 Linux 的分区。Linux 主分区所需

要的空间大小可以从 100MB 到 1GB 以上不等，而且还应有至少一个主分区（Primary）或称基本分区的空余，再加上一个和内存差不多大小的交换（Swap）分区。

Red Hat Linux 允许依据分区将使用的文件系统来创建不同的分区类型。下面对常见文件系统以及它们的使用方法进行简单描述。

（1）ext2：ext2 文件系统支持标准 UNIX 文件类型（常规文件、目录、符号链接等）。它还提供了分派长至 255 个字符文件名的能力。Red Hat Linux 7.2 之前的版本默认使用 ext2 文件系统。

（2）ext3：ext3 文件系统是基于 ext2 文件系统之上的，它的一个主要优点是登记报表。使用一个登记报表的文件系统可以缩短崩溃后恢复文件系统所花费的时间。从 Red Hat Linux 7.2 开始，ext3 文件系统是默认的选择。

（3）交换分区：交换分区用于支持虚拟内存。换句话说，在存放系统正处理的数据所需内存不够时，这些数据就会被写入到交换分区上。

（4）Vfat：Vfat 文件系统是一个与 Windows 95/NT FAT 文件系统的长文件名兼容的 Linux 文件系统。

3．X Windows 的概念

X Windows 是一种图形化操作系统，即通常所说的 GUI。它不同于 Windows 的是，它的实现包括服务器端和客户端，两者可以独立开发、作用。X Windows 的组成包括 X 客户、X 协议、X 服务器、X 库文件及 X 开发工具包。

GNOME 和 KDE 是两种整合式 X Windows 桌面环境。KDE（K 桌面环境）是第一个出现的整合式 X Windows 图形桌面环境。GNOME（GNU Network Object Model Environment）是在 KDE 发布后出现的整合式桌面环境，同时也是 Red Hat Linux 安装时的默认选项。其界面更加完整、友善，包含了开发工具、轻便式的软件、多媒体程序和其他工具组合。Red Hat 提供了切换这两种甚至更多种图形桌面系统的工具 Desktop Switcher，也可在登录时，通过"会话"选项，切换桌面系统，并且设定启动时默认的图形桌面。

9.9.4　实训内容

（1）在原有 Windows 操作系统的基础上，为安装 Linux 系统而对硬盘进行分区。
（2）安装 Linux 系统。
（3）登录 Linux 系统、创建用户账号、注销和关机。

9.9.5　实训步骤

1．安装 Linux

（1）选用光盘启动方式，启动计算机引导系统，将出现安装欢迎界面，如图 9.154 所示选择图形化安装模式——直接按 Enter 键。

（2）使用鼠标来选择想在安装中使用的语言，如图 9.155 所示。选择恰当的语言会在稍后的安装中帮助定位时区的配置。安装程序将会试图根据这个屏幕上所指定的信息来定义恰当的时区。

图 9.154　安装欢迎界面

图 9.155　选择语言

选定了恰当的语言后，单击"Next"按钮继续。

（3）使用鼠标来选择要在本次安装和在今后作为系统默认的键盘布局类型，例如，通常都会设置成美国英语式，如图 9.156 所示。选定后，单击"下一步"按钮继续。

（4）选择正确的鼠标类型。如果找不到确切的匹配，选择确定会与系统兼容的鼠标类型。

如果找不到一个确定能与系统兼容的鼠标，根据鼠标的键数和它的接口，选择"通用"项目中的一种，如图 9.157 所示。

图 9.156　设置键盘

图 9.157　配置鼠标

如果有 PS/2、USB 或总线鼠标，则不必挑选端口或设备。如果是串口鼠标，则应该选择该鼠标所在的正确端口和设备。

（5）如果已经存在早期版本的 Red Hat Linux，系统会要求选择全新安装还是升级安装。这里选择全新安装的安装类型，如图 9.158 所示。Red Hat Linux 允许选择最符合需要的安装类型。可选项目有"个人桌面"、"工作站"、"服务器"、"定制"。

① 对于 Linux 新手，初次尝试使用这个系统，个人桌面安装是最恰当的选择。该安装会为家用、便携计算机创建一种图形化的环境。

② 如果除了想使用图形化桌面环境外，还希望安装软件开发工具，工作站安装类型是最恰当的选择。工作站除了安装图形化桌面环境和 X 窗口系统外，还安装软件开发工具。

③ 如果希望具有基于 Linux 服务器的功能，并且不想对系统配置做过多的定制工作，服务器安装是最恰当的选择。

④ 定制安装在安装中给予最大的灵活性。可以选择引导装载程序，想要的软件包等。对于那些熟悉 Red Hat Linux 安装的用户以及恐怕失去完全灵活性的用户而言，定制安装是最恰当的选择。

（6）分区允许将硬盘驱动器分隔成独立的区域，每个区域都如同是一个单独的硬盘驱动器。如果运行不止一个操作系统，分区将特别有用。如果不能肯定如何给系统分区，可以选择自动分区。熟练者可使用 Disk Druid 来手工分区，如图 9.159 所示。

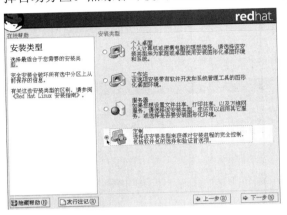

图 9.158　选择安装类型

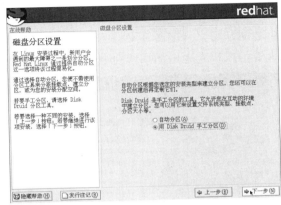

图 9.159　磁盘分区设置

自动分区，不必亲自为驱动器分区而执行安装。如果对在系统上分区信心不足，建议不要选择手工分区，而是让安装程序自动分区。要手工分区，可选择硬盘分区工具 Disk Druid 或 Fdisk 分区工具。使用 Disk Druid，除了某些较特殊情况外，它都能够很好地处理典型安装的分区要求，如图 9.160 所示。

选好之后单击"下一步"按钮继续。

（7）为了不使用引导盘来引导系统，通常需要安装一个引导装载程序，如图 9.161 所示。引导装载程序是计算机启动时所运行的第一个软件，它的责任是载入操作系统内核软件并把控制转交给它，然后，内核软件再初始化剩余的操作系统。

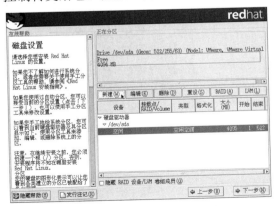

图 9.160　用 Disk Druid 分区

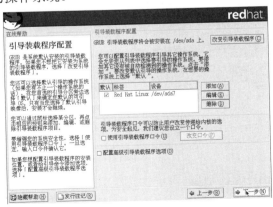

图 9.161　引导装载程序配置

安装程序提供了 2 个引导装载程序：GRUB 和 LILO。

① GRUB（Grand Unified Bootloader）是一个默认安装的功能强大的引导装载程序，它能够通过连锁载入另一个引导装载程序来载入多种免费和专有操作系统（连锁载入是通过载入另一个引导装载程序来载入 DOS 或 Windows 之类不支持操作系统的机制）。

② LILO（Linux Loader）是用于 Linux 的灵活多用的引导装载程序。它并不依赖于某一特定的文件系统，能够从软盘和硬盘引导 Linux 内核映像，甚至还能够引导其他操作系统。

（8）如果没有网络设备，将看不到这个屏幕，会直接跳到防火墙配置。如果有网络设备但还没有配置网络，接下来就应当配置对话框，编辑网络设备，如图 9.162 所示。

（9）Red Hat Linux 为增加系统安全性提供了防火墙保护。防火墙存在于计算机系统和网络之间，用来判定网络中的远程用户有权访问本地计算机上的哪些资源。一个正确配置的防火墙可以极大地增加系统安全性，"防火墙配置"对话框如图 9.163 所示。

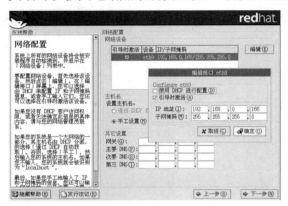

图 9.162　进行相应网络配置对话框　　　　　图 9.163　"防火墙配置"对话框

（10）Red Hat Linux 能够安装并支持多种语言，以便在系统中使用，但必须选择一种语言作为默认语言。当安装结束后，系统将会使用默认语言，如图 9.164 所示。

（11）用户可以通过选择计算机的地理位置，或者指定时区和通用协调时间（UTC）间的偏移来设置时区，如图 9.165 所示。

图 9.164　选择默认语言　　　　　　　　图 9.165　"选择时区"对话框

（12）"设置根口令"对话框用于设置根口令。根口令只有在进行管理时才会用到。注意：两次输入必须一致，根口令才会被接受，如图 9.166 所示。

（13）当分区被选定并被配置格式化后，应选择要安装的软件包组，软件包的多少和种类决定着安装的系统功能，如图 9.167 所示。

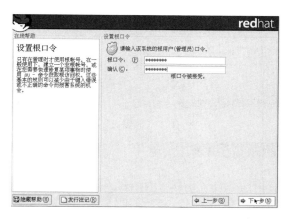

图 9.166　设置根口令

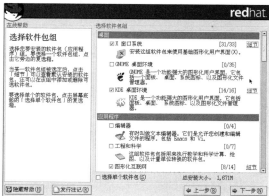

图 9.167　选择软件包组

（14）到了这一步，在所有软件包被安装完成前，将不需要进行任何操作。安装的快慢要依据所选择的软件包数量和计算机的速度而定，如图 9.168 所示。

（15）当软件包安装完成后，系统提示要创建一张引导盘。这时，在软盘驱动器内插入一张空白的、格式化好的软盘，单击"下一步"按钮。如果不想创建引导盘，请确定在单击"下一步"按钮前选择合适的选项。

（16）接下来将会打开"图形化界面配置"对话框，在正常情况下，将出现 X Windows 支持的系统视频卡，如图 9.169 所示。

图 9.168　即将开始安装

图 9.169　"图形化界面配置"对话框

（17）为了完成 X 配置，必须配置显示器并定制 X 设置，如图 9.170 和图 9.171 所示。如果上述过程均正确的话，现在 Red Hat Linux 9 的安装就完成了，如图 9.172 所示。

若想改变 X 配置，可在安装后做如图 9.173 所示的操作。

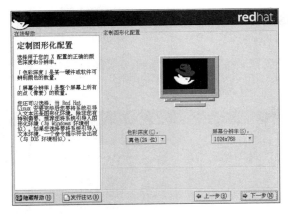

图 9.170 配置显示器

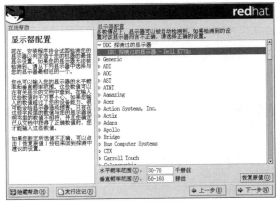

图 9.171 定制 X 设置

图 9.172 安装成功

要在安装结束后改变你的 X 配置，使用 **X 配置工具**。

在 shell 提示下键入 redhat-config-xfree86 命令会启动 **X 配置工具**。如果你不是根用户，它会提示你输入根口令后再继续。

图 9.173 安装结束后改变 X 配置

2. 登录 Red Hat Linux

（1）设置代理。首次启动 Red Hat Linux 时，就会出现"设置代理"对话框。它引导用户进行 Red Hat Linux 的相关配置。使用该工具可以设置系统的日期和时间、安装软件、在 Red Hat 网络中注册以及执行其他任务。"设置代理"对话框引导配置环境是为了能够快速地开始使用 Red Hat Linux 系统。

- 设置代理。"设置代理"首先会提示设置用户账户，在此可以设置以后需要用到的用户账号，也可以直接跳过，在将来需要时再进行设置。
- 设置日期时间。"设置代理"对话框允许设置机器的时间和日期，或者用网络时间服务器（Network Time Server），通过网络连接向机器传输日期和时间信息。使用日历工具来设置日期、月份、年份，并在提供的文本框内按时、分、秒设置时间。时间和日期设置完毕后，单击"前进"按钮继续下面的设置。

Red Hat 配置代理程序设置完成后，即可运行 Linux 系统。

- 设置 Red Hat 网络。如果想在 Red Hat 网络上注册系统并进行 Red Hat Linux 系统的自动更新。选择"是，我想在 Red Hat 网络注册"选项，这会启动 Red Hat 更新代理即一个引导进行 Red Hat 网络注册的向导工具。

● 安装附加软件包。如果想安装在安装过程中没有安装的 Red Hat Linux RPM 软件包、第三方的软件或正式版 Red Hat Linux 文档光盘上的文档，应插入包含想安装的软件或文档的光盘，单击相应的"安装"按钮，然后根据提示进行安装。

（2）图形化登录。使用 Red Hat Linux 系统的下一个步骤是登录。登录实际上是用户向系统做自我介绍，又称验证（Authentification），也就是通常所说的输入用户名、密码。如果正确，就会允许进入系统。

与某些操作系统不同，Red Hat Linux 系统使用账号来管理特权、维护安全等。某些账号所拥有的文件访问权限和服务要比其他账户少。

如果在安装中没有创建用户账号，则必须登录为"根用户"。在创建了用户账号后，建议登录为一般用户而不是根用户，以防止对 Red Hat Linux 系统的无意破坏。

在安装中，如果选择了图形化登录类型，就会看到一个图形化登录屏幕。除非为系统选择了一个主机名（主要用于网络设置），否则机器默认名为 localhost。

要在图形化登录屏幕上登录为根用户，在登录提示后输入 root，按 Enter 键，在口令提示后，输入安装时设立的根口令，然后按 Enter 键。要登录为普通用户，在登录提示后，输入用户名，在口令提示后，输入在创建用户账号时选择的口令，然后按 Enter 键。

从图形化登录界面登录，会自动启动图形化桌面。

（3）远程登录。除了以本机进行登录外，还可以练习使用 telnet 来进行远程登录。这种方式不仅能够应用于 Linux，还可以应用到各种版本的 Windows 系统中。

命令如下：

    Localhost# telnet linuxServer

其中，linuxServer 指服务器主机，可以是主机名.域名的全 URL 形式，也可以是主机的 IP 地址。在局域网环境下，IP 地址方式非常简便，但在互联网环境下，最好使用全域名的形式，否则容易和其他主机混淆。

执行如上的命令后，系统就会出现登录界面，其中与本机上登录最大的不同是无法使用 root 身份进行登录，这是系统设计时对安全方面的考虑。如果强制以 root 身份登录，系统则会报错误的信息。

（4）图形化环境。登录进入系统后，就可以进行系统操作了。

在安装 Red Hat Linux 的时候，有机会安装一个图形化环境。如果选择安装图形界面，登录系统后，即能够看到类似如图 9.174 所示的典型的图形化界面。

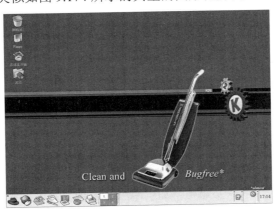

图 9.174　典型的图形化界面

如果以 root 身份登录，桌面上有 3 个图标式快捷键，分别是"root 的起始目录"、"从这里开始"以及"回收站"，可以对应 Windows 下的"我的电脑"、"控制面板"以及"回收站"。

- root 的起始目录。直接到用户的主目录。不同的用户启动 X Windows 界面时，看到的界面并不相同。
- 从这里开始。用于更方便有效地进行集中管理。将一些常用的管理工具集中放在桌面上，更方便查找。
- 回收站。用于存放在图形界面中删除的文件。

3．创建用户账号

在安装 Red Hat Linux 的时候，如果连一个用户账号都没创建（不包括根账号），可以现在来创建。在不是绝对必要的时候，应该避免使用 root 账号，否则不仅很容易造成账号、口令泄露，还很容易损坏系统，因为对 root 账号所做的操作，系统是不做检查的。

创建新的或额外的用户账号的方式有两种：一是使用用户管理器或在 Shell 提示下执行，二是可以使用用户管理器来图形化地创建用户账号。

（1）以图形化方式创建用户账号。图形化的管理方式非常易于使用，使用图形化方式创建用户账号的步骤如下。

① 单击桌面底部的"从这里开始"图标，在打开的新窗口中，单击"系统设置"图标，然后单击"用户和组群"图标；也可以通过选择"主菜单"→"系统设置"→"用户和组群"的方式启动用户管理程序；还可以在 Shell 提示下输入 redhat-config-users 来启动用户管理器。

② 如果此前没有登录为根用户，系统会提示输入根口令。

③ 在如图 9.175 所示的"Red Hat 用户管理器"对话框中，单击"添加用户"按钮，打开"创建新用户"对话框。

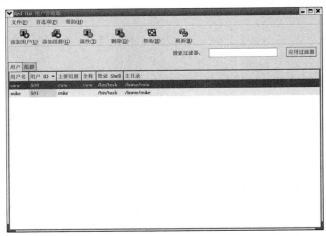

图 9.175 "Red Hat 用户管理器"对话框

④ 在"创建新用户"对话框中，输入用户名（可以是简称或绰号）、账号用户的全称以及口令。用户主目录的名称和登录 Shell 的名称应该默认出现。

⑤ 单击"确定"按钮，用户账号的创建就完成了。新用户的信息就会出现在用户列表中。

（2）以图形方式查看用户。创建用户后，即可用多种方式查看系统中的用户信息，比如，查看系统中用户账号配置文件等。但是，前提是要拥有足够的管理权限。

可以在 X Windows 中列出本地系统中的用户名，在用户控制面板中单击"用户"，就会看到本地系统中所有的用户。同样，还可以单击"组群"列出所有的本地用户组群。

如果想查看某个或某几个特定的用户，可以在"过滤"文本栏中输入用户名的前几个字母，然后单击"确定"按钮，系统就会列出以这些字母开头的用户名。这个功能在需要管理具有很多用户的系统时，就显得非常实用。

（3）以命令行方式创建账号。使用命令行方式增加账号不仅创建非常快速有效，还可以一次创建大量的用户（虽然这样的情况不常见，但是如果是在一个大系统崩溃后管理员进行恢复时，就很有用）。创建账号的操作步骤如下。

① 打开 Shell 提示。如果没有登录为根用户，而是以普通用户身份登录，则输入命令 su，然后根据系统提示，输入 root 口令。这时，用户就拥有管理员的权限了，如图 9.176 所示。

图 9.176　切换用户

② 在命令行中输入 useradd、一个空格、新用户的用户名（如 useradd Mike），按 Enter 键。

③ 输入 passwd、一个空格和该用户名（如 passwd Mike）。

④ 在"New password:"提示下为新用户输入一个口令，然后按 Enter 键。

⑤ 在"Retype new password:"提示下，输入同一口令进行确认。

选用用户账号名时，一定要谨慎从事。口令是进入账号的关键，因此一定要保密并且容易记忆。

4．注销

与登录过程正好相反，离开系统需要进行注销。因为 Linux 是个多用户环境，用户离开了，还可能有其他用户使用系统，这时关机则会打断他人的工作。注销就是告诉系统，用户已经离开了。

用户工作结束后，如果直接离开而没有注销，则会对系统安全造成危害。可能使没有用户权限的人，能够登录到主机上造成泄密，甚至对系统造成破坏。

注销图形化桌面的方法是：

选择"主菜单"→"注销"，打开"确认注销"对话框。

在"确认注销"对话框中，选择"注销"选项，然后单击"确定"按钮。如果想保存桌面的配置以及还在运行的程序，应选中"保存当前设置"选项。

如果拥有管理员权限，在弹出的对话框中，还可以选择关机或重新启动系统。当然，在这两种情况下，用户身份也会被注销。

5．关机

在切断计算机电源之前，应首先关闭 Red Hat Linux，决不能不执行关机步骤就切断计算机的电源，这样做会导致未存盘数据的丢失或者系统损害。可以使用图形化方式关机和命令方式关机。

9.10 实训 10——Linux 环境下的网络操作

9.10.1 实训目的

（1）理解 Linux 系统的命令格式。
（2）掌握使用以太网卡上网的方法。
（3）掌握 Linux 环境下的网络应用程序的使用。

9.10.2 实训环境

安装 Red Hat Linux 9 的计算机（内置以太网卡）、集线器。

9.10.3 背景知识

1．Linux 系统中的命令格式

Linux 系统中的命令是由 Shell 解释的。Shell 根据其内部的语法规则对命令进行分析，然后传送给系统去执行。

在 Linux 系统中，一条命令通常由命令名和若干参数组成，以减号或加号开头的参数称为标志，不带修饰符的参数称为变元。一条命令中可以有多个标志，且多个标志前的减号可以合并。标志的顺序可以任意排列，标志间可不留空格，但多个参数之间至少要有一个空格。Linux 的命令格式如下：命令名[参数]

例如这样一条命令：$ pr –d –n FILEA

pr 是命令名，d 和 n 是标志，FILEA 是变元。该命令是将文件 FILEA 的内容显示出来。该命令也可写成：$ pr –dn FILEA

2．Linux 网络应用程序

Linux 可以通过多种方式联网，包括专线连接和以太网接入，还有 ISDN 连接、调制解调器拨号、xDSL 连接等。

如果已经成功建立了互联网连接，那么使用 Red Hat Linux 附带的 Mozilla、Nautilus、Konqueror、Galeon 浏览器，就可以在网上冲浪了。

Mozilla 与其他万维网浏览器的功能相仿。其主窗口中设有标准的菜单栏、工具栏等。它不仅能够浏览万维网，还有收发电子邮件、查看新闻组、设计网页、实时聊天等功能。

Nautilus 是 GNOME 桌面环境的核心组成部分。它为查看、管理和定制文件和文件夹以及浏览网页提供了一种简便方法。Nautilus 把文件、程序、介质、基于互联网的资源以及万维网集成到一起，使之能够简单快速地并使用所有可用的资源。在工具栏中单击"Web Search"可启动 Nautilus 的浏览器功能。Nautilus 浏览网页的功能具有局限性，如果在查看某网页的时候，想调用一些更高级的功能，Nautilus 还可以选择使用额外的浏览器。使用的方法是，单击左侧栏中的一个按钮，如选择"Open With Galeon"。

Konqueror 不仅可以用来浏览本地或网络文件系统，还带有 KDE 中通常的组件技术。

Konqueror 是一个全功能的万维网浏览器。它与 Nautilus 不同的是，还具有其他一些网络服务的客户端，可以使用 FTP 等。Konqueror 有很多非常好的网络特性，GNOME 用户如果同时安装了 KDE 环境，也可以使用 Shell 提示及使用"运行程序"启动 Konqueror。

Red Hat Linux 也包括了几种电子邮件应用程序，其中有 Mozilla Mail 和 Kmail 之类的图形化电子邮件客户，也有 Pine 和 Mutt 之类的基于文本的电子邮件客户。此外，Red Hat Linux 还提供了 FTP 服务。

9.10.4　实训内容

（1）使用以太网卡上网。
（2）在 Linux 系统下浏览万维网。
（3）在 Linux 系统下使用电子邮件程序。
（4）在 Linux 系统下使用 FTP。

9.10.5　实训步骤

1．联网设置

可以使用互联网配置向导程序 Internet Druid 来配置各种互联网连接。使用 Internet Druid 前，必须先进入 X Windows 系统并具备根用户权限。

在图形化桌面环境中启动 Internet Druid，单击"主菜单"→"系统工具"→"互联网配置向导"，出现如图 9.177 所示的对话框。在这里主要练习建立新的以太网连接。

建立以太网连接，首先需要一个 NIC，即网卡、网线（通常是 CAT5 缆线）和要连接的网络，通常是连接到集线器上。

不同的网络连接速率是不同的，这就需要确认网卡是否支持要连接网络的速率。现在的以太网速率可达 10Mb/s，甚至达到 100Mb/s。普通 10Mb/s 的网卡一般都能使用，只是在 100Mb/s 网上，速率仍为 10Mb/s。

添加以太网连接步骤如下。

（1）通过单击"主菜单"→"系统工具"→"互联网配置向导"，启动如图 9.177 所示的界面，设备类型选择"以太网连接"。

（2）选择"以太网连接"，单击"前进"按钮即可。

（3）如果已经配置了网卡，可以直接从网卡列表中选择，否则选择"其他以太网卡"来增加硬件。然后，再继续完成相应的配置操作，如图 9.178 所示。

在配置以太网卡时，可以选择"自动获取 IP 地址设置使用"选项，系统就可以从 DHCP 服务器中自动获取 IP 地址，如图 9.179 所示。

但在小规模的局域网中，往往使用静态设备 IP 地址，选择"静态设置的 IP 地址"后，就可以手动设置 IP 地址了，如图 9.180 所示。这时，设置的 IP 地址需要与网络管理员联系。设置好后，单击"前进"按钮，出现"创建以太网设备"界面，如图 9.181 所示。

配置完以太网卡后，就会在网络配置窗口中增加这一项目。一般以太网设备名是 eth*，*为数字，第一个以太网卡就是 eth0。只是可以设置 eth0 是否活跃，也就是连接是否使用。

如图 9.182 所示。

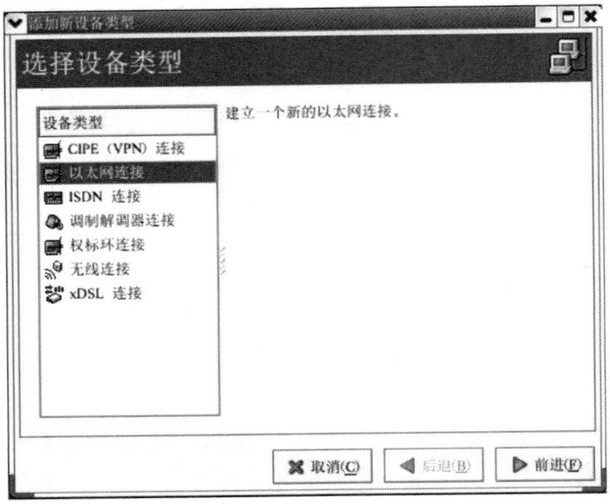

图 9.177　选择设备类型

图 9.178　选择以太网设备

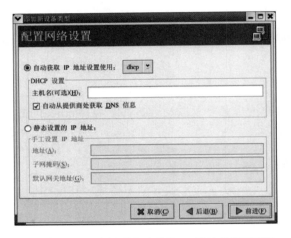

图 9.179　选择"自动获取 IP 地址设置使用"

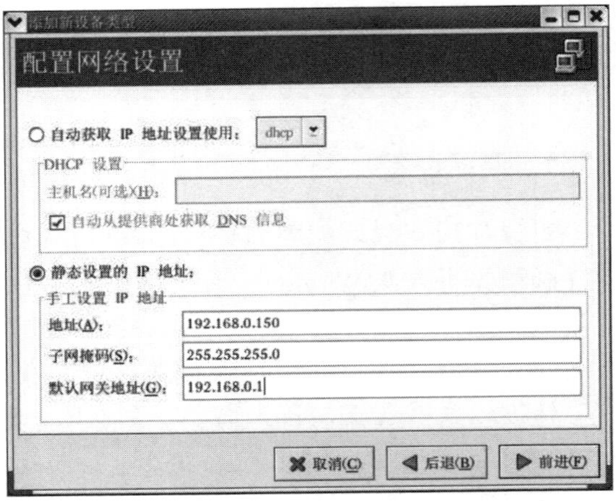

图 9.180　选择"静态设置的 IP 地址"

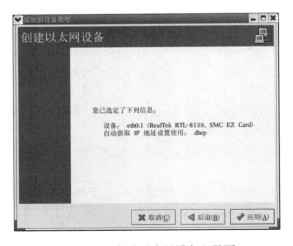

图 9.181　"创建以太网设备"界面

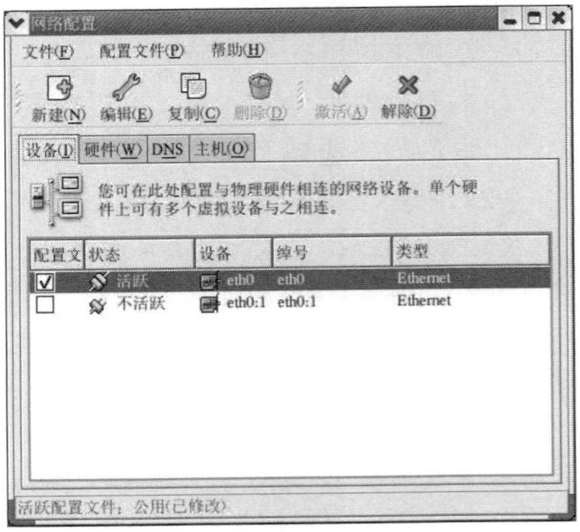

图 9.182　设置以太网设备的状态

这时还可以选中其他项目，对其中的属性进行修改。单击"编辑"按钮，也可以删除新建立的连接。在建立好连接后，激活连接，系统就连接到互联网上了。

2．启动 Mozilla 和使用网络编辑器

最简单的启动方法是单击 Mozilla 在 GNOME 面板上的小图标。第一次启动 Mozilla，出现如图 9.183 所示的主窗口。

图 9.183　Mozilla 浏览器的主窗口

从桌面面板上启动，单击"主菜单"→"程序"→"互联网"→"？"，也可启动 Mozilla。

Mozilla 窗口具有所有其他浏览器具有的标准万维网浏览器功能。在窗口上部有菜单栏，其下设有导航工具栏，左侧的边栏设有一些附加选项。在左下角，设有 Navigator、Mail、Composer 以及 Address Book 等图标。

要浏览互联网，单击"Search"按钮，然后在它打开的搜索引擎中输入一个搜索主题，在输入框中输入一个网站 URL，单击或创建书签，或者查看边栏内 What's Related 标签来浏览相关网页，如图 9.184 所示。

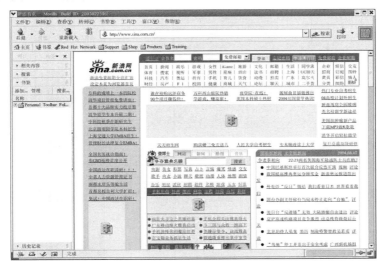

图 9.184　应用 Mozilla 浏览万维网

Mozilla 还允许使用 Mozilla 的网络编辑器来创建网页,使用这个工具,不需要了解 HTML 就可以设计网页。要打开网络编辑器,只需在 Mozilla 的主窗口中,单击"工具"→"网络编辑器",或者单击窗口左下部的"网络编辑器"图标,打开的"网络编辑器"窗口,如图 9.185 所示。

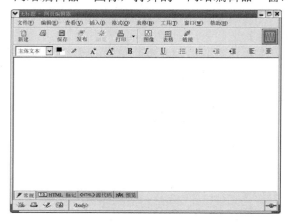

图 9.185 "网络编辑器"窗口

还可通过查看 Mozilla 的帮助文件来了解使用"网络编辑器"创建网页的信息。

3. 启动 Konqueror

可以通过选择 KDE 桌面环境的"启动程序"→"互联网"→"Konqueror 万维网浏览器"启动 Konqueror。

安装 KDE 后,在 GNOME 环境下也可启动 Konqueror,单击"主菜单"→"其他"→"互联网"→"Konqueror 浏览器"。

或者在 Shell 提示符下输入命令:

[root@localhost root]# Konqueror

第一次启动 Konqueror 时,会出现一个介绍为浏览网页或本地文件系统提供的基本的指导信息。单击"继续"按钮,会出现小技巧屏幕。该屏幕显示了使用 Konqueror 的基本技巧。第一次使用万维网搜索,在"位置"旁边的字段内输入一个 URL,按 Enter 键,出现如图 9.186 所示的窗口。

图 9.186 应用 Konqueror 浏览万维网

4．启动 Mozilla Mail

要启动 Mozilla Mail，单击"主菜单"→"其他"→"互联网"→"Mozilla Mail"。如果在 Mozilla 主窗口中要打开 Mozilla Mail，只需单击窗口左下角的邮件图标即可。首次运行会提示"新建账户"，如图 9.187 所示。接下来提示输入用户名称和电子邮件地址，如图 9.188 所示。然后设置收发邮件的服务器类型，如图 9.189 所示。下一步是输入用户名和账户名称，如图 9.190 和图 9.191 所示。创建好账户后，打开的"Mozilla 邮件"窗口如图 9.192 所示。

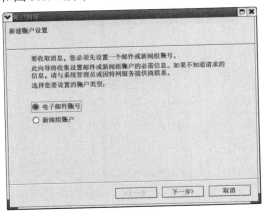

图 9.187　新建账户设置

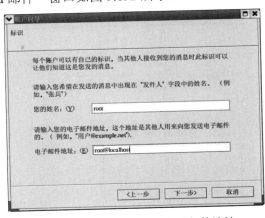

图 9.188　输入用户名称和电子邮件地址

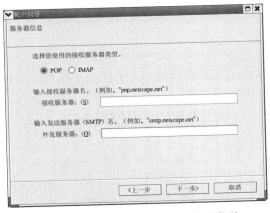

图 9.189　设置收发邮件的服务器类型

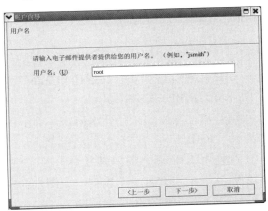

图 9.190　输入用户名

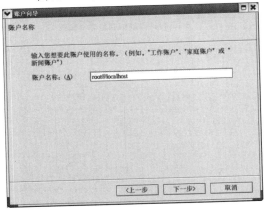

图 9.191　输入账户名称

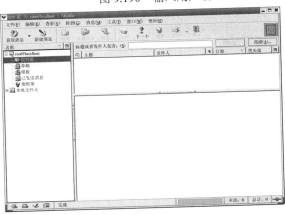

图 9.192　"Mozilla 邮件"窗口

如果要编写和发送邮件，则单击"Mozilla 邮件"窗口中的"新建消息"按钮，打开"编写"窗口，如图 9.193 所示，在"收件人"文本框中输入对方的 E-mail 地址，在"主题"文本框中输入邮件主题，在邮件正文栏中输邮件正文后，单击"发送"按钮，即可将邮件发送出去。

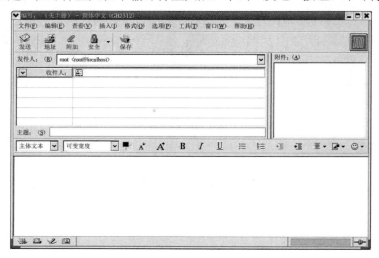

图 9.193　"编写"窗口

如果要阅读电子邮件，则单击创建的邮件文件夹来查看消息列表。然后，单击想阅读的消息。一旦读过了消息，就可以删除它，也可以把它存到另一个文件夹中。

5．KMail

如果是通过定制安装 Red Hat Linux，系统可能会有 KMail 邮件客户。KMail 是 KDE（K 桌面环境）的电子邮件工具。

（1）启动 KMail。打开 KMail，单击"主菜单"→"其他"→"互联网"→"KMail"，打开的"KMail"主窗口如图 9.194 所示。

在使用 KMail 之前，必须对它进行配置。在"KMail"主窗口中，选择"设置"→"配置 KMail"，打开"配置"窗口，如图 9.195 所示。在"配置"窗口中只需要改变"身份标识"

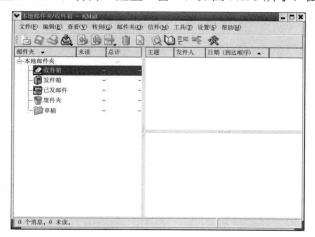

图 9.194　"KMail"主窗口

图 9.195　"配置"窗口

和"网络"选项卡中的设置，把从服务提供商或管理员处获得的电子邮件信息准备好，填充所需信息即可使用 KMail。

（2）收发电子邮件。配置完毕后，就可以开始收发邮件了。在"KMail"主窗口左侧的文件夹中可以查看已收到的、打算寄出的和已经寄出的电子邮件。

如果要编写新邮件，单击"工具"栏中的"编写新邮件"图标，打开的"邮件编写"窗口如图 9.196 所示。

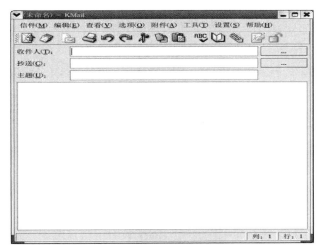

图 9.196 "邮件编写"窗口

写好邮件并且输入了收件人的电子邮件地址后，在工具栏上单击"发送"图标，邮件就会正确地发送出去。接收邮件只需在"KMail"主窗口的左侧窗格中，单击"收件箱"，打开"收件箱"窗口，选择需要阅读的邮件即可。

6. 使用 FTP

（1）应用 gFTP。gFTP 是 GNOME 的 FTP 客户端，虽然其界面很简单，但是功能比较全面，而且速度很快。如果没有安装 gFTP，可以使用 Red Hat Linux 9 软件包管理器安装。

在桌面上启动 gFTP，单击"主菜单"→"其他"→"互联网"→"gFTP"。或者在 Shell 提示下输入命令：

> [root@localhost root] # gftp

启动后的 gFTP 主界面如图 9.197 所示。

整个程序只有一个界面，各种功能直接在界面上就可以找到，只需要在 Host 栏中输入目标主机名和 IP 地址，如果需要再输入用户名、密码，就可以连接到远程 FTP 服务器进行操作了，如图 9.198 所示。还有上载等功能，只需非常直观地拖到远程主机上打开的目录就可以了。

（2）使用 FTP 命令。使用 FTP 命令的是最传统、经典的 FTP 客户端。在不想使用图形 FTP，或者只想简单地下载文件时，也可以使用快捷、简便的命令方式。

在 Shell 提示下使用 FTP，可以输入以下命令：

[root@localhost root] # ftp

如图 9.199 所示，首先需要打开一个远程服务器，使用命令为：

ftp>Open hostname

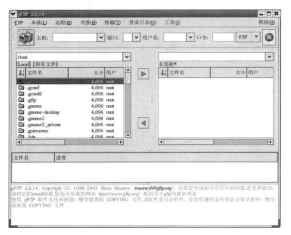

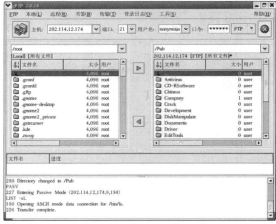

图 9.197　gFTP 主界面　　　　　　　图 9.198　登录远程 FTP 后的界面

然后，根据提示输入用户名和密码就可以浏览或者下载服务器上的文件了。如果服务器支持匿名登录，用户名为 anonymous 就可以登录服务器了。

（3）其他方式。Linux 下的许多文件管理程序也集成了非常丰富的网络功能，其中 Konqueror 的 FTP 功能就非常强大。如图 9.200 所示，在 Konqueror 的地址栏中输入的 URL，若是以 ftp://为开头，Konqueror 就会自动调用 FTP 功能。

如果这里想下载文件，只需在 Konqueror 界面中选中文件，然后像本地文件操作一样复制到想保存的地方就可以了。如果想上载文件到 FTP 服务器，可以直接在"Konqueror"窗口中使用文件粘贴功能。

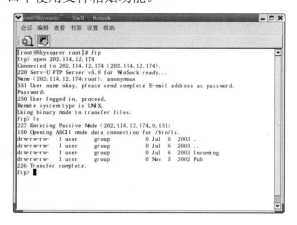

图 9.199　使用 FTP 命令　　　　　　　图 9.200　使用 Konqueror 访问 FTP

如果远程服务器不支持匿名登录，Konqueror 会弹出"授权对话框"窗口，提示输入用户名和口令，如图 9.201 所示。

图 9.201　提示登录认证

9.11　实例 1——TCP/IP 常用命令

分析网络问题有两种方法：硬件故障分析和软件故障分析。硬件故障分析指发现和修理硬件故障。当硬件动作体现不出自身技术规范，如以太网出现过多的滞后冲突时，则需要进行软件故障分析。Windows 2000 提供了有力的工具——TCP/IP 的实用命令程序进行分析。

1. ping 命令

这个命令常用来侦测网络是否正常以及响应速度。它通过发送一些小的数据包，检测一帧数据从当前主机传送到目的主机所需要的时间，并接收应答信息来确定两台计算机之间的网络是否连通。当网络运行中出现故障时，采用这个实用程序来预测故障和确定故障源是非常有效的。如果执行 ping 不成功，则可以预测故障出现在以下几个方面：网线是否连通，网络适配器配置是否正确，IP 地址是否可用等；如果执行 ping 成功而网络仍无法使用，那么问题很可能出在网络系统的软件配置方面，ping 成功只能保证当前主机与目的主机间存在一条连通的物理路径。

ping 命令的格式如下：（在命令行状态下输入 ping 即可显示其格式及参数的说明）

ping [-t] [-a] [-n count] [-l size] [-f] [-i TTL] [-v TOS] [-r count] [-s count] [[-j host-list] | [-k host-list]] [-w timeout] destination-list

它提供了许多参数，其中的参数说明如下：

-t	使当前主机不断地向目的主机发送数据，直到使用 Ctrl+C 中断
-a	以 IP 地址格式（不是主机名形式）显示网络地址
-n count	指定要做多少次 ping，其中 count 为正整数值
-l size	发送的数据包的大小
-f	设置回声分组不会由中间网关分组
-i TTL	指定 ping 分组时限域，TTL 是指在停止到达的地址前应经过多少个网关
-v TOS	服务的类型
-r count	指出要记录路由的轮数（去和回）
-s count	指定当使用-r 参数时，用于每一轮路由的时间
-j host-list	指定希望分组的路由

-k host-list 　　与-j 参数基本相同，只是不能使用额外的主机

-w timeout 　　指定超时时间间隔（单位为 ms），默认为 1 000

一般使用得较多的参数为-t、-n、-w。

例如，如果 ping 某一网络地址 www.sina.com.cn，出现"Reply from 61.172.201.239:bytes=32 time=53ms TTL=50"则表示本地与该网络地址之间的线路是畅通的，如图 9.202 所示。如果出现"Request timed out"，则表示此时发送的小数据包不能到达目的地。此时，可能有两种情况：一种是网络不通，还有一种是网络连通状况不佳。此时，还可以使用带参数的 ping 来确定是哪一种情况。

例如，ping www.sina.com.cn -t -w 3000 不断地向目的主机发送数据，并且响应时间增大到 3000ms，此时如果都是显示"Reply timed out"，则表示网络之间确实不通；如果不是全部显示"Reply times out"，则表示此网站还是通的，只是响应时间长或通信状况不佳。

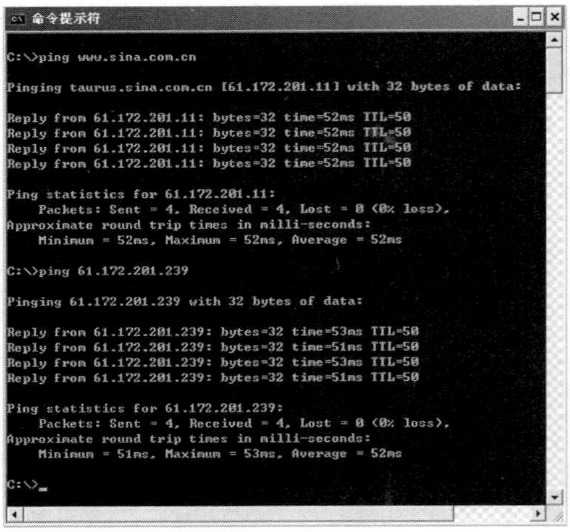

图 9.202　ping 命令

在正常情况下，当使用 ping 命令来查找问题所在或检验网络运行情况时，需要使用许多 ping 命令。如果所有都运行正确，就可以相信基本的连通性和配置参数没有问题；如果某些 ping 命令出现运行故障，它也可以指明到何处去查找问题。下面给出一个典型的检测次序及对应的可能故障。

（1）ping 127.0.0.1。这个 ping 命令被送到本地计算机的 IP 软件，该命令永不退出该计算机。如果没有做到这一点，就表示 TCP/IP 的安装或运行存在某些最基本的问题。

（2）ping 本机 IP。这个命令被送到用户计算机所配置的 IP 地址，该计算机始终都应该对该 ping 命令做出应答，如果没有，则表示本地配置或安装存在问题。出现此问题时，局域网用户应断开网络电缆，然后重新发送该命令。如果网线断开后本命令正确，则表示另一台计算机可能配置了相同的 IP 地址。

（3）ping 局域网内其他 IP。这个命令应该离开用户本地计算机，经过网卡及网络电缆到达其他计算机，再返回。收到回送应答表明本地网络中的网卡和载体运行正确。如果收到 0 个回送应答，那么表示子网掩码不正确或网卡配置错误或电缆系统有问题。

（4）ping 网关 IP。这个命令如果应答正确，则表示局域网中的网关路由器正在运行并能够做出应答。

（5）ping 远程 IP。如果收到 4 个应答，则表示成功地使用了默认网关。对于拨号上网用户则表示能够成功地访问 Internet（但不排除 ISP 的 DNS 会有问题）。

（6）ping localhost。localhost 是系统的网络保留名，它是 127.0.0.1 的别名，每台计算机都应该能够将该名字转换成该地址。如果没有做到这一点，则表示主机文件（/Windows/host）中存在问题。

（7）ping www.xxx.com（如 www.sina.com.cn 新浪网）。对这个域名执行 ping www.xxx.com 地址，通常是通过 DNS 服务器。如果这里出现故障，则表示 DNS 服务器的 IP 地址配置不正确或 DNS 服务器有故障（对于拨号上网用户，某些 ISP 已经不需要设置 DNS 服务器了）。利用这个命令也可以实现域名对 IP 地址的转换功能。

如果上面所列出的所有 ping 命令都能正常运行，那么对自己的计算机进行本地和远程通

信的功能基本上就可以放心了。但是，这些命令的成功并不表示所有的网络配置都没有问题，例如，某些子网掩码错误就可能无法用这些方法检测到。

2. winipcfg 和 ipconfig 命令

winipcfg 和 ipconfig 都是用来显示主机内 TCP/IP 配置的设置信息。只是 winipcfg 适用于 Windows 95/98，而 ipconfig 适用于 Windows NT。这些信息一般用来检验人工配置的 TCP/IP 设置是否正确。但是，如果计算机和所在的局域网使用了动态主机配置协议（DHCP），这个程序所显示的信息也许更加实用。这时，ipconfig 可以使用户了解自己的计算机是否成功地租用到一个 IP 地址，如果租用到则可以了解它目前分配到的是什么地址。

winipcfg 命令不使用参数，直接运行它，它就会采用 Windows 窗口的形式显示具体信息。这些信息包括网络适配器的物理地址、主机的 IP 地址、子网掩码以及默认网关等，单击其中的"其他信息"，还可以查看主机的相关信息，如主机名、DNS 服务器、结点类型等。其中，网络适配器的物理地址在检测网络错误时非常有用。

ipconfig 命令的格式如下：

　　　　ipconfig [/? | /all | /release [adapter] | /renew [adapter]]

其中的参数说明如下：

/?　　　　　　　显示 ipconfig 的格式和参数的说明
/all　　　　　　 显示所有的配置信息
/release　　　　 为指定的适配器（或全部适配器）释放 IP 地址（只适用于 DHCP）
/renew　　　　　为指定的适配器（或全部适配器）更新 IP 地址（只适用于 DHCP）

使用不带参数的 ipconfig 命令可以得到以下信息：IP 地址、子网掩码、默认网关。而使用 ipconfig /all，则可以得到更多的信息：主机名、DNS 服务器、结点类型、网络适配器的物理地址、主机的 IP 地址、子网掩码以及默认网关等。在"命令提示字元"窗口中使用 ipconfig 命令，如图 9.203 所示。

图 9.203　使用 ipconfig 命令

3. tracert 命令

这个命令的功能是判定数据包到达目的主机所经过的路径、显示数据包经过的中继结点清单和到达时间。tracert 和 ping 完成的功能基本相同，但 tracert 还能同时告诉到达远程终端的路由，从而可以帮助确定 ping 不能做到的任务。运用 tracert 到远程终端，能够看见到达这台机器的路径。通过观察这条路径，可以确定一个路由器是否被错误地配置。

tracert 命令的格式如下：

tracert [-d] [-h maximum_hops] [-j host-list] [-w timeout] target_name

其中的参数说明如下：

-d	不解析主机名
-h maximum_hops	指定搜索到目的地址的最大轮数
-j host-list	沿着主机列表释放源路由
-w timeout	指定超时时间间隔（单位为 ms）

在"命令提示符"窗口中使用 tracert 命令，如图 9.204 所示。

图 9.204　使用 tracert 命令

4．hostname 命令

NT 核心的 Windows 系统都有这个指令，使用它可以快速地得到计算机名称。该命令的使用如图 9.205 所示。

可以右击"我的电脑"→"属性"命令，在"系统特性"对话框中查看计算机名称，如图 9.206 所示。

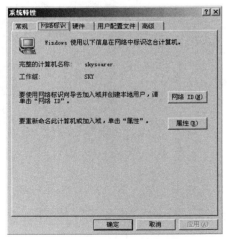

图 9.205　使用 hostname 命令　　　　图 9.206　查看计算机名称

5. netstat 命令

这个程序有助于了解网络的整体使用情况。它可以显示当前正在活动的网络连接的详细信息，如采用的协议类型、当前主机与远端相连主机（一个或多个）的 IP 地址以及它们之间的连接状态等。

netstat 命令的格式如下：

netstat [-a] [-e] [-n] [-s] [-p proto] [-r] [interval]

其中的参数说明如下：

参数	说明
-a	本选项显示一个所有的有效连接信息列表，包括已建立的连接（Established），也包括监听连接请求（Listening）的那些连接
-e	本选项用于显示关于以太网的统计数据。它列出的项目包括传送的数据报的总字节数、错误数、删除数、数据报的数量和广播的数量。这些统计数据既有发送的数据报数量，也有接收的数据报数量。这个选项可以用来统计一些基本的网络流量
-n	以数字表格形式显示地址和端口
-p proto	显示特定的协议的具体使用信息
-r	本选项可以显示关于路由表的信息，类似于后面所介绍的使用 route print 命令时看到的信息。除了显示有效路由外，还显示当前有效的连接
-s	本选项能够按照各个协议（包括 TCP、UDP、IP）分别显示其统计数据。如果应用程序（如 Web 浏览器）运行速度比较慢，或者不能显示 Web 页之类的数据，那么可以用本选项来查看所显示的信息。需要仔细查看统计数据的各行，找到出错的关键字，进而确定问题所在
interval	重新显示所选的状态，每次显示之间的间隔数（单位为 s），按 Ctrl+C 组合键中止重新显示。

netstat 命令的使用如图 9.207 所示。

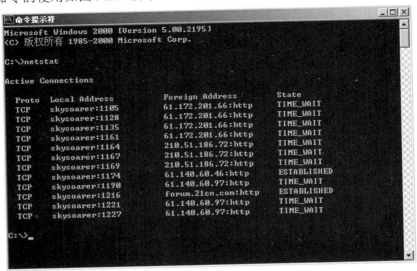

图 9.207　使用 netstat 命令

6. arp 命令

arp 是一个重要的 TCP/IP 命令，并且用于确定对应 IP 地址的网卡物理地址。此命令在 Windows 95/98、Windows NT 中都是同样用法。使用 arp 命令，能够查看本地计算机或另一台计算机的 ARP 高速缓存中的当前内容。此外，使用 arp 命令，也可以用人工方式输入静态的网卡物理/IP 地址对，可以使用这种方式为默认网关和本地服务器等常用主机进行这项操作，有助于减少网络上的信息量。

按照默认设置，ARP 高速缓存中的项目是动态的，每当发送一个指定地点的数据报且高速缓存中不存在当前项目时，ARP 便会自动添加该项目。一旦高速缓存的项目被输入，它们就已经开始走向失效状态。例如，在 Windows NT/2000 网络中，如果输入项目后不进一步使用，物理/IP 地址对就会在 2～10 min 内失效。因此，如果 arp 高速缓存中项目很少或根本没有时，请不要奇怪，通过另一台计算机或路由器的 ping 命令即可添加。所以，需要通过 arp 命令查看高速缓存中的内容时，请最好先 ping 此台计算机（不能是本机发送 ping 命令）。

arp 命令主要用来显示及修改特定 IP 地址的网卡地址。使用 arp /?可以显示它的命令格式和参数说明。

arp 命令的格式如下：

  arp -s inet_addr eth_addr [if_addr]
  arp -d inet_addr [if_addr]
  arp -a [inet_addr] [-N if_addr]

其中的参数说明如下：

inet_addr	表示 IP 地址
eth_addr	表示以太网卡地址
-a	显示某个 IP 地址的网卡地址（不加 IP 地址，显示所有已激活的 IP 地址的网卡地址）（使用该参数前应该先 ping 通某一个 IP 地址）
-d	删除指定 IP 地址的主机
-s	增加主机和与 IP 地址相对应的以太网卡地址

arp 命令的使用情况如图 9.208 所示。

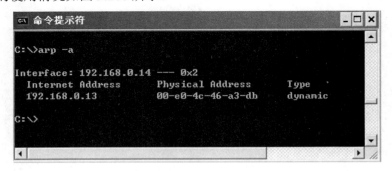

图 9.208　使用 arp 命令

7. route 命令

route 在多网卡的机器中是一个很重要的实用命令。通过使用该命令，可以添加或修改本

· 266 ·

地 Windows 2000 的路由表。

route 命令的格式如下：

route [-f] [-p] [command [destination] [MASK netmask] [gateway] [METRIC metric] [IF interface]

其中

-f	参数用于清除路由表
-p	参数用于永久保留某条路由（即在系统重启时不会丢失路由，但在 Windows 95 下无效）
Command	主要有 PRINT（打印）、ADD（添加）、DELETE（删除）、CHANGE（修改），共 4 个命令
Destination	代表所要达到的目标 IP 地址
MASK	是子网掩码的关键字。Netmask 代表具体的子网掩码，如果不加说明，默认是 255.255.255.255（单机 IP 地址），因此输入掩码时候要特别小心，要确认添加的是某个 IP 地址还是 IP 网段。如果代表全部出口子网掩码可用 0.0.0.0
Gateway	代表出口网关

其他 metric 和 interface 分别代表为路由器指定所需跃点数的整数值和特殊路由的接口数目，一般可不予理会。

正确的路由统计可使机器能够在网络适配器间传送包，反之亦然。要想观察在系统中已经建立的路由，可打开一个"命令提示符"窗口，输入"route print"后便会显示系统当前的路由表，如图 9.209 所示。

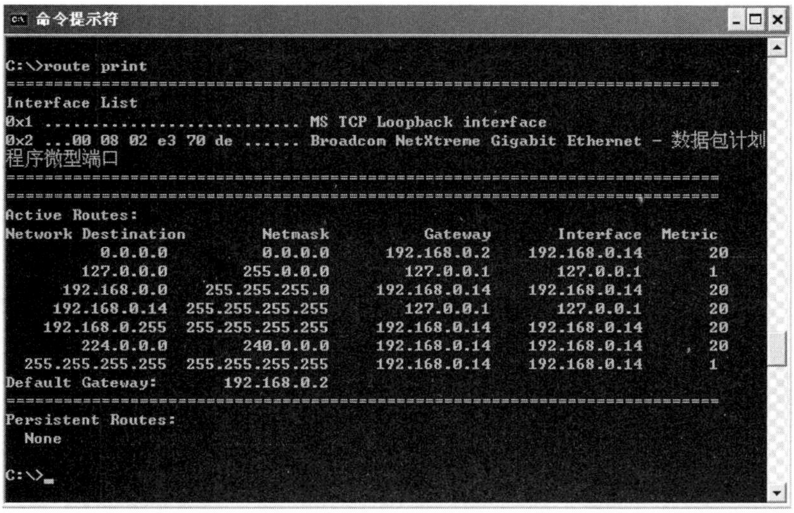

图 9.209　使用 route 命令

9.12　实例 2——子网的划分

关于子网划分的方法和子网掩码的概念在第 7 章中已经介绍了，这里介绍一个子网划分的实例。

9.12.1　子网划分的规则

在 RFC 文档中，RFC950 规定了子网划分的规范，其中对网络地址中的子网号做了如下的规定：

由于网络号全为"0"代表的是本网络，所以网络地址中的子网号也不能全为"0"，子网号全为"0"时，表示的是本子网网络。

由于网络号全为"1"表示的是广播地址，所以网络地址中的子网号也不能全为"1"，全为"1"的地址用于向子网广播。

注：RFC950 禁止使用子网网络号全为 0（全 0 子网）和子网网络号全为 1（全 1 子网）的子网网络。但在实际情况中，很多供应商的产品也都支持全为 0 和全为 1 的子网，比如，运行 Windows 98/NT/2000 的 TCP/IP 主机就可以支持。因此，当用户要使用全为 0 和全为 1 的子网时，首先要证实网络中的主机和路由器是否提供相关支持。此外，后面章节讲述的可变长子网划分属于现代网络技术，已不再按照传统的 A 类、B 类和 C 类地址方式工作，因而不存在全 0 子网和全 1 子网的问题，也就是说，全 0 子网和全 1 子网都可以使用。

9.12.2　子网划分的实例

为了将网络划分为不同的子网，必须为每个子网分配一个子网号。在划分子网之前，需要确定所需要的子网数和每个子网的最大主机数，有了这些信息后，就可以定义每个子网的子网掩码、网络地址（网络号加主机号）的范围和主机号的范围。划分子网的步骤如下：

- 确定需要多少子网号来唯一标识网络上的每台主机。
- 确定需要多少主机号来标识每个子网上的每台主机。
- 定义一个符合网络要求的子网掩码。
- 确定标识每一个子网的网络地址。
- 确定每一个子网上所使用的主机地址的范围。

下面以一个具体的实例来说明子网划分的过程。假设要对如图 9.210（a）所示的一个 C 类的网络划分为如图 9.210（b）所示的网络。

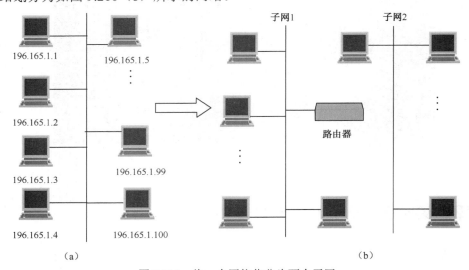

图 9.210　将一个网络化分为两个子网

由于划分出了两个子网，则每个子网都需要一个唯一的子网号来标识，即需要两个子网号。

对于每个子网上的主机以及路由器的两个端口都需要分配一个唯一的主机号，因此，在计算需要多少主机号来标识主机时，要把所有需要 IP 地址的设备都考虑进去。根据图 9.210，网络中有 100 台主机，如果再考虑路由器两个端口，则需要标识的主机数为 102 个。假定每个子网的主机数各占一半，即各有 51 个。

将一个 C 类的地址划分为两个子网，必然要从代表主机号的第 4 个字节中取出若干个位用于划分子网。若取出 1 位，根据子网划分规则，无法使用；若取出 3 位，则可划分 6 个子网，似乎可行，但子网的增多也表示了每个子网容纳的主机数减少，6 个子网中每个子网容纳的主机数为 30，而实际的要求是每个子网需要 51 个主机号，若取出 2 位，可以划分 2 个子网，每个子网可容纳 62 个主机号（全为 0 和全为 1 的主机号不能分配给主机），因此，取出 2 位划分子网是可行的，子网掩码为 255.255.255.192。

确定了子网掩码后，就可以确定可用的网络地址：使用子网号的位数列出可能的组合，在本例中，子网号的位数为 2，而可能的组合为 00,01,10,11。根据子网划分的规则，全为 0 或全为 1 的子网不能使用，因此将其删去，剩下 01 和 10 就是可用的子网号，再加上这个 C 类网络原有的网络号 196.165.1，因此，划分出的两个子网的网络地址分别为 196.165.1.64 和 196.165.1.128。

根据每个子网的网络地址就可以确定每个子网的主机地址的范围。

9.12.3　可变长子网划分概述

在介绍本节内容之前，先介绍另一种子网掩码的表示方法，除了使用点分十进制表示子网掩码外，还有一种网络前缀标记法，它是一种表示了子网掩码中网络地址长度的方法。由于网络号是从 IP 地址高位字节以连续方式选取的，即从左到右连续的取若干位作为网络号，比如，A 类地址取前 8 位作为网络号，B 类地址取前 16 位，C 类地址取前 24 位。因此，可以用一种简便方法来表示子网掩码中对应的网络地址，用网络前缀表示：/<#位数>，它定义了网络号的位数。

例如，一个子网掩码为 255.255.0.0 的 B 类网络地址 162.32.0.0，用网络前缀标记法就可以表示为 162.32.0.0/16。再比如，对这个 B 类网络划分子网，使用主机号中的 8 位用于子网网络号，网络号与子网号总共 24 个比特，因此，子网掩码为 255.255.255.0，而使用网络前缀法表示时，对子网 162.32.58.0 可表示为 162.32.58.0/24。

子网划分的最初目的是把基于类的网络（A 类、B 类、C 类）进一步划分为几个规模相同的子网，即每个子网包含相同的主机数。比如，对一个 B 类网络使用主机号中的 4 位用于子网划分，则可以产生 16 个规模相等的子网（考虑了全 0 和全 1 子网）。但是，子网划分是一种通用的用主机位来表示子网的方法，不一定要求子网的规模相等。

在实际的应用中，某一个网络中需要有不同规模的子网。比如，一个单位中的各个网络包含不同数量的主机就需要创建不同规模的子网，以避免造成对 IP 地址的浪费。对于不同规模的子网网络号的划分就称为变长子网划分，需要使用相应的变长子网掩码技术（VLSM）。

变长子网划分是一种用不同长度的子网掩码来分配子网网络号的技术，但所有的子网网络号都是唯一的，并能通过对应的子网掩码进行区分。对于变长子网的划分，实际上是对已划分好的子网做进一步划分，从而形成不同规模的网络。

9.12.4 可变长子网划分实例

下面用一个实例来说明可变长子网划分。例如，一个 B 类的网络为 162.32.00，需要配置 1 个能容纳 32 000 台主机的子网、15 个能容纳 2 000 台主机的子网和 8 个能容纳 254 台主机的子网。

（1）1 个能容纳 32 000 台主机的子网。用主机号中的 1 位进行子网划分，产生 2 个子网，162.32.0.0/17 和 162.32.128.0/17。这种子网划分允许每个子网有多达 32 766 台主机。选择 162.32.0.0/17 作为网络耗能满足 1 个子网容纳 32 000 台主机的需求。

（2）15 个能容纳 2 000 台主机的子网。若要满足 15 个子网容纳大约 2 000 台主机的需求，再使用主机号中的 4 位对子网网络 162.32.128.0/17 进行子网划分，就可以划分 16 个子网，即 162.32.128.0/21,162.32.136.0/21,…,162.32.240.0/21,162.32.248.0/21，从这 16 个子网中选择前 15 个子网网络就可以满足需求。

（3）8 个能容纳 254 台主机的子网。为了满足 8 个子网容纳 254 台主机的需求，再用主机号中的 3 位对子网网络 162.32.248.0/21（步骤（2）中所划分的第 16 个子网）进行划分，可以产生 8 个子网。每个子网的网络地址为 162.32.248.0/24,162.32.249.0/24,162.32.250.0/24,162.32.251.0/24,162.32.252.0/24,162.32.253.0/24,162.32.254.0/24,162.32.255.0/24，每个子网可以包含 254 台主机。

本 章 小 结

本章介绍了网络通信线的连接与制作、无线局域网的组建、常用的网络操作系统的使用等 10 个实训和 TCP/IP 常用命令、子网划分这 2 个实例。

附录 A 练习题答案

第 1 章 计算机网络概述

1．计算机网络的发展经过以下几个阶段：① 以单计算机为中心的互联阶段。在这个阶段，一台主机连接若干台终端，终端一般不具有中央处理器，没有数据处理能力，主机既要承担通信工作又要承担数据处理工作，因此主机的负荷较重，而且效率较低；另外，每一个分散的终端都要单独占用一条通信线路，线路利用率低。② 以多计算机为中心的网络阶段。这个阶段主要有两种形式：第一种是通过通信线路将各主机连接起来，并由主机承担数据处理和通信的双重任务；第二种形式是把通信系统从主机中分离出来，设置专用的通信控制处理机。主机间的通信通过通信控制处理机的中继功能来间接实现。通信控制处理机负责网上各主机间的通信控制和通信处理，由它们组成了带有通信功能的内层网络，也称为通信子网，它是网络资源的拥有者，而网络中所有的主机构成了资源子网，也成为网络的外层。通信子网为资源子网提供信息传输服务。资源子网上的用户之间的通信建立在通信子网的基础之上，因此，如果没有了通信子网，网络是不能工作的。反之，没有了资源子网，通信子网也就失去了存在的意义，所以，只有二者的结合才能构成统一的资源共享的网络。③ 采用分组交换技术的网络阶段。采用分组交换技术，使计算机网络的概念发生了巨大的变化。早期的连机终端系统以单个主机为中心，各终端通过通信线路共享主机的硬件和软件资源。而分组交换网以通信子网为中心，主机和终端构成了用户资源子网。用户不仅可共享通信子网的资源，而且还可共享用户资源子网的许多硬件和软件资源。

2．计算机网络定义为：利用通信线路，将地理位置分散的、具有独立功能的多台计算机连接起来，按照某种协议进行数据通信，实现资源共享的信息系统。

计算机网络的功能有：数据通信、资源共享、提高系统的可靠性、促进分布式系统的发展。

3．计算机网络从逻辑功能上可以分为 2 个子网：通信子网和资源子网。

资源子网由主机、终端、终端控制器、联网外设、各种软件资源与信息资源组成，负责全网的数据处理业务，并向网络用户提供各种网络资源与网络服务。

通信子网由网络通信控制处理机、通信线路与其他通信设备组成，完成全网数据传输、转发等通信处理工作。

4．一般来说，计算机网络的系统硬件由以下部分组成：网络工作站、服务器、客户机、传输介质、网络连接设备。

5．根据网络软件在网络系统中所起的作用不同，可以将其大致分为 5 类：网络协议软件、网络通信软件、网络管理软件、网络操作系统、网络应用软件。

6．根据网络的覆盖范围可以把网络分为局域网、广域网和城域网 3 类。根据计算机网络通信所采用的交换技术，可将网络分成电路交换网络、报文交换网络和分组交换网络 3 类。根据网络的使用范围，可以把计算机网络分为公用网和专用网。根据网络使用的传输介质，可以把网络分为有线网和无线网。

第2章 数据通信

1．在数据通信系统中，传输模拟信号的系统称为模拟通信系统，而传输数字信号的系统称为数字通信系统。

模拟通信系统通常由信源、调制器、信道、解调器、信宿以及噪声源组成。信源所产生的原始模拟信号一般要经过调制后再通过信道传输。到达信宿后，再通过解调器将信号解调出来。

数字通信系统由信源、信源编码器、信道编码器、调制器、信道、解调器、信道译码器、信源译码器、信宿、噪声源组成。在发送端还有时钟同步系统。在数字通信系统中，如果信源发出的是模拟信号，就要经过信源编码器对模拟信号进行调制编码，将其转换为数字信号；如果信源发出的是数字信号，也要对其进行数字编码。

由于信道通常会遭受信道上各种噪声的干扰，有可能导致接收端接收信号产生错误。为了能够自动地检测出错误或纠正错误，可采用检错编码或纠错编码，这就是信道编码。信道译码则是信道编码的逆变换。

从信道编码器输出的数字信号还是属于基带信号。除某些近距离的数字通信可以采用基带传输外，其余的通常为了与采用的信道相匹配，要将基带信号经过调制变换成频带信号再传输，这就是调制器所要完成的工作。而解调则是调制的逆过程。

时钟同步也是数字通信系统的一个不可或缺的部分。由于数字通信系统传输的是数字信号，所以发送端和接收端必须有各自的发送和接收时钟。为了保证接收端正确地接收数据，接收端的接收时钟必须与发送端的发送时钟保持同步。

2．通信线路的连接方式有点对点连接和多点线路连接。点对点的连接方式就是两个结点用一条线路连接，这种方式所使用的线路可以是专用线路，或者是交换线路。使用点对点的连接方式，结点一般是较为分散的数据终端设备，不能和其他终端合用线路或被集中器集中。当点对点连接是由交换设备实现的，这种方式称为交换方式。交换方式是终端之间通过交换设备灵活进行线路交换的方法，在需要通信时将两个终端之间的线路接通。

多点线路连接是指各个站点通过一条公共通信线路连接，在这种方式中，一条线路被所有的站点共享，若所有的站点可以同时发送数据，则这条线路在空间上是共享的，通常采用频分复用或波分复用技术传输数据；若所有的站点只能轮流使用线路发送数据，那么它在时间上是共享的，通常采用时分复用技术传输数据。

3．数据通信的主要技术指标有：传输率、误码率、误比特率、信道带宽和信道容量。

传输率是指数据在信道中传输的速度，它又分为码元速率和信息速率。码元速率（R_B）指每秒钟传输的码元数，单位为波特/秒（Baud/s），又称为波特率。信息速率（R_b）指每秒钟传送的信息量，单位为比特/秒（b/s），又称为比特率。

误码率是指码元在传输过程中，错误码元占总传输码元的概率。误比特率是指传输出错的比特数占传输的总比特数的比例。

信道带宽是指信道中传输的信号在不失真的情况下所占用的频率范围，通常称为信道的通频带，单位用赫兹（Hz）表示。信道容量是衡量一个信道传输数字信号的重要参数。信道容量是指在单位时间内信道上所能传输的最大比特数，用比特每秒（bit/s）表示。

4．根据信号在信道上的传输方向，将数据通信方式分为单工通信、半双工通信和全双工通信三种。

单工方式通信信道是单向信道，发送端和接收端身份是固定的，发送端只能发送信息，不能接收信息；接收端只能接收信息，不能发送信息。数据信号仅从一端传送到另一端，即信息流是单方向的。

半双工通信是指信号可以沿两个方向传送，但同一时刻一个信道只允许单方向传送，即两个方向的传输只能交替进行，而不能同时进行。当改变传输方向时，要通过开关装置进行切换。由于半双工在通信中要频繁地切换信道的方向，所以通信效率较低，但节省了传输信道。

全双工通信是指数据在同一时刻可以在两个方向上进行传输，全双工通信效率高，但结构较复杂，成本较高。

5. 在数据通信中，数字信号是一个离散的矩形波，"0"代表低电平，"1"代表高电平。这种矩形波固有的频带称为基带，矩形波信号称为基带信号。实际上，基带就是数字信号所占用的基本频带。在信道上直接传输数字信号称为基带传输。

所谓频带传输是指将数字信号调制成音频信号后再进行发送和传输，到达接收端时再把音频信号解调成原来的数字信号。

6. 脉冲编码调制的工作过程包括 3 部分：抽样、量化和编码。

模拟信号是电平连续变化的信号。每隔一定的时间间隔，采集模拟信号的瞬间电平值作为样本表示模拟数据在某一区间随时间变化的值。如果以等于或高于通信信道带宽 2 倍的速率定时对信号进行抽样，就可以恢复原模拟信号的所有信息。

量化是一个分级过程。把采样所得到的脉冲信号按量级比较，并做"取整"的处理，这样脉冲序列就成为了数字信号。

编码是用相应位数的二进制代码表示量化后的采样样本的量级。如果有 N 个量化级，就有 $\log_2 N$ 位二进制码。

7. 交换（Switch）的概念来源于电话系统。当用户发出通话呼叫时，电话系统中的交换机（Telephone Switch）在呼叫者电话与接收者电话之间寻找一条客观存在的物理通道。一旦找到，通话便可建立起来。然后，两端的电话便拥有这条线路，直到通话结束。这里，所谓"交换"体现在交换设备内部，当交换机从一条输入线收到呼叫请求时，它首先根据被呼叫者的号码寻找一条合适的空闲输出线，然后，通过硬件开关（如电磁继电器）将二者连通。假如，一次电话呼叫需要经过若干台交换机，则所有的交换机都要完成同样的工作，电话系统的这种交换方式就称为"电路交换"（Circuit Switching）。

电路交换的外部表现是通信双方一旦接通，便独占一条实际的物理线路。电路交换的实质是：在交换设备内部由硬件开关接通输入线与输出线。因此，线路交换技术的优点是：传输延迟小（唯一的延迟是电磁信号的传播时间）；线路一旦接通，不会发生冲突。对于占用信道的用户来说，可靠性和实时响应能力都很好。

电路交换的缺点是：建立线路所需时间较长；一旦接通要独占线路，造成信道浪费。

8. 在报文交换（Message Switch）方式中，信息的交换是以报文为单位的，通信的双方无须建立专用通道。交换器依次对输送进队列排队等候的报文信息做适当处理以后，根据报文的目标地址，选择适当的输出链路。如果此时输出链路中有空闲的线路，便启动发送进程，把该报文发往下一个交换器，这样经过多次转发，一直把报文送到指定的目标。在这个过程中，交换器的输入线与输出线之间不必建立物理连接。但是，如果该输出链路没有空闲的线路，则需要将装有报文信息的缓冲区送到该链路的输出队列排队等候发送，这个过程称为"第二次排队"。也就是说，在交换器处，报文首先被存储起来，并且在待发报文登记表中进行登记，等待报文前往的目标地址的线路空闲时再转发出去。

由此可见，报文交换是一种基于存储-转发（Store-and-Forward）的传输方式，并且在传输过程中，每经过一个交换器，一般来说需要经过两次排队，这就给报文的传输造成一定的时间延迟。

报文交换方式具有如下优点：线路利用率高，信道可为多个报文共享；接收方和发送方无须同时工作，在接收方"忙"时，报文可以暂存交换器处；可同时向多个目标地址发送同一报文；能够在网络上实现报文的差错控制和纠错处理；报文交换网络能进行速度和代码转换。

报文交换的主要缺点是：不适合实时通信或交互通信，也不适合用于交互式的"终端-主机"连接。另外，报文在传输过程中有较大的时间延迟。

9．分组交换就是设想将用户的大报文分割成若干个具有固定长度的报文分组（称为包，Packet）。以报文分组为单位，在网络中按照类似于流水线的方式进行传输，从而可以使各个交换器处于并行操作状态，很显然这样一来便可以大大缩短报文的传输时间。每一个报文分组均含有数据和目标地址，同一个报文的不同分组可在不同的路径中传输，到达指定目标以后，再将它们重新组装成完整的报文。

由于报文分组交换技术严格限制报文分组大小的上限，使分组可以在交换器的内存中存放，保证任何用户都不能独占线路超过几十毫秒，因此非常适合于交互式通信。另外，在具有多个分组的报文中，分组之间不必等齐就可以单独传送，这样减少了时间延迟，提高了交换器的吞吐率，这是分组交换的另一个优点。当然，分组交换技术也存在一些问题，例如，拥塞，对于大报文的分组与重组，以及分组损失或失序等。

10．在计算机网络中，绝大多数通信子网均采用分组交换技术。根据通信子网的内部机制不同，又可以把分组交换子网分为两类：一类采用连接，即面向连接；另一类采用无连接。在有连接的子网中，连接称为"虚电路"（Virtual Circuit），类似于电话系统中的物理线路；在无连接子网中，独立分组称为"数据报"（Datagram），类似于邮政系统中的电报。

虚电路和数据报这两个概念不仅可用于描述通信子网的内部结构，实际上，它们也是分组交换技术的两种形式。面向连接的分组交换技术称为虚电路，无连接的分组交换称为数据报。

11．多路复用目前主要有 4 种方式：频分复用（Frequency Division Multiplexing，FDM）、时分复用（Time Division Multiplexing，TDM）、波分复用（Wave-length Divi-sion Multiplexing，WDM）和码分复用。

频分多路复用是将具有一定带宽的线路划分为多条占有较小带宽的信道，各信道的中心频率不重合，每个信道之间相距一定的间隔，每条信道供一路信号使用，在频率上并排地把几个信息通道合在一起，形成一个合成的信号，然后以某种调制方式用这个合成的频分多路复用信号进行调制载波。在经过接收端的解调后，使用适当的滤波器分离出不同的信号，将各路信息恢复出来。例如，无线电广播和无线电视将多个电台或电视台的多组节目对应的声音、图像信号分别加载在不同频率的无线电波上，同时在同一无线空间中传播，接收者根据需要接收特定的某种频率的信号收听或收看。

时分多路复用是把传输线路用于传输的时间划分为若干个时间间隔（Slot Time，又称为时隙），其信号分割的参量是每路信号所占用的时间，每一时隙由复用的一个信号占用，在其占用的时隙内，信号使用通信线路的全部带宽。因此，必须使得复用的各路信号在传输时间上相互不能重叠。

波分多路复用主要用于全光纤网组成的通信系统。波分复用就是光的频分复用。人们借用传统的载波电话的频分复用的概念，可以做到使用一根光纤来同时传输多个频率都很接近的光载波信号，这样就使光纤的传输能力成倍地提高了。由于光载波的频率很高，而习惯上是用波长而不用频率来表示所使用的光载波，因而称其为波分复用。最初，只能在一根光纤上复用两路光载波信号，但随着技术的发展，在一根光纤上复用的路数越来越多。现在已能做到在一根光纤复用 80 路或更多路数的光载波信号，这种复用方式就是密集波分复用（Dense Wavelength Division Multiplexing，DWDM）。

码分多路复用也是一种共享信道的方法，每个用户可在同一时间使用同样的频带进行通信，但使用的是基于码型的分割信道的方法，即每个用户分配一个地址码，各个码型互不重叠，通信各方之间不会相互干扰，且抗干扰能力强。

码分复用技术主要用于无线通信系统，特别是移动通信系统。它不仅可以提高通信的话音质量和数据传输的可靠性以及减少干扰对通信的影响，而且增大了通信系统的容量。

12．在计算机通信中，主要有以下几种差错控制方式。

（1）前向纠错。前向纠错方式中，发送端对数据进行检错和纠错编码，在接收端收到这些编码后，进行译码，译码不但能发现错误，而且能自动地纠正错误，因而不需要反馈信道。这种方式的缺点是译码设备复杂，并且纠错码的冗余码元较多，故效率较低。当然，纠错编码也只能解决部分出错的数据，对于不能纠正的错误，就只能采用反馈重发纠错方式。

（2）反馈重发纠错。反馈重发纠错方式的工作原理是：发送端对发送序列进行差错编码，即能够检测出错误的校验序列。接收端将根据校验序列的编码规则判断是否有传输错误，并把判决结果通过反馈信道传回给发送端。若无错，接收端确认接收；若有错，则接收端拒绝接收，并通知发送端，发送端将重新发送序列，直到接收端接收正确为止。

（3）混合纠错。混合纠错方式是前向纠错和反馈重发纠错两种方式的结合。在这种纠错方式中，发送端编码具有一定的纠错能力，接收端对收到的数据进行检测。如发现有错并未超过纠错能力，则自动纠错；如超过纠错能力则发出反馈信息，命令发送端重发。

第3章　计算机网络的体系结构

1．体系结构是研究系统各部分组成及相互关系的技术科学。计算机网络体系结构采用分层配对结构，定义和描述了一组用于计算机及其通信设施之间互联的标准和规范的集合。遵循这组规范可以方便地实现计算机设备之间的通信。也就是说，为了完成计算机之间的通信合作，把每台计算机互联的功能划分成有明确定义的层次，并规定了同层次进程通信的协议及相邻层之间的接口及服务，这些同层进程通信的协议以及相邻层的接口统称为网络体系结构。

2．共享计算机网络的资源，以及在网中交换信息，就需要实现不同系统中的实体的通信。实体包括用户应用程序、文件传输信息包、数据库管理系统、电子邮件设备以及终端等。两个实体要想成功地通信，它们必须具有同样的语言。交流什么，怎样交流以及何时交流，都必须遵从有关实体间某种相互都能接受的一些规则，这些规则的集合称为协议。

网络协议的 3 要素是：语法、语义、定时。

语法确定协议元素的格式，即规定了数据与控制信息的结构和格式。语义确定协议元素的类型，即规定通信双方要发出何种控制信息、完成何种动作以及做出何种应答。定时确定通信速度的匹配和排序，即有关事件实现顺序的详细说明。

3．ISO/OSI 采用分层的结构化技术，它将整个网络功能划分为 7 层，由底向上依次是物理层、数据链路层、网络层、传输层、会话层、表示层、应用层。

OSI 各层的功能分别如下。

第 1 层：物理层，在物理信道上传输原始的数据比特（Bit）流，提供为建立、维护和拆除物理链路所需的各种传输介质、通信接口特性等。

第 2 层：数据链路层，在网络结点间的线路上通过检测、流量控制和重发等手段，无差错地传送以帧为单位的数据。

第 3 层：网络层，为传输层的数据传输提供建立、维护和终止网络连接的手段，把上层来的数据组织成数据包在结点之间进行交换传送，并且负责路由选择和拥塞控制。

第 4 层：传输层，将其以下各层的技术和工作屏蔽起来，使高层看来数据是直接从端到端的，即应用程序间的。

第 5 层：会话层，在两个不同系统的互相通信的应用进程之间建立、组织和协调交互。

第 6 层：表示层，把所传送的数据的抽象语法变为传送语法，即把不同计算机内部的不同表示形式转换成网络通信中的标准表示形式。此外，对传送的数据加密（或解密）、正文的压缩（或还原）也是表示层的任务。

第 7 层：应用层，为用户提供应用的接口，即提供不同计算机之间的文件传送、访问与管理、电子邮件的内容处理、不同计算机通过网络交互访问的虚拟终端功能等。

4．TCP/IP 模型由 4 个层次组成，它们分别是网络接口层、网际网层、传输层和应用层。

TCP/IP 模型的最低层是网络接口层，它包括了能使用 TCP/IP 与物理网络进行通信的协议，且对应着 OSI 的物理层和数据链路层。它的功能是接收 IP 数据报并通过特定的网络进行传输，或从网络上接收物理帧，抽取出 IP 数据报并转交给上一层。TCP/IP 标准并没有定义具体的网络接口协议，目的是能够适应各种类型的网络，如 LAN、MAN 和 WAN。这也说明了 TCP/IP 协议可以运行在任何网络之上。

网际网层又称网络层、IP 层，负责相邻计算机之间的通信。它包括 3 方面的功能。第一，处理来自传输层的分组发送请求，收到请求后，将分组装入 IP 数据报，填充报头，选择去往信宿机的路径，然后将数据报发往适当的网络接口。第二，处理输入的数据报，首先检查其合法性，然后进行路由选择。假如该数据报已经到达信宿本地机，则去掉报头，将剩下部分（TCP 分组）交给适当的传输协议；假如该数据报尚未到达信宿，即转发该数据报。第三，处理路径、流量控制、拥塞等问题。另外，网际网层还提供差错报告功能。该层包括的协议有：网络互联协议（IP）、网际控制报文协议（ICMP）、网际主机组管理协议（IGMP）、地址解析协议（ARP）和反向地址解析协议（RARP）。

TCP/IP 的传输层与 OSI 的传输层类似，它的根本任务是提供端到端的通信。传输层对信息流具有调节作用，提供可靠性传输，确保数据到达无误，顺序也不错乱。该层包括的协议有：传输控制协议（TCP）和用户数据报协议（UDP）。

在 TCP/IP 模型中，应用层是最高层，它对应 OSI 参考模型中的会话层、表示层和应用层。它向用户提供一组常用的应用程序，例如文件传送、电子邮件等。该层包括了所有的高层协议，而且总是不断有新的协议加入，应用层协议主要有以下几种：

远程终端协议 TELNET、文件传输协议 FTP、简单邮件传输协议 SMTP、域名服务 DNS、动态主机配置协议 DHCP、路由信息协议 RIP、超文本传输协议 HTTP、网络文件系统 NFS、简单网络管理协议 SNMP。

5．OSI 和 TCP/IP 的共同点有：

（1）都采用了协议分层方法，将庞大且复杂的问题划分为若干个较容易处理的范围较小的问题。

（2）各协议层次的功能大体上相似，都存在网络层、传输层和应用层。网络层实现点到点通信，并完成路由选择、流量控制和拥塞控制功能；传输层实现端到端通信，将高层的用户应用于低层的通信子网隔离开来，并保证数据传输的最终可靠性。传输层的以上各层都是面向用户应用的，而以下各层都是面向通信的。

（3）两者都可以解决异构网的互联，实现世界上不同厂家生产的计算机之间的通信。

（4）都是计算机通信的国际标准，虽然这种标准一个（OSI）原则上是国际通用的，一个（TCP/IP）是当前工业界使用最多的。

（5）都能够提供面向连接和无连接的两种通信服务机制。

（6）都是基于一种协议族的概念，协议族是一组完成特定功能的相互独立的协议。

虽然 OSI 和 TCP/IP 存在着不少的共同点，但是它们的区别还是相当大的。下面主要从不同的角度对 OSI 和 TCP/IP 进行了比较。

（1）模型设计的差别。OSI 参考模型是在具体协议制定之前设计的，对具体协议的制定进行了约束。因此，造成在模型设计时考虑不很全面，有时不能完全指导协议某些功能的实现，从而反过来导致对模型的修修补补。TCP/IP 正好相反，协议在先，模型在后。模型实际上只不过是对已有协议的抽象描述。TCP/IP 不存在与协议的匹配问题。

（2）层数和层间调用关系不同。OSI 协议分为 7 层，而 TCP/IP 协议只有 4 层，除网络层、传输层和应用层外，其他各层都不相同。另外，TCP/IP 虽然也分层次，但层次之间的调用关系不像 OSI 那么严格。在 OSI 中，两个实体通信必须涉及下一层实体，下层向上层提供服务，上层通过接口调用下层的服务，层间不能有越级调用关系。TCP/IP 协议在保持基本层次结构的前提下，允许越过紧挨着的下一级而直接使用更低层提供的服务。

（3）最初设计的差别。TCP/IP 在设计之初就着重考虑不同网络之间的互联问题，并将网络协议 IP 作为一个单独的重要的层次。OSI 最初只考虑到用一种标准的公用数据网将各种不同的系统互联在一起。后来，OSI 虽认识到了互联网协议的重要性，然而已经来不及像 TCP/IP 那样将互联网协议 IP 作为一个独立的层次，只好在网络层中划分出一个子层来完成类似 IP 的作用。

（4）对可靠性的强调不同。OSI 认为数据传输的可靠性应该由点到点的数据链路层和端到端的传输层来共同保证，而 TCP/IP 分层思想认为，可靠性是端到端的问题，应该由传输层来解决。因此，它允许单个的链路或机器丢失或数据损坏，网络本身不进行数据恢复，对丢失或被损坏数据的恢复是在源结点设备之间进行的。在 TCP/IP 网络中，可靠性的工作是由主机来完成的。

（5）在标准的效率和性能上存在差别。由于 OSI 是作为国际标准由多个国家共同努力而制定的，于是不得不照顾到各个国家的利益，有时不得不走一些折中路线，造成标准大而全，效率却低。TCP/IP 参考模型并不是作为国际标准开发的，它只是对一种已有标准的概念性描述。所以，它的设计目的单一、影响因素少，且不存在照顾和折中，结果是协议简单高效、可操作性强。

（6）市场应用和支持上不同。在制定 OSI 参考模型之初，人们普遍希望网络标准化，对 OSI 寄予厚望，然而，OSI 迟迟无成熟产品推出，妨碍了第三方厂家开发相应的软、硬件，进而影响了 OSI 的市场占有率和未来发展。另外，在 OSI 出台之前 TCP/IP 就代表着市场主流，OSI 出台后很长时间不具有可操作性，因此，在信息爆炸、网络迅速发展的近 10 多年里，性能差异、市场需求的优势客观上促使众多的用户选择了 TCP/IP，并使其成为"既成事实"的国际标准。

第 4 章　计算机局域网

1．局域网（Local Area Network，LAN）是将小区域内的各种通信设备互联在一起的通信网络。它由互联的计算机、打印机和其他在短距离间共享硬件、软件资源的计算机设备组成。

2．局域网具有如下特点：

（1）局域网是一个通信网络，从协议层次的观点看，它包含着下 3 层的功能。

（2）局域网覆盖的范围比较小；数据传输距离较短，传输时间有限。

（3）局域网可以采用多种传输介质。

（4）高速局域网具有很高的传输速率。

3．局域网可以按照组网方式分类和按照介质访问控制方法分类。按组网方式的不同，局域网分为：对等网、专用服务器局域网和客户机/服务器局域网。按照介质访问控制方法的不同，局域网分为：共享介质局域网、交换式局域网。

4．按照组网方式的不同，即网络中计算机之间的地位和关系的不同，局域网可以分为 3 种：对等网、客户机/服务器局域网和专用服务器局域网。对等网指的是网络中没有专用的服务器（Server）、每一台计算机的地位平等、每一台计算机既可充当服务器又可充当客户机（Client）的网络。专用服务器局域网是一种主/从式结构，即"工作站/文件服务器"结构的局域网。它是由若干台工作站及一台或多台文件服务器，通过通信线路连接起来的网络。客户机/服务器局域网是由一台或多台专用专业服务器来管理控制网络的运行。

5．在传统共享介质局域网中，所有结点共享一条公共通信传输介质，不可避免地将会有冲突发生。随着局域网规模的扩大，网中结点数不断增加，每个结点平均能分配到的带宽越来越少。因此，当网络通信负荷加重时，冲突与重发现象将大量发生，网络效率将会急剧下降。

6．常见的局域网应用有个人计算机局域网、后端网络和存储区网络、高速办公室网络、主干局域网、校园网。

7．网络中各个结点相互连接的方法和形式称为网络拓扑。可以通过对网络拓扑结构的分析来了解各个具体技术之间的相似性与区别性。

8．总线拓扑的网络通常由单根电缆组成，该电缆连接网络中所有结点，其中没有插入其他的连接设备。其优点是：布线容易、易于扩充。其缺点是：扩展性不佳、故障检测不容易、容错能力较差。

9．在环形拓扑网络中，每个结点与最近的结点相连接以使整个网络形成一个封闭的圆环。环形拓扑结构的优点是容易协调使用计算机、易于检测网络是否正确运行。它的缺点是单个发生故障的工作站可能使整个网络瘫痪。此外单纯的环形拓扑结构非常不灵活、不易于扩展。

10．在星形拓扑结构中，网络中的每个结点通过一个中心结点连接在一起。它的最大优点是扩展性佳、容错性较高。最大的缺点是中心结点的故障将导致一个局域网段的瘫痪。

11．常见的高速局域网有 FDDI 网、快速以太网、千兆以太网、交换式局域网、ATM 网、无线局域网等。

12．虚拟局域网在功能的操作上与传统局域网基本相同，主要区别是虚拟局域网的组网方法与传统局域网不同。虚拟局域网的一组结点可以位于不同的物理段上，但并不受结点所在物理位置的束缚，相互之间通信就好像在一个局域网中一样。VLAN 具有如下优点：安全性、灵活性、网络分段。

13．常见的网络传输介质有双绞线、同轴电缆、光纤和无线介质等。

14．双绞线的技术和标准比较成熟，价格比较低廉，安装相对容易。它的最大缺点是对电磁干扰比较敏感；另外它比同轴电缆更易遭受物理损害。

同轴电缆的低频串音及抗干扰性不如双绞线电缆，现已大量被双绞线所替代。

单模光纤的数据传输率高、传输距离远，但是价格昂贵。多模光纤传输距离较短，数据传输率较小，但多模光纤的优点是价格便宜。

无线电波的优点是易于产生，传播距离较远，但缺点是，在所有的频率，无线电波都易受到电磁的干扰，而且在质量上存在不稳定性。

微波通信在传输质量上比较稳定。但微波易受天气影响，从而造成损耗。但微波通信的缺点是保密性不如电缆和光缆好。

红外网络适用于小型的便携计算机。但它在传输距离上还有待提高。

RF 是一种最好的无线解决方案。它最大的缺点：RF 传输易于被窃听、易受到干扰影响。

第 5 章　网络的互联

1．每种网络技术都有特定的限制，不存在某种单一的网络技术对所有需求都是最好的，通常是根据实际的需求来确定网络的类型。使用多个物理网络的明显问题是，连接在一个网络内的计算机只能与连在同一网络内的其他计算机通信，不能与连在其他网络上的计算机通信。当一个机构拥有多个网络时，会给使用和管理带来极大的不便，同时也会造成资源浪费。在异构网络之间实现通用服务的方案称为网络互联。网络互联既需要硬件，也需要软件。通常使用专门的硬件将各种网络连接起来，在计算机及专用硬件上分别安装相应的服务软件。这种将各种网络连接起来构成的最终系统称为互联网络。

2．互联网络的任务是扩大网络通信范围与限定信息通信范围、提高网络系统性能与系统可靠性。

3．同构网是指具有相同特性和性质的网络，即它们具有相同的通信协议，呈现给接入网络设备的界面也相同。异构网则是指网络不具有相同的传输性质和通信协议。

4．网络分为局域网（LAN）和广域网（WAN）两大类，因此网络互联的形式有 LAN-LAN：LAN-LAN 互联是解决小区域范围内局域网之间的互联。

LAN-WAN：LAN-WAN 互联扩大了数据通信网络的范围，可以使不同机构的 LAN 连入更大范围的网络体系中。

WAN-WAN：WAN-WAN 互联一般在政府的电信部门或国际组织间进行，它主要将不同地区的网络互联以构成更大规模的网络。

LAN-WAN-LAN：LAN-WAN-LAN 互联是将分布在不同地理位置上的 LAN 进行互联。在这种互联方式中，两个局域网通信要跨过中间网络。

5．计算机网络是一个复合系统，其通信极为复杂，因此需要采用分而治之的方式，将非常复杂的网络通信问题化为若干个彼此功能相关的模块来处理，各模块之间呈现很强的层次性，不同层次的互联所解决的问题及实现的功能是不同的。根据 ISO 的 OSI 七层协议参考模型，网络互联从通信协议的角度来看可以分成 4 个层次，即物理层、数据链路层、网络层和高层，与之对应的互联设备分别是中继器（Repeater）、网关（Bridge）、路由器（Router）和网关（Gateway）。层次一：使用中继器在不同电缆段之间复制位信号。层次二：使用网桥在局域网之间存储、转发帧。层次三：使用路由器在不同网络间存储、转发分组；层次四：使用协议转换器提供高层接口。

6．网桥是一个局域网与另一个局域网之间建立连接的桥梁。网桥的功能如下。

隔离功能：根据业务量相对集中的原则，将原有网络划分成为若干个网段，所有通信尽量集中在网段中，网段之间通过网桥进行连接，可以明显提高用户之间的通信速率。

数据过滤功能：网桥最重要的功能是可以过滤与其相连的网络发送的数据。网桥能够对接收数据帧进行判决，以决定帧是否向其他网络转发。

自学习功能：网桥能够根据数据帧的目的地址进行数据过滤的前提是，每个网桥要保持过滤表格，过滤表格反映各计算机和网桥之间的位置关系。可以采用静态或动态的方法对过滤表格进行配置。

根据网桥工作层次、连接网络的距离、处理过滤表格的方式以及网络的端口处理能力，可以将网桥分成：MAC 网桥和 LLC 网桥、透明网桥、源路由网桥、本地网桥和远程网桥。

7．网桥可以用于网络互联，能提高网络性能和提高网络安全性。

8．路由器是一种多端口设备，它可以连接不同传输速率并运行于各种环境的局域网和广域网，也可以采用不同的协议。路由器用于互联不同类型的计算机网络以构成存储转发的数据通信网络，它能在复杂的网络环境中把数据包按照一条最优路径发到目的网络。用路由器实现网络互联时，允许互联网络的网络层及以下的数据链路层、物理层协议是相同的，也可以是不同的。

9．静态路由是在路由器中设置的固定的路由表。静态路由不能对网络的改变做出反映，故一般用于网络规模不大、拓扑结构固定的网络中。静态路由的优点是简单、高效、可靠。在所有的路由中，静态路由优先级最高。当动态路由与静态路由发生冲突时，以静态路由为准。动态路由是网络中的路由器之间相互通信，传递路由信息，利用收到的路由信息更新路由器表的过程。它能实时地适应网络结构的变化。如果路由更新信息表明发生了网络变化，路由选择软件就会重新计算路由，并发出新的路由更新信息。这些信息通过各个网络，引起各路由器重新启动其路由算法，并更新各自的路由表，以动态地反映网络拓扑变化。动态路由适用于网络规模大、网络拓扑复杂的网络。

10．动态路由协议分为内部网关协议和外部网关协议。内部网关协议常用的有 RIP、OSPF；外部网关协议常用的是 BGP 和 BGP-4。

11．网关也叫协议转换器。网关是比网桥与路由器更复杂的网络互联设备，它可以实现不同协议的网络之间的互联；不同网络操作系统的网络之间的互联；局域网与广域网之间的互联。概括地说，它们应该是能够连接不同网络（异构网）的软件和硬件的结合产品。特别是，它们可以使用不同的格式、通信协议或结构连接起两个系统。网关实际上通过重新封装信息以使它们能被另一个系统读取。网关的重要功能是完成网络层以上的某种协议之间的转换，它将不同网络的协议进行转换。有 3 种方式支持不同种协议系统之间的通信。

12．网关可以应用到局域网和广域网互联；局域网和主机互联（远程访问）；局域网和局域网间互联。

13．广域网 WAN 通常跨接很大的物理范围，它能连接多个城市或国家并能提供远距离通信。通常广域网的数据传输速率比局域网低，而信号的传播延迟却比局域网要大得多。广域网是由许多交换机组成的，交换机之间采用点到点线路连接，几乎所有的点到点通信方式都可以用来建立广域网。而广域网交换机实际上就是一台计算机，有处理器和输入/输出设备进行数据包的收发处理。

14．PSTN 是一种电路交换的网络，可看成物理层的一个延伸，在 PSTN 内部并没有上层协议进行差错控制。在通信双方建立连接后，电路交换方式独占一条信道，当通信双方无信息时，该信息也不能被其他用户所利用。这是它的一个缺点。PSTN 的另一个缺点在于它不能满足许多广域网应用所要求的质量和吞吐量。PSTN 更大的限制在于它的通信能力即吞吐量。

15．（1）N-ISDN 使用的是电路交换，它只是在传送信令的 D 通路使用分组交换。B-ISDN则使用一种快速分组交换，称为异步传递方式 ATM。

（2）N-ISDN 是以目前正在使用的电话网为基础，其用户环路采用双绞线（铜线）。但在 B-ISDN 中，其用户环路和干线都采用光缆（但短距离也可使用双绞线）。

（3）N-ISDN 各通路的比特率是预先设置的。如 B 通路比特率为 64kb/s。但 B-ISDN 使用虚通路的概念，其比特率只受用户到网络接口的物理比特率的限制。

（4）N-ISDN 无法传送高速图像，但 B-ISDN 可以传送。

16．ATM 技术建立在电路交换和分组交换的基础上，是一种面向连接的快速分组交换技术。与"异步"相对应的是"同步"。同步传递方式 STM 是使各个终端之间有称之为帧参考（即时分复用的时间帧，而不是数据链路层的帧）的一个共同时间参考。而异步传递模式则假定各终端之间没有共同的时间参考。在 STM 中，每一个信道周期性地占用一个帧中的固定的时隙。而对于异步传输模式，每个时隙没有确定的占有者，各信道根据通信量的大小和排队规则来占用时隙。每个时隙就是 ATM 中的信元。

第 6 章　网络操作系统和网络管理

1．网络操作系统是指可以对整个网络范围内的资源进行管理的程序。它是网络用户和计算机网络的接口，管理计算机的硬件和软件资源，为用户提供各种网络服务。管理的资源包括：可以供其他工作站访问的远程文件系统、运行网络操作系统的计算机内存、共享应用程序的加载（装入）和输出、共享网络设备的输入和输出、多个 NOS 进程间的 CPU 调度。

2．网络操作系统的特点：32 位操作系统、具有客户机/服务器模式、抢先式多任务、支持多种文件系统、高可靠性、安全性、容错性、开放性、可移植性、图形化界面、Internet支持。

3．网络操作系统功能通常包括：处理机管理、存储器管理、设备管理、文件系统管理以及为了方便用户使用操作系统向用户提供的用户接口，在网络环境下的通信、网络资源管理、网络应用等特定功能。此外还有：文件服务、打印服务、数据库服务、通信服务、信息服务、分布式服务、网络管理服务、Internet/Intranet 服务。

4．网络管理主要是关于规划、监督、设计和控制网络资源的使用和网络的各种活动。网络管理的复杂性取决于网络资源的数量和种类。网络管理的基本目标是将所有的管理子系统集成在一起，向管理员提供单一的控制方法。

5．网络管理系统一般由 4 个部分组成：一个或多个被管设备、网络管理信息库 MIB、一个或多个管理工作站、网络管理协议。

6．网络管理系统作为一种网络管理工具，具备以下一些特点：自动发现网络拓扑结构和网络配置、采用通告方法、智能监控、控制程度、灵活性、多厂商集成、存取控制、用户友好、提供编程接口、生成报告。

7．在 OSI 网络管理框架模型中，基本的网络管理任务被分成 5 个功能。这 5 个任务分别完成不同的网络管理功能：这些功能通过与其他开放系统交换管理信息来完成。这 5 个功能是：故障管理；配置管理；性能管理；计费管理；安全管理。

故障管理是网络管理功能中与故障检测、故障诊断和恢复等工作有关的部分，其目的是保证网络能够提供连续可靠的服务。

配置管理功能识别被管网络的拓扑结构；标识网络中的各个对象；自动修改指定设备的配置；动态维护网络配置的数据库等。这也是网络管理的基本功能。

性能管理涉及网络信息的收集、加工和处理等一系列活动，其目的是保证在使用最少的网络资源和具有最小延迟的前提下，网络提供可靠、连续的通信能力，并使网络资源的使用达到最优化的程度。

计费管理功能有 2 个方面的用处：① 在网络通信资源和信息资源有偿使用的情况下，计费管理功能能够统计哪些用户利用哪条通信线路传输了多少信息、访问的是什么资源等。② 在非商业化的网络上，计费管理可以统计不同线路的利用情况，不同资源的利用情况。

网络安全管理一方面要保证网络用户和网络资源不被非法使用；另一方面，网络安全管理也要确保网络管理系统本身不被未经授权地访问。

8．管理互联网的标准协议称为简单网络管理协议（Simple Network Management Protocol，SNMP）。它是一个用来确保网络协议和设备不仅运转而且正常运转的管理协议。它使管理员通过在客户和服务器间交换一系列命令来找出网络问题和进行调整。

每个对象的服务器都维护一个描述它的特征和活动的信息数据库。由于有各种不同的对象类型，有一个标准明确地定义了应当维护些什么。这个标准称为管理信息库，它是提出 SNMP 的小组定义的。通过对 MIB 中数据项目的存取访问，就可以得到该路由器的所有统计内容，再通过对多个路由器统计内容的综合分析即可实现基本的网络管理。因此，MIB 的访问是实现网络管理的关键。

第 7 章　Internet 及其应用

1．在目前的互联网使用中存在以下问题：网络传输速度慢，信息阻塞问题严重、互联网安全性不够理想、上网费用偏高。1996 年 10 月，美国 34 所大学联合提出第二代互联网计划，并于 1997 年集资成立了大学先进互联网发展公司，研究第二代互联网技术。第二代互联网将以美国国家科学基金会建立的极高性能主干网络为基础，建立 19 个高速地区网络中心，将互联网主干线上的传输速率提升到 650Mb/s 到 10Gb/s。Internet2 还将在网络安全、降低费用方面做出重大突破。

2．编址是互联网抽象的一个关键组成部分。为了以一个单一的统一系统出现，所有主机必须使用统一编址方案。为保证主机统一编址，采用协议软件来定义一个与底层物理地址无关的编址方案。在 TCP/IP 协议栈中，编址由互联网协议规定。IP 标准规定每台主机分配一个 32 位二进制数作为该主机的互联网协议地址，常简写为 IP 地址或互联网地址。

3．每个 32 位 IP 地址被分割成两部分，这样的两级层次结构设计使寻径很有效。地址前一部分确定了计算机从属的物理网络。也就是说，互联网中的每一物理网络分配了唯一的值作为网络号（Network Number）。网络号在从属于该网络的每台计算机地址中作为前一部分出现。后一部分确定了该网络上的一台计算机，通常也称为主机号，更进一步说，同一物理网络上每台计算机分配了唯一的地址。

4．由于选择大的前缀可容纳大量网络，但限制了每个网的大小；选择大的后缀意味着每个物理网络能包含大量计算机，但限制了网络的总数。一个能满足大网和小网组合的折中编址方案就是将 IP 地址空间划分为 3 个基本类：每类有不同长度的前缀和后缀。A、B 和 C 类称为基本类（Primary Classes），因此它们用于主机地址。D 类用于组播传输，允许发送到一类计算机。E 类地址保留。一个简便的判断方法是：8 组以 0 开头的地址对应于 A 类，4 组以 10 开头的对应于 B 类，2 组以 110 开头的对应于 C 类，一个以 111 开头的地址属于 D 类，最后，一个以 1111 开头的地址属于保留类。

5．对于 IP 地址协议软件使用点分十进制表示法。其做法是将 32 位二进制数中的每 8 位为一组，用十进制表示，利用句点分割各个部分。IP 分类方案并不把 32 位地址空间划分为相同大小的类，各类包含网络的数目并不相同。

6．在 Internet 上应用符号名字对计算机来说很不方便，而使用二进制形式的 IP 地址比符号名字更为紧凑，在操作时需要的计算量更少。而且地址比名字占用更少的内存，在网络上传输需要的时间也更少。所以应用软件允许用户输入符号名字，而基本网络协议仍要求使用地址——应用在使用每个名字进行通信前必须将它翻译成对等的 IP 地址。在大多数情况下，翻译是自动进行的，翻译结果对用户隐蔽——IP 地址保存在内存中，仅在收发数据报的时候使用。在域名系统中就是运用域名服务器来进行域名转换。

7．万维网以客户机/服务器（Browser/Server）方式工作，即浏览器就是在用户计算机上工作的客户程序，万维网的文档所驻留的计算机是服务器，称为 Web 服务器，它运行的是服务器程序。每个服务器站点都有一个服务器程序监听 TCP 的 80 端口，等待客户端（浏览器）发过来的连接。在建立好连接后，每当客户发出一个请求，服务器就发回一个应答，然后释放连接，在浏览器与 Web 服务器之间的请求与应答用的协议叫超文本传输协议。

8．统一资源定位符（URL）是对互联网上资源的位置和访问方法的一种简洁的表示。URL 给网上资源的位置提供一种抽象的识别方法，并用这种方法来给资源定位。只要能够对资源定位，就可以对资源进行各种操作。这里的"资源"就是指在互联网上可以被访问的任何对象，包括文本、文档、图像、声音以及与互联网相连的任何形式的数据信息。

9．当用户发送邮件时，本地邮件设施确定地址是本地的还是需要与远程站点连接。在后一种情况下，本地邮件设施将文件存储起来，等待客户 SMTP。当客户 SMTP 投递邮件时，它首先调用 TCP 与远程站点建立一个连接。连接成功后，客户和服务器 SMTP 交换分组，最终递送邮件。在远程端，本地邮件设施收到邮件，并将它递送给指定的接收者。

10．基本 ASCII 电子邮件内容格式由一个基本信封、一个邮件头部和邮件主体组成，邮件头部与邮件主体由一个空行分隔。协议规定了电子邮件头部，而邮件的主体部分则让用户自己撰写。用户写好后，电子邮件系统将自动地将信封上所需的信息从头部提取出来并写在信封上，不需要用户填写电子邮件信封上的信息。

11．基于 ASCII 的电子邮件只包含用英文书写的以 ASCII 码表示的文本信息。这样，要在互联网上传送邮件时就会出现以下问题：不能传送和接收非字母语言的邮件（如中文）；不能传送和接收非拉丁字母语言的邮件（如俄文）和有重音语言的邮件（如法文和德文）；不能传送和接收声音和图像邮件。为此提出了一种叫做多用途互联网邮件扩展的解决方案。

12．文件传输中的逻辑至关重要。当用户想要传输文件时，就得向适当的应用提出请求，然后应用使用对应的网络文件传输协议。协议首先考虑的是多变的文件结构。这种文件结构的不同在传输文件时构成一个问题。简化不兼容系统间传输的一个方法是定义一个虚拟文件结构，它由网络支持，用于文件传输。假如用户 A 想要向用户 B 传输一个文件，但它们在支持不同文件系统的计算机上工作。用户 A 的文件必须被翻译成网络中有定义的结构。然后，文件传输协议进行真正的传输，文件最终被转换成用户 B 的计算机支持的结构。

13．FTP 向 TCP/IP 族提供的选项比 TFTP 多。FTP 和 TFTP 间的另一个区别是后者不使用可靠的传输服务，而是在如 UDP 这样的不可靠服务协议上运行。TFTP 使用确认和超时来确定文件的所有片段是否都收到了。

14．远程通信网络 Telnet 是一个远程终端登录协议，它允许用户使用一台终端以 TCP 为传输协议来连接到远程的大型主机（或服务器）上，访问、使用远程大型主机的系统资源。

15．网络新闻传输协议 NNTP 是 Internet 上的一个标准协议，用于分发、查询、检索和张贴新闻文章。NNTP 支持阅读新闻组消息，粘贴新消息，以及在新闻服务器间传输新闻文件。BBS 是 Bulletin Board System 的缩写，即电子公告板。

16．Internet 接入方式有 PSTN 公共电话网、ADSL、ISDN、通过局域网接入、DDN 专线、卫星接入、光纤接入、无线接入、Cable MODEM 接入。

第8章　计算机网络安全

1．网络安全是指网络系统的硬件、软件及其系统的数据受到保护，不受偶然的或者恶意的原因而遭到破坏、更改、泄露，系统连续、可靠、正常地运行，网络服务不中断。

2．计算机系统的安全要求就是要保证在一定的外部环境下，系统能够正常、安全地工作，也就是说，它包括了系统资源的安全性、完整性、可靠性、保密性、有效性和合法性几个方面。

3．计算机网络安全的保护策略包括：创建安全的网络环境；数据加密；注意调制解调器的安全；制订应付灾难和意外的计划；将安全视为重要因素的系统计划和管理，使用防火墙。

4．计算机安全技术措施有：身份验证，访问授权，数据加/解密技术，实时侵入检测技术，防火墙技术，安全扫描技术。

5．防火墙的实现技术可以从层次上大体划分为 2 种：报文过滤和应用层网关。

报文过滤是在网络协议的 IP 层实现的，只用路由器就可以完成。它根据报文的源 IP 地址、目的 IP 地址、源端口、目的端口及报文传递方向等报头信息来判断是否允许报文通过。报文过滤应用非常广泛，因为 CPU 用来处理报文过滤的时间可以忽略不计，而且这种防护措施对用户透明，合法用户在进出网络时，根本感觉不到它的存在，使用起来很方便。报文过滤的主要弱点是不能在用户级别上进行过滤，即不能识别不同的用户和防止 IP 地址的盗用，如果攻击者把自己主机的 IP 地址设成一个合法主机的 IP 地址，就可以很轻易地通过报文过滤器。

第二种是在网络协议的应用层实现防火墙，它克服了报文过滤的缺点。其方式有多种多样，包括：应用代理服务器、回路级代理服务器、代管服务器、IP 通道、网络地址转换器、隔离域名服务器、邮件技术。

6. 对于网络上的普通用户，要引起关注的问题有：防备来自网络的病毒；不运行来历不明的软件；加强计算机密码管理；要培养网上道德。

附录 B　局域网和 Internet 应用常见问题及解答

1．为什么有时候局域网工作不正常，速度很慢或不能连通？

出现这种情况可能有以下原因：

（1）如果网络不能连通，可能是交换机故障。因为有时交换机偶然也会死机，相关的网络因此瘫痪。重新启动交换机就能恢复正常。

（2）如果网络很慢，可能是因为局域网中有广播风暴，这一般是网络连接错误造成的。例如，有些 HUB 的级连端口有两个：一个进行了交叉，另一个是正常端口，需人工根据上连的交换设备端口情况连接其中的一个，而不能同时使用。如果两个端口都用上了，一个往上进行级连，另一个接到计算机，这时只要该计算机一开机，上连的交换设备就不太正常，严重时整个局域网都不能正常工作。因为这两个端口实际上是一个以太网端口，如果同时连接了网络设备和计算机，HUB 往上级连的数据回到了那台不该接的计算机，而该计算机送出的数据又和上一级发回的数据搅在一起，所以工作不正常。

另外，如果计算机的网卡发生故障，也可能频繁地向整个网络发送广播信息，从而引起广播风暴，造成整个网络瘫痪。

2．为什么局域网中只有先开机的几台计算机能够互相访问，而后开机的计算机却不能，或者有时通有时不通？

据统计，网络中的故障大部分都是由网线引起的。出现问题的一般原因在于网线的非正常连接。例如，制作 RJ-45 接头时未按标准执行或者两台设备的距离超过了网线能够正常工作的范围。

3．为什么网络中一台计算机出现故障，另外的计算机也不能正常连接？

出现这样的问题，大多使用的是集线器（HUB），而不是交换机。集线器采用共享的机制，所有的端口共享一个带宽。在进行通信时，连接的局域网采用 CSMA./CD（有冲突检测的载波侦听多路存取）技术进行信息传输，如果有一个端口出现问题（可能是网卡故障，或者是网线故障），信号不能正常传输并产生错误信号，网段内就会充满错误信号，使得正常信号不能顺利传输，导致网络通信时断时续。

4．网络常见的硬件故障有哪些？

网络的组成硬件包括网卡、双绞线、集线器和计算机本身。网络的硬件故障也就是这几方面的故障。网络出现故障最多的情况是网线和网卡出现故障，集线器发生故障的概率比较少，而计算机本身的故障多是软件或设置方面的故障。

双绞线故障主要集中在接头，如果接头加工质量不高，网络使用一段时间后开始频频出现上网不成功。

网卡本身是一个集成电路板，一般网卡很少有硬件故障。但是，当计算机主板出现问题或者其他硬件出现问题时，可能造成网卡的损坏。

集线器的质量一般比较稳定，很少出现硬件故障。但是，由于网卡端电路的故障也可能造成集线器端口的损坏。

5．如何知道机器上的 IP 地址和 MAC 地址？

对于 MAC 地址，一般情况可利用网卡所附的软件查找，也可使用 Windows 98 中的

"winipcfg"命令获得，使用方法如下：

（1）进入"开始/运行"窗口，输入"winipcfg"。

（2）进入命令方式后，输入"ipconfig/all"，根据屏幕显示的信息获得 MAC 地址。IP 地址也可以按照同样的方法获得。另外，IP 地址还可通过查看"TCP/IP 属性"获得。

6．在网络中计算机比较多时，为什么会出现 IP 地址与网卡的 MAC 地址冲突的现象？

在排除了两台计算机设置同一 IP 地址的情况下，出现这种情况的原因大多是网卡的原因，特别是这些计算机都是用同一个生产厂家的网卡，而这些网卡的质量又不高。对于每一块网卡而言，只有唯一的一个物理地址（MAC 地址），世界上所有网卡的物理地址都不相同，如果出现两个物理地址相同的网卡，至少其中的一块网卡肯定是假的。解决这个问题的方法就是更换网卡。

7．怎样检查网卡安装成功与否？

打开"控制面板"窗口，双击"系统"图标，在打开的对话框中选择"硬件"选项卡，单击"设备管理器"按钮，在"设备管理器"窗口中单击"网卡"选项，看具体的网卡记录前是否有黄色的符号，如果没有说明网卡安装正常。

8．怎样设置计算机的标识？

打开"控制面板"窗口，双击"网络"图标，选择"标识"选项卡进行计算机在网络上的标识设置。

9．网卡无法安装是由什么原因造成的？

造成这种情况的原因很多，但通常是由以下 3 种情况造成的。

（1）计算机上安装了过多其他类型的接口卡，造成中断和 I/O 地址的冲突，可以先将其他不重要的接口卡从主板上拔下来，等安装好网卡后再安装其他接口卡。

（2）计算机中有一些设备的安装不正确，或者硬件设备中有"未知设备"，使系统无法检测到网卡。这时应该删除"未知设备"中的所有项目，然后重新启动计算机。

（3）计算机无法识别或不支持这一类型的网卡，这时只能更换一个网卡，不过这种情况比较少见。

10．计算机可以 ping 通 IP 地址，却无法 ping 通域名是什么原因？

这是由于域名解析服务器 DNS 的设置出了问题。可以通过重新设置 TCP/IP 属性中的 DNS 解决。

参 考 文 献

[1] 陶华敏，韩存兵，宋德伟译．计算机网络实用教程．北京：机械工业出版社，2000．

[2] 徐良贤等译．计算机网络与互联网．北京：电子工业出版社，2000．

[3] 胡道元．计算机局域网（第 3 版）．北京：清华大学出版社，2002．

[4] 高传善等译．数据通信与网络教程．北京：机械工业出版社，2000．

[5] 沈金龙．计算机通信网．西安：西安电子科技大学出版社，2003．

[6] 黄锡伟，王涛．虚拟局域网．北京：清华大学出版社，2003．

[7] 宋培义，刘丽华，梁郑丽．计算机网络技术及应用．北京：中国广播电视出版社，
    2003．

[8] 蔡开裕，范金鹏．计算机网络．北京：机械工业出版社，2000．

[9] 张曾科．计算机网络．北京：清华大学出版社，2003．

[10] 马时来．计算机网络实用技术教程．北京：清华大学出版社，2003．

[11] 韩杰．计算机网络与通信．北京：人民邮电出版社，2002．

[12] 李海泉，李健．计算机网络安全与加密技术．北京：科学出版社，2001．

[13] 谢希仁．计算机网络教程．北京：人民邮电出版社，2002．

[14] 蒋理．计算机网络理论与实践．北京：中国水利水电出版社，2001．

[15] 陈俊良，黎连业．计算机网络系统集成与方案实例．北京：机械工业出版社，2001．

[16] 李成忠，张新有．计算机网络应用与实验教程．北京：电子工业出版社，2001．

[17] 龙腾科技主编．Windows Server 2003 组网循序渐进教程．北京：北京希望电子出
    版社，2005．

[18] 吴功宜，吴英．计算机网络教程（第 3 版）．北京：电子工业出版社，2003．

[19] 王竹林．校园网组建与管理．北京：清华大学出版社，2002．

[20] 白英彩．计算机网络管理系统设计与应用．北京：清华大学出版社，1998．

[21] 黄叔武，杨一平．计算机网络工程教程．北京：清华大学大学出版社，1999．

[22] 陶海编著．Windows Server 2003 配置与管理．北京：清华大学出版社，2005．

[23] 李学军，穆道生等编著．管理 Windows Server 2003 环境．北京：红旗出版社，北
    京希望电子出版社，2005．

[24] 唐涛等编著．新世纪 Windows Server 2003 应用教程．北京：电子工业出版社，2006．

[25] 计算机职业教育联盟主编．Windows Server 2003 高级管理教程与上机指导．北京：
    清华大学出版社，2005．

[26] 许社村．Red Hat Linux 9 中文版入门与进阶．北京：清华大学出版社，2003．

[27] 王路敬．计算机网络基础实用教程．北京：中国水利水电出版社，2000．

[28] 史秀璋．计算机网络技术实训教程．北京：电子工业出版社，2001．

[29] 欧阳江林等．计算机网络实训教程．北京：电子工业出版社，2004．

[30] 刘勇．计算机网络及互联技术．北京：人民邮电出版社，2000．

[31] 胡道元．网络设计师教程．北京：清华大学出版社，2001．

[32] 肖德宝．计算机网络．武汉：华中理工大学出版社，2000．

［33］严伟. 最新网络技术基础. 北京：机械工业出版社，1999.

［34］张尧学等. 计算机网络与 Internet 教程. 北京：清华大学出版社，1999.

［35］相万让. 计算机网络应用基础. 北京：人民邮电出版社，2002.

［36］杜煜等编著. 计算机网络基础. 北京：人民邮电出版社，2002.

［37］贺平主编. 计算机网络基础. 北京：机械工业出版社，2003.

［38］孙江宏等编著. 局域网组建及应用培训教程. 北京：清华大学出版社，2002.

［39］谭浩强主编. Internet 应用教程. 北京：清华大学出版社，2001.

［40］谭浩强主编. 计算机安全技术. 北京：清华大学出版社，2000.

［41］张剑平主编. Internet 和 Intranet 应用. 北京：中央广播电视大学出版社，2001.

［42］周昕主编. 数据通信与网络技术. 北京：清华大学出版社，2004.